# 半導體工廠

半導体工場のすべて

設備、材料、製程，
以及日本半導體教父，
提升產業復興的處方籤。

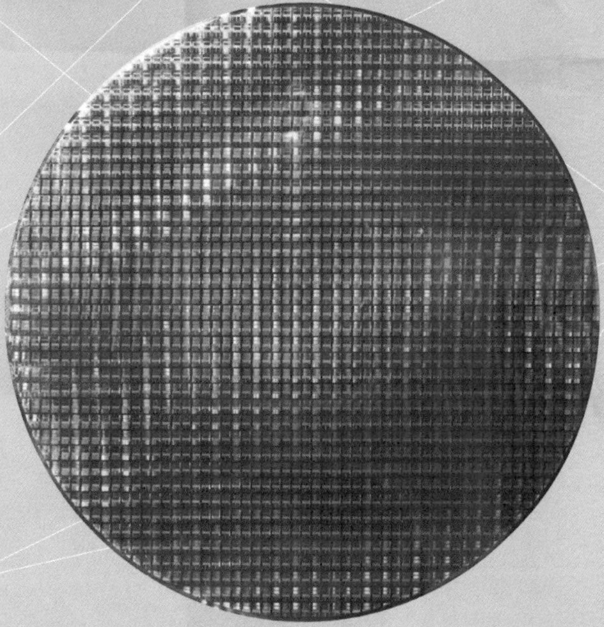

日本半導體教父 菊地正典◎著
龔恬永◎譯
交通大學電子物理系教授 趙天生◎審定

# 序言

在我們的生活中，圍繞著各種電子設備。不論是在家裡或職場，興趣或休閒娛樂，甚至是旅行或通勤途中，幾乎都與電子設備脫離不了關係。

具體來說，電子設備包括個人電腦、液晶顯示器等薄型電視、DVD、手機、智慧型手機、平板（iPad等）、數位相機、汽車導航、電子書包等，範圍廣泛。這些電子設備裡面裝有各種智慧功能，而具體實現可能性的正是半導體。因此，半導體（即「積體電路」，以下與IC一起統稱為「半導體」）是支持現代社會基礎所不可或缺的要素。

坊間的半導體入門書及解說書，多以一般讀者為對象，然而講到半導體「在哪裡製作、怎樣製作」，一般人還是沒有概念。近來「參觀工廠」熱潮逐漸提升，但對大部份半導體工廠而言，無塵室範圍仍是禁止一般民眾進入的。筆者以「半導體工廠的全貌」為主題，著手進行此書的撰寫，將半導體的製造從各種不同角度進行詳盡的說明，希望能引起更多讀者的興趣。

為了使各位讀者能在閱讀過程中，在腦海中依序描繪半導體工廠的全貌以及各核心部分，本書並非單純就半導體工廠的構造與功能等進行描述，而是基於筆者的實際經驗，以「主題」、「幕後秘辛」、

「問題對策」等多重面向進行介紹。

半導體本身為高科技產品，製造半導體的工廠，可說是擁有高科技、高度 know-how、高度系統化的「優良製造工廠」。因此，就製造的角度，本書除了對於半導體產業相關人員有幫助，對於其他產業，半導體工廠也具有許多值得學習、參考的地方。若本書能為許多人帶來即使是微不足道的幫助，筆者將會感到十分欣慰。

然而日本現狀，即使擁有本書所介紹的優良半導體工廠，近年來日本半導體產業的凋零狀況，仍令人不忍側目。對於長年來從事半導體產業的筆者來說，回憶一九八〇年代曾經席捲世界各大市場的日本半導體，感到不勝唏噓。但是，我們還是不能輕易放棄。

因此，本書刻意以「復興日本半導體的處方籤」（最終章），發表筆者的個人淺見。如何進一步進化及發展日本強項 how（指「製造方式」），同時能改善與強化日本的弱點 what（指「產品開發」），並在清晰的願景與決策之下，戰略性且有效率地進行，將是箇中關鍵。同時，關於帶領大家進入下一個世代的大型商務強有力技術，日本必須領先世界各國先一步開發並量產，以能在熾熱的競爭情勢中獲得最終勝利。為了達成這樣的目標，不僅是半導體相關業界，還需要產官學各領域及一般人民的共同理解與協助。

在此期許本書最終章所述，能夠發揮一點微薄的力量，為日本半導體業界找回昔日的風光。

菊地　正典

# 目錄

序言

第1章 進入半導體工廠

01 鳥瞰半導體工廠 …… 12
——行政事務樓、工廠樓、工廠周圍配電設備、化學槽等

02 生產線的總體確認 …… 18
——擴散線～檢驗、篩選線

03 工廠各部門組織圖 …… 22
——廠長以下有生產技術部、設備技術部等

04 工廠地理位置條件 …… 24
——水、電、高速公路，還有哪些想不到的必要條件？

05 半導體工廠的變電所設備 …… 26
——停電對策

06 化學藥液、氣體供應、廢棄物處理系統 …… 28
——大量使用的氮氣可以「空氣」補給

專欄 日本半導體製造商——公司名稱逸談 …… 30

第2章 半導體是這樣製造的

01 什麼是「半導體」 …… 32
——導電性只有一半？

02 半導體製造過程 …… 34
——前段製程與後段製程概要

03 前段製程❶「FEOL」 …… 36
——晶圓上的元件製程

04 前段製程❷「BEOL」……40
——金屬佈線連接元件的製程
05 矽晶圓……42
——純度提高為11：9
06 薄膜製造法、堆疊法……44
——薄膜堆疊製造
07 如何燒入電路……48
——電路圖案與黃光微影
08 蝕刻製程進行加工成型……52
——材料薄膜的加工
09 99．9純度，加入不純物……54
——為何要故意加入不純物？
10 晶圓的熱處理……56
——熱處理目的及主要製程
11 使表面平坦化的CMP製程……58
——晶圓表面凹凸不平會導致品質可靠性問題

## 第3章 支持半導體製造的幕後製程

01 微塵徹底洗淨……62
——化學性分解、物理性去除兩種方法
02 洗淨後「沖洗→乾燥」……64
——沖洗使用超純水、乾燥是將水分吹掉
03 利用鑲嵌技術佈線……66
——鑲嵌製程源於金屬鑲嵌工藝
04 半導體晶片的測試……68
——晶圓針測製程的確認
05 「冗餘電路」保險措施的導入……70
——「以防萬一」備用記憶體的機制
06 晶圓切割晶片的技術……72
——精細度為頭髮的十分之一
07 裝載在基座上……74
——精確裝載作業
08 打線連接金屬線……76
——1/100秒的世界

09 導線的表面處理——表面鍍金屬，強度增加又防鏽 …… 78
10 保護晶片的「封裝」——保護晶片避免氣體或液體侵入 …… 80
11 引腳加工成型——與包裝一併加工 …… 82
12 晶片識別「蓋印」——過程製造WHEN WHERE WHAT …… 84
專欄 矽晶圓製造商與ＥＤＡ供應商 …… 86

## 第4章 半導體材料、機械、設備

01 為什麼需要進口矽晶圓？——與鋁金屬的「電罐頭」相當 …… 88
02 將機台導入工廠——機台製造商保有know-how的機制 …… 90
03 機台相同，生產的半導體也相同？——「配方」有無數組合 …… 92
04 半導體的成本結構——前提是每月生產兩萬片、投資3000億日圓 …… 94
05 材料的保存期限——保存溫度與濕度，造成藥液變化 …… 96
06 晶圓外緣為什麼不利用——邊緣去除法 …… 98
07 超純水的供應——從天然水變成超純水的過程 …… 100
08 超純水的純度——無固定標準 …… 102
09 藥液、氣體等級與純度——2N5純度表示「99．5％」 …… 104
10 計算設備稼動率——設備稼動狀況的效果 …… 106
11 矽烷氣體會自燃，是危險物——由於半導體產業興隆而運用的氣體 …… 108
12 半導體工廠的「氫爆」——核能發電廠與半導體工廠的相似處 …… 110

13 「曝光技術」高精密度核心……112
——圖案轉印的核心技術

14 從批量處理到單片處理……116
——有益於高精密度的單片處理

15 快速加熱處理……118
——短時間進行熱處理的需求

專欄 超純水、光阻、光罩等主要製造商……120


## 第5章 檢驗、篩選錯誤與出貨

01 如何篩選不良品？……122
——檢驗為檢驗製程基本

02 包裝前出貨的KGD（良品晶粒）……124
——MCP所需要的裸晶

03 半導體的樣品……126
——從開發階段到量產階段的樣品種類

04 可靠性實驗與篩檢……128
——加速實驗可預測壽命

05 同樣規格的不同操作速度……130
——高規格積體電路以檢驗製程區分

06 半導體出貨、包裝的注意事項……132
——出貨給客戶的三種收納盒

07 透過半導體公司銷售與直接銷售……134
——半導體公司＝銷售代表＋配送商

08 處理客訴問題，改善晶片……136
——根據不同狀況，有時甚至需要追溯製造履歷


## 第6章 工廠「默契、原則」與潛規則

01 半導體工廠輪班制度……140
——一年365天、24小時全時段稼動

02 機器人與磁浮搬送設備……142
——排除人為疏失、提升效率

03 機台編號指定、群管理……144
——精密機械所產生的個體差異
04 微粒子扼殺半導體……146
——微塵大小造成的問題
05 CIM的三大作用……148
——實現半導體生產效率與品質提升
06 工程管理的統計數據支持……150
——安定產品實現並造就品質
07 透過傾向管理，揪出異常徵兆……152
——SPC管制法
08 廢棄物處理業者違法棄置，公司的連帶責任……154
——毀損企業形象
09 無塵室潔淨度……156
——JIS規格「第1～9級」
10 進入無塵室前的慣例……158
——雙手輕拍全身，身體轉圈2～3次
11 無塵室構造與使用規範……160
——大房間方式與BAY方式
12 「局部潔淨化」策略……162
——降低無塵室成本的智慧
13 無塵室是宇宙實驗室？……164
——黃色照明、特殊筆記用具
14 特急、急行、普通電車同時在產線上……166
——同時生產太多商品，但製造工期相異
專欄 無塵室關係企業……168

第7章 工廠員工真正的想法——工廠因人而存在！

01 蘊釀新想法的吸煙室……170
——獨特氛圍的異次元空間
02 對於外界參觀工廠，原則上「拒絕」……172
——進入生產線必簽署「保密協定」
03 半導體工廠的「改善」……174
——審查提案、決定等級
04 非正式員工的工作……176
——特殊約聘員工為高技術人才途徑

05 確認、確認再確認——應用於汽車、醫療器材等，必須嚴格執行……178
06 必要資格與證照——電氣處理、堆高機、溶劑、防火等……180

## 第8章 半導體工廠的秘密

01 以「垂直式爐」為主流——占有面積、晶圓的支持、移載的容易程度……184
02 濕洗淨之外的洗淨方法——根據目的、用途而選擇……186
03 「良率」是什麼？——一片晶圓可取得的良品晶片數量……188
04 批次的大小，對生產的影響——小批次的cycle time較短嗎？……190
05 無塵服的顏色區別——快速辨認……192
06 氣體鋼瓶室的設置細節——為什麼刻意將天花板的耐壓弱化？……194
07 靜電處理對策——將二氧化碳溶入水裡？……196
08 輕鬆參觀無塵室——事前準備可幫助了解工廠各種特色……198
09 定期點檢是在確認什麼——日常點檢、每月點檢、六個月點檢等……200
10 調整裝置水平——調整產線的平衡，提升生產能力……202
11 半導體工廠的零排放——自我期許為環保的回收性循環產業……204
12 半導體廠商的產業策略——Intel、Samsung、TSMC……206
13 裝置製造商洩漏情報的問題——從蜜月期到快速失去互信……208
14 備而不用的停電對策——電力不足時的優先順序……210

15 無塵室的健康調查──無實際作用的工廠視察團……212


## 最終章 復興「日本半導體」的處方籤

(1) 席捲整個半導體業界的重大變化……214
(2) 尋找半導體製造商凋零的原因……217
❶成本策略──累積式的成本計算是愚昧的策略
❷落後的技術策略──望塵莫及的日本技術者
❸錯誤的產品策略──高層的缺乏理解
❹半導體部門的悲歌──被綜合性電機大廠視為「新興、一個事業部門、怪物」
❺合併的失敗──不具優勢的弱者聯盟
番外篇──「know-how從業界流出」這件事是否為真？
(3) 產業復興的處方籤……229
❶降低成本──是否可取消光蝕刻製程？
❷以「萬能記憶體」一決勝負──爆炸性打開新市場的可能性
❸思考未來一個世代或兩個世代的晶圓製造生意（Foundry Business）
❹「具有綜合判斷能力的技術者」養成關鍵
❺為了開發新應用
❻掌握東南亞需求
索引

# 第 1 章

# 進入半導體工廠

# 鳥瞰半導體工廠

## ——行政事務樓、工廠樓、工廠周圍配電設備、化學槽等

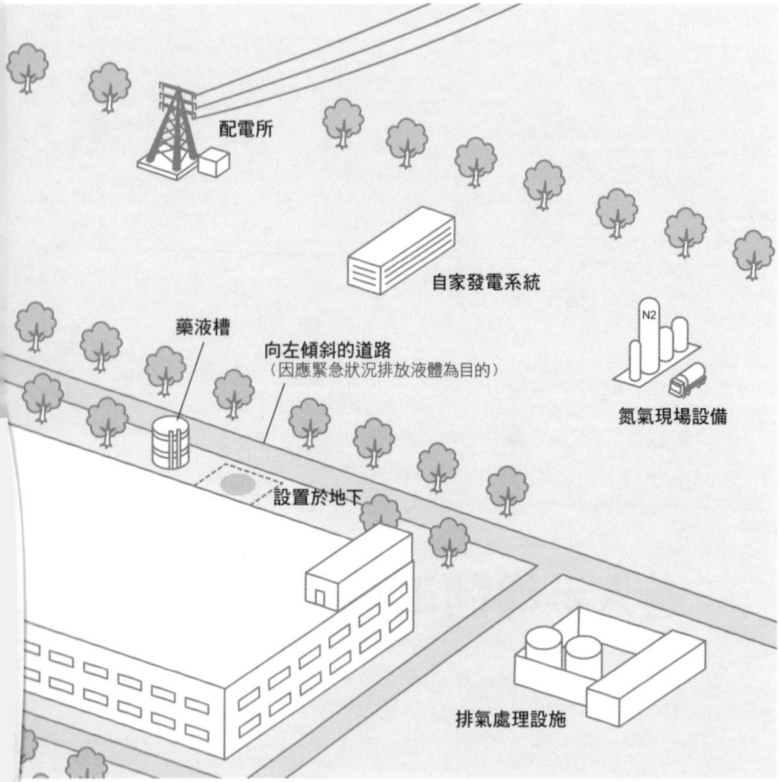


上圖為**半導體工廠**的鳥瞰示意圖全貌。灰塵對半導體工廠來說是極為嫌惡物，幾乎所有製程都在無塵室裡面進行，即使面對現今工廠參觀的流行風潮，然而想要進入半導體工廠內部也是有相當限制的。

半導體工廠可以概分為三個區域，①行政事務樓、②工廠樓、③週邊部分。週邊部分亦包括工廠週邊的各種附屬設施及停車場等。

其中②工廠樓，當然為半導體工廠的中心，②於此節僅概述，另在下一節會介紹無塵室等各部細節。

### ▼行政事務樓具有行政管理功能

首先，①**行政事務樓**具有管理整個工廠的管理（行政）功能。本書假設為一棟四層樓高的建築物。

一樓配置有玄關與玄關旁邊的展示室、社長室、廠長室、總務

▶行政事務　英文為administration，指管理、營運、經營的意思。日文為アドミニ。

## 圖 1-1-1　半導體工廠全貌圖

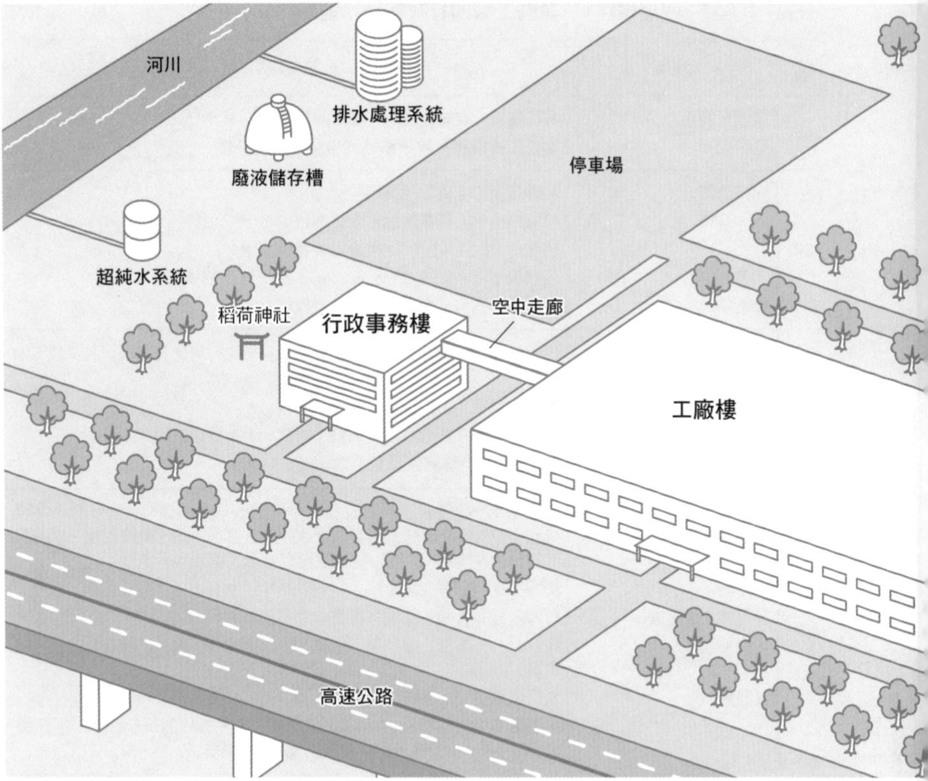


部、人事部、企劃部、採購部等各部門辦公室，以及會客室、大、中、小型會議室等。

展示室一般簡單展示有企業沿革、矽的生產晶圓、半導體成品晶圓、半導體包裝成品、搭載半導體的各類主要產品（智慧型手機、數位相機、車用導航器、個人電腦、數位時鐘等）。

行政事務樓為廠長、各事務部門部長、課長、主任、擔當者的辦公地點。當然，各部門的機能不全然會分別獨立，有時總務部會兼任人事及財會事務等例子。

一般來說，大多擁有三種會議室。能容納50人以上的大型會議室，除了桌椅之外還設有投影機及專用投影螢幕，通常用來舉辦全公司的大型會議。能容納約20人左右的中型會議室，不僅有投影機及專用投影螢幕，經常還設有舉辦視訊



▶生產晶圓（Prime wafer）　一般矽晶棒鏡面研磨所得的晶圓。使用生產晶圓進一步追加功能得到的特別晶圓，包括磊晶（Epi-wafer）、SOI晶圓等，故在此區別。

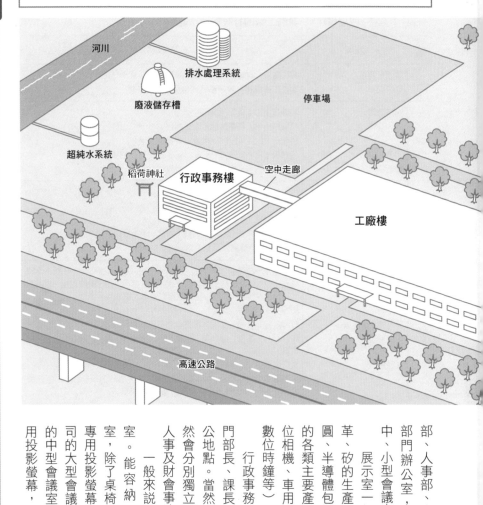

## 圖 1-1-2　行政事務樓各層單位

〈行政事務樓〉**四層樓建築、具有工廠的行政管理功能**

| 樓層 | 場所 | 單位說明 |
|---|---|---|
| 4F | 員工餐廳等 | 員工餐廳、咖啡輕食吧、報章雜誌閱讀區等 |
| | 空中走廊 | 空中走廊連接行政事務樓四樓及工廠樓二樓 |
| 3F | 間接部門 | 組裝技術部（負責組裝製程）<br>檢驗技術部（負責檢驗、篩選製程）<br>設備部（負責前段製程與後段製程的設備）<br>品質管理部（負責 QA 系統、ISO、接受外部稽核等） |
| | 會議室 | 中型會議室、小型會議室、會議區域 |
| 2F | 間接部門 | 生產技術部（負責產品技術及製程技術，也有可能負責設計技術與 CIM 技術） |
| | 會議室 | 中型會議室、小型會議室、會議區域 |
| | 簡易型圖書室 | 相關領域的技術性雜誌、書籍、論文、學術會議的論文摘要等 |
| | 吸菸室 | 封閉空間（特殊排氣系統） |
| 1F | 玄關旁邊的展示室 | 企業沿革、矽的生產晶圓及長好半導體的成品晶圓、包裝好的半導體成品、搭載著半導體的各類主要產品（智慧型手機、數位相機、車用導航器、個人電腦、數位時鐘）等附有簡單說明的展示品 |
| | 會客室 | 訪客用具（接待室家具） |
| | 社長室、廠長室 | 有時未設有社長，僅設有廠長做為最高層級管理者 |
| | 間接部門 | 總務部、人事部、會計部、企劃部、採購部等（部長、課長、主任、擔當者） |
| | 會議室 | 大型會議室（能容納 50 人以上，桌、椅、投影設備）<br>中型會議室（能容納約 20 人左右，桌、椅、部分的投影設備、視訊會議用設備）、小型會議室、會議空間（能容納數人，桌、椅） |

會議所需要的設備，多用來舉行總公司及其他工廠的共同視訊會議。僅有少數幾人參加的會議，則除了小型會議室，亦設有開放空間（討論區）等。

走到二樓，則有生產技術部（總括負責產品技術及製程技術）辦公室，生產技術部可能包括部份設計技術與CIM技術（電腦整合製造）。再者，還可能會包括中小型會議室及開放空間討論區、簡易型圖書室、抽菸區（然而近年來越來越少見）等。

走到三樓，則有組裝技術部（負責組裝製程）、檢驗技術部（負責檢驗、篩選製程）、設備部（負責前段製程與後段製程的設備）、品質管理部（負責QA系統、ISO、接受外部稽核等）辦公室，以及中小型會議室與會議區域。

▶視訊會議　亦稱為Teleconference。

四樓則有員工餐廳、咖啡輕食吧、報章雜誌閱讀區等。

## ▼工廠樓以生產線為主

「**工廠樓**」除了實施生產活動的製造產線，還具有各種相關功能。

工廠樓的單層樓高度，大多相當於行政事務樓兩倍高度，故兩棟樓以空中走廊連接行政事務樓四樓和工廠樓二樓。

工廠樓一樓以製造現場的擴散線（前段製程）為主，還有其他製造部的辦公室（負責前段製程）、設備、機台、物料入口、部件倉庫（機械手臂經由自動化電腦傳輸來的指令自動運作）、高壓配電室、氣體鋼瓶室（設有氣體鋼瓶儲存鐵櫃）、分析室（SEM、TEM、FIB、SIMS等）、化學實驗室（具有藥品處理概略圖）等，此外在正面玄關設有員工專用出入口、更衣室（更換公司制服用）等。

二樓以晶圓檢驗與後段製程產線（組裝、檢驗製程）為主，同時亦設有其他製造部辦公室（晶圓檢驗、組裝、檢驗負責人），包括燒機測試等可靠性實驗室、特性測量室（以電晶體的特性為主的電性測試、評估）、設備維修辦公室、中央控制室（長時間監控無塵室裡的溫度與濕度）、電腦室（工廠運作用的大型電腦及主機的設置場所）、輪班制員工休息室、休息室、保健室等。

本書是以一樓擺放前段製程設備，二樓擺放後段製程設備為前提做說明，實際上很多製造商的前後段製程，分別設置於不同建築物。

## ▼週邊設備擁有各種功能

多數人傾向把焦點放在工廠樓，但實際上，各個「**週邊設備**」具有維持工廠運作的設備。

首先映入眼簾的是將電力公司送來的超高壓配電（26頁）降壓並轉換為工廠配電的配電所，以及為了停電等緊急狀況所設置的自家發電系統設備。很意外的多數人並不知道半導體工廠其實擁有自家電力設備。

至於比較特別的一個話題，則有從大氣中將氮氣分離供應工廠的「**廠區內設置現場裝置**」。半導體工廠使用大量氮氣，若所有氮氣都花錢購買，成本較高昂，因此「廠區內設置現場裝置」則是在此背景之下設置，能夠從空氣中取得氮氣（空氣的80％是氮氣）。

此外還有，將大量使用的氣體與藥液集中供應的氣體現場裝置、

▶SEM、TEM、FIB、SIMS　**SEM掃描型電子顯微鏡，TEM透視型電子顯微鏡，FIB聚焦離子束，SIMS二次離子質譜儀（參考138頁）。**

**圖 1-1-3　工廠樓各層單位**

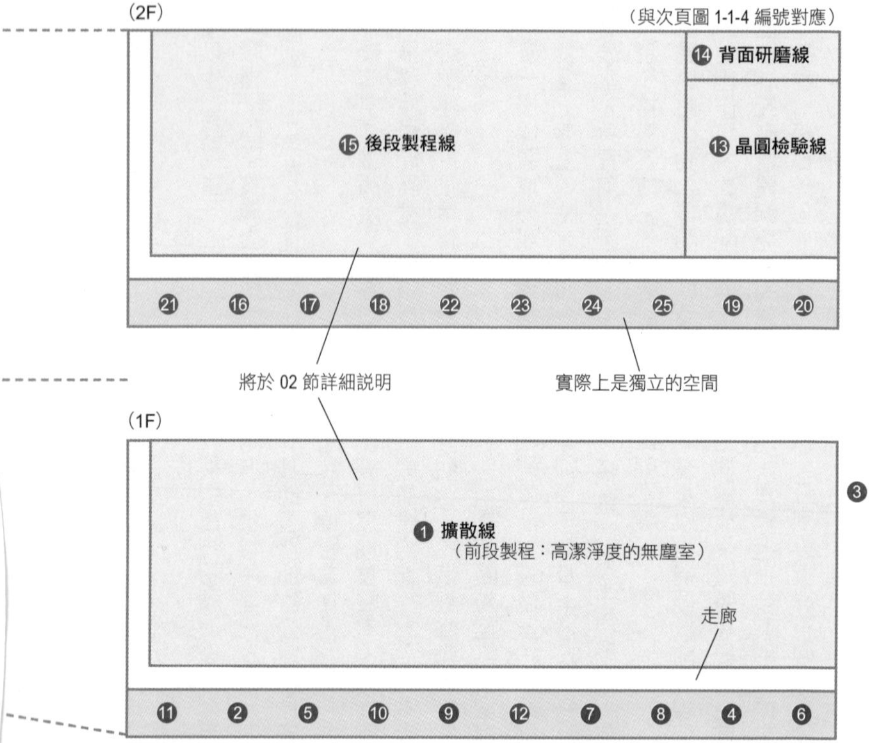


藥液現場裝置等，半導體工廠中大量使用超純水的供應設備等。所謂超純水，指的是水中含有異物量非常少的特殊水，在半導體製造過程中，各製程均分別需要數次使用超純水洗淨的作業，故為必須設施。

再者還有排水處理設施（中和、細菌處理、淤渣回收、河川放流）、廢氣處理設施（洗塵塔、吸附塔、大氣排出）、廢棄物保管倉庫、緊急廢液儲藏槽（若藥液外洩以大量水稀釋後保管處）等。排放之前，還有利用細菌處理的流程。

意外占用大空間的設施是停車場，分為訪客用、員工用、供應商用。特別是位於都市外圍郊區小城鎮的工廠，因多數員工使用汽車通勤，亦需要能夠確保相對足夠的停車位。仔細一瞧，居然有稻荷神社（13頁左側）（譯註：稻荷神社供奉日本農業與商業神明），真有趣。

▶潔淨服的更換　工廠樓另有更換無塵服（於無塵室穿著的特別服裝）空間，圖中已省略。

## 圖 1-1-4 工廠樓的各樓層建物單位

| 樓層 | 場所 | 單位說明 | |
|---|---|---|---|
| 2F | ⑬晶圓檢驗線 | 判斷擴散後晶圓上的半導體是否為良品<br>記憶體產品則包括冗餘電路的雷射修補 | 2F |
| | ⑭背面研磨線 | 將晶圓的背面研磨使變薄 | |
| | ⑮後段製程線 | 組裝、檢驗、篩選 | |
| | ⑯製造部辦公室 | 負責看晶圓檢驗、組裝、篩選。部長兼任擴散線主管 | |
| | ⑰可靠性實驗室 | 燒機測試用設備等 | |
| | ⑱特性實驗室 | 以電晶體特性為主的電性測試、評估 | |
| | ⑲設備維修辦公室 | 設備維護及檢修 | |
| | ⑳中央控制室 | 長時間監控無塵室溫度與濕度 | |
| | ㉑電腦室 | 大型電腦及主機 | |
| | ㉒休息場所 | 輪班制員工使用 | |
| | ㉓會議室 | 中、小型會議室 | |
| | ㉔休息室 | 簡易床 | |
| | ㉕保健室 | 保健室 | |
| 1F | ❶擴散線 | 於高潔淨度無塵室內，在晶圓上長成半導體晶片 | 1F |
| | ❷製造部辦公室 | 負責擴散線的製造部。部長、課長、組長、班長、擔當者 | |
| | ❸物料入口 | 設備、機台、物料運送入口 | |
| | ❹部件倉庫 | 機械手臂在自動貨物架上搬送(晶圓、靶材、包裝等) | |
| | ❺高壓配電盤 | 工廠內變電所的電力配送 | |
| | ❻氣體鋼瓶室 | 設有氣體鋼瓶儲存鐵櫃 | |
| | ❼分析室 | SEM、TEM、FIB、SIMS 等 | |
| | ❽化學實驗室 | 藥品處理、草圖 | |
| | ❾正面玄關 | 訪客、參觀者 | |
| | ❿更衣室 | 更換公司制服 | |
| | ⓫會議室 | 中、小型會議室 | |
| | ⓬採購會議室 | 與供應商進行會議 | |

## 圖 1-1-5 週邊設施

| 設備、場所 | 說明 |
|---|---|
| ⓐ 變電所 | 接收從電力公司送來的 66,000V 超高壓配電，降壓並供應工廠使用 |
| ⓑ 自家發電所 | 緊急狀況時，燃燒重油等發電 |
| ⓒ 廠區內設置現場裝置 | 從空氣中分離氮氣($N_2$)提供工廠使用 |
| ⓓ 氣體現場裝置 | 將大量使用的氣體從集中槽內經由輸送管供應工廠(氮氣 $N_2$、氧氣 $O_2$、氫氣 $H_2$、氬氣 $Ar_2$ 等) |
| ⓔ 藥液現場裝置 | 將大量使用的藥液從集中槽內經由輸送管供應工廠(硫酸 $H_2SO_4$、氫氟酸 HF、鹽酸 HCl、硝酸 $HNO_3$、磷酸 $H_3PO_4$、過氧化氫 $H_2O_2$、異丙醇 IPA、丁酮 MEK 等) |
| ⓕ 超純水供應設備 | 將河水地下水等淨化 |
| ⓖ 排水處理設施 | 中和、細菌處理、淤渣回收、河川放流 |
| ⓗ 排氣處理設施 | 洗塵塔、吸附塔、大氣排出 |
| ⓘ 廢棄物保管倉庫 | 暫時保管與管理 |
| ⓙ 緊急廢液儲藏槽 | 若藥液外洩，以大量水稀釋，廢液暫時儲放保管處，設置於地下 |
| 【停車場】 | 訪客用、員工用、供應商用 |



▶MEK Methyl Ethyl Ketone丁酮的英文縮寫。為有機溶劑。

# 生產線的總體確認

## ——擴散線～檢驗、篩選線

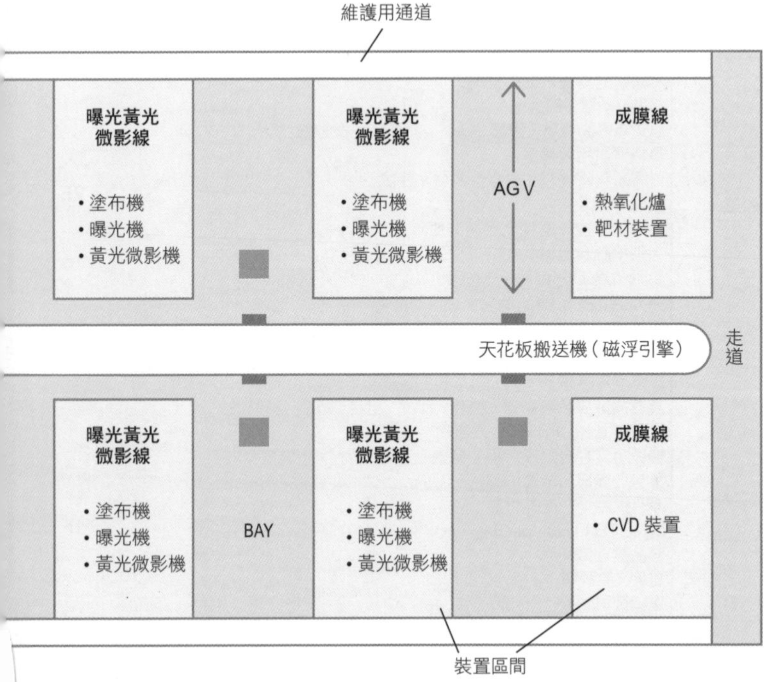


本節我們跟著配置於工廠樓一樓的「①**擴散線**」（前段製程製造）及二樓的「②**晶圓檢查線**」「③**組裝、檢驗線**」（後段製程製造）示意圖看過一遍。當然，實際情形並不見得一定是一樓、二樓這種組合，這是為進行初步介紹的「假設」。

### ▼擴散線（前段製程）

生產線是無塵室的潔淨空間。然而，相對於擴散線需要最高等級的潔淨度，晶圓檢驗及組裝、檢驗線的潔淨度需求並沒有那麼高，因此潔淨度設定較低。站在工廠成本管控的觀點，因應不同製程而調整潔淨度，這是理所當然的。

上圖配置稱為**BAY式**（中央走道部分配置成匚字型。此為相對於大空間式的名稱）。天花板上有長距離運輸用的磁浮引擎驅動運輸

▶擴散線　半導體製作過程中，主要利用擴散現象，將導電性不純物質混入矽中，為半導體製作之主體，故本書中有時將前段製程稱為「擴散線」。

## 圖 1-2-1　擴散線示意圖

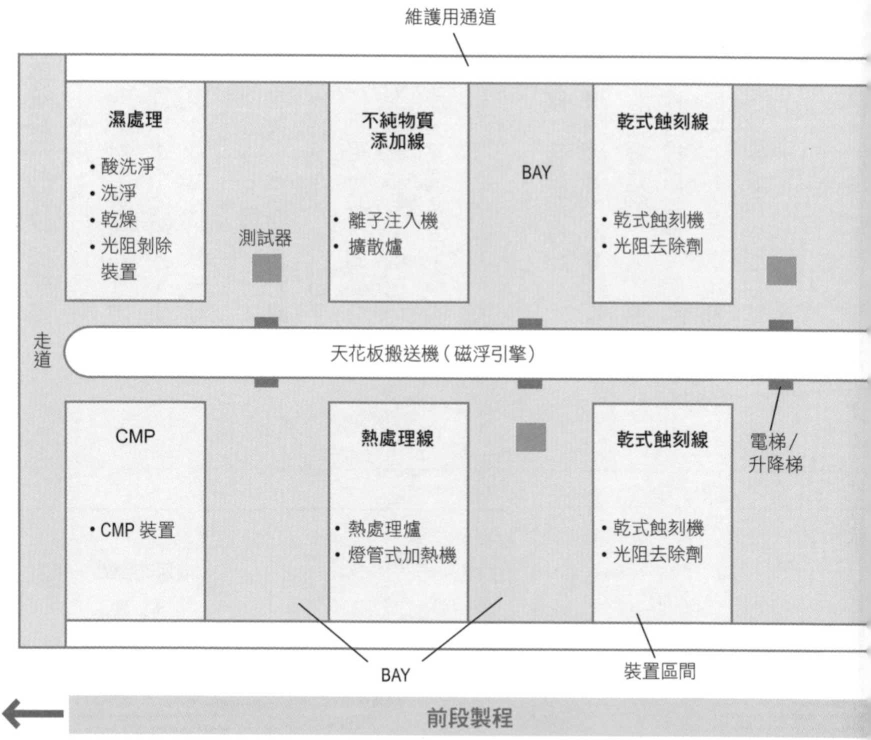


車，呈環狀移動（圖示的中間部分），而收納晶圓用的搬運盒及暫時儲存用的儲存櫃間，則透過電梯（升降梯）進行上下移動。

無塵室內有包括「擴散」、「黃光微影」、「蝕刻」、「不純物添加」、「熱處理」、「CMP（第35頁）」、「清潔」等製程站點構成的製程區域，排列成BAY式，亦有各種測試裝置安排在其中。這裡可說是半導體工廠的心臟部位。

在這些BAY範圍，則使用稱為AGV的自動化架空搬運車，亦或無線搬運機器人等，進行短程的晶圓卡匣（晶舟）之移動。在半導體工廠內，有非常多的機器人在工作。

### ▼晶圓檢查線

如圖1-2-2所示，**晶圓檢查**



▶組裝、檢驗　英文分別是assembly及inspection。

**線**，進行晶圓上的半導體晶片是否為良品的判斷，以及冗餘電路的雷射修補。**冗餘電路**指的是，即使電路的一部分發生不良，也可以透過將「冗餘電路」配給半導體晶片內部為補償。此冗餘電路的導入，使得半導體晶片本身可免於功虧一簣（產品不良作廢）。

在此階段之後，透過背面研磨製程，將晶圓進行薄化，並以D半導體er（切割）裝置將薄化的晶圓分割成一個個半導體晶片，稱為切割（D半導體ing，又稱為SI半導體ing）製程。

### ▼組裝、檢驗線（後段製程）

在**組裝**、**檢驗線**上，半導體晶片透過實裝製程，運送到包裝的島型構造上，並藉由打線製程，使晶片上的電極與包裝上的導線透過金製細線連接，再將包裝用樹脂封起

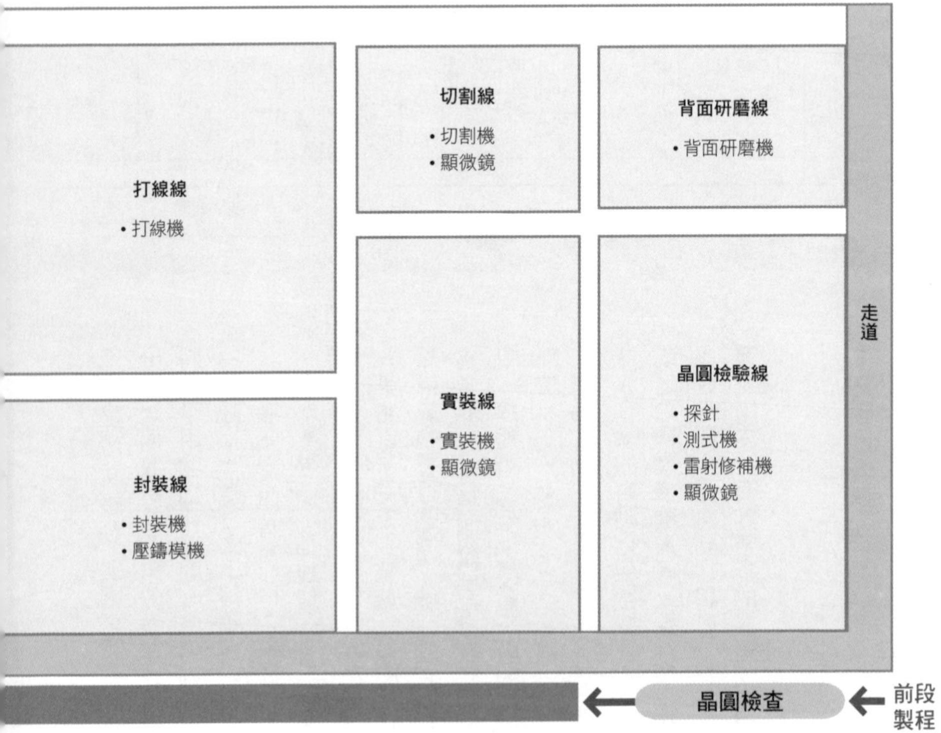


▶成膜、曝光黃光微影、蝕刻、CMP　在基板上形成薄膜（成膜）、利用曝光製作電路走線（曝光黃光微影）、利用侵蝕性做表面加工（蝕刻）、並進行表面平坦化（CMP）。

來。

接著，這顆半導體將被送去進行導線端子鍍錫、導線成型、包裝表面蓋印等流程。

這般完成的半導體，接著通過**檢查、篩選線**，根據產品的規格測試導電性，判定其為良品或不良品。在此發現的不良，可能包括前述的透過冗餘電路的連接即可修復者。再者，除了初期不良之外，對產品施加一定溫度與一定電壓的燒機測試，也會對所有產品實施，進行良品與否的篩選。

這樣一來完成的半導體製品，即可走出半導體廠的大門，直接運送至客戶，或透過半導體貿易公司間接出貨。

**圖 1-2-2　晶圓檢查、背面研磨、後段製程線示意圖**

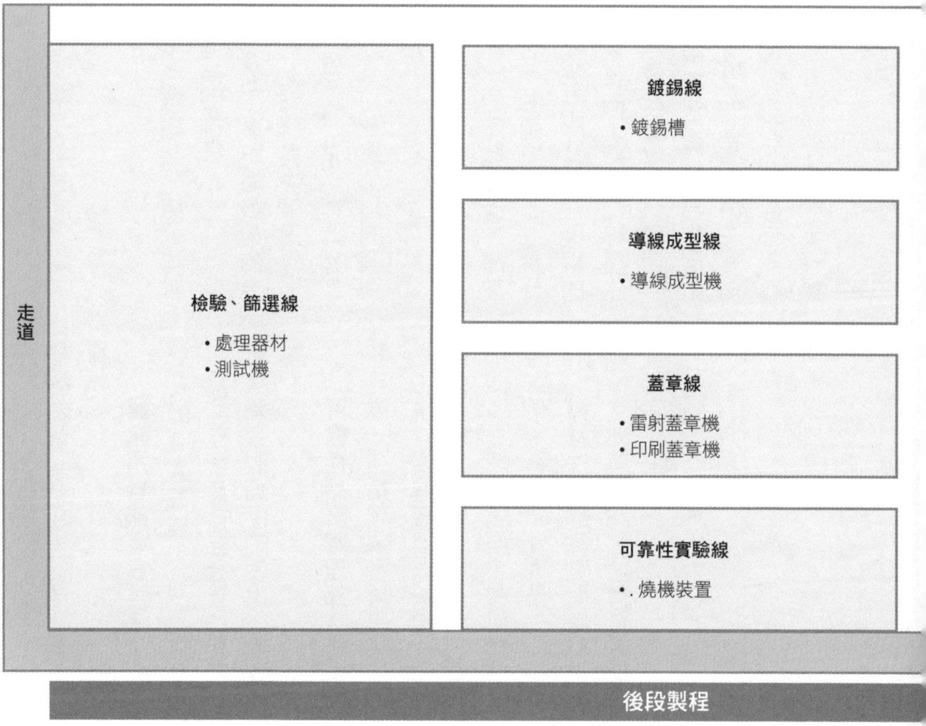




▶客戶　在此指半導體製造商的「顧客、客戶、交易對象、廠商」等意思。

Section 03

# 工廠各部門組織圖

## ——廠長以下有生產技術部、設備技術部等

半導體工廠組織及工廠內的工作分工，究竟是什麼樣子呢？

若工廠身為總公司的**生產分公司**（專門子公司的一種）為獨立型態，則工廠裡有「社長」。若工廠並非獨立型態，而僅是總公司的工廠之一，則工廠最高層為「**分廠長**」。在分廠長以下，有下列這些部門跟工作內容。

### ▼分廠長以下

**環境工務部**負責電力、純水、藥液、氣體、無塵室等監控、維護、管理。電力及純水的穩定供應對半導體工廠來說攸關死活。

人事總務部負責工作有，「正式人員」作業員的原部門及間接部門雇用、人事考核調整、總公司派駐人員的協調與安排等。

會計部負責工廠對總公司的半導體販賣價格之調整與決策工作。亦稱為轉賣價格（TP, Transfer Price），由分公司及總公司的個別營運狀況決定。

**生產技術部**負責半導體前段製程（擴散製程）的總體技術，將於後面章節說明。生產技術部主要分別為負責生產的團隊及負責製程的團隊。後段製程的工廠，則除了生產技術部，還會設置組裝技術部。

**設備技術部**負責新型設備啟用，既有設備的維護及改善。

**製造部**在部長之下，若有多個生產線，各生產線分別任命有課長、組長、班長。假設採取4班3輪的輪班制，每一條線有4位班長。

**資訊系統部**負責維護、改善全公司的OA環境，並負責CIM（Computer Integrated Manufacturing，電腦整合製造）的使用、維護及改善。

**可靠性品質管理部**負責工作涵蓋甚廣，包括建構及維護公司內部的QA（Quality assurance，品質保證）系統，處理ISO（國際標準化機構）認證工作，客戶稽核工廠的對應，不良品分析等。

**資材採購部**負責與原材料廠商進行交涉與協調，並需負責消耗品等庫存管理。

▶OA　英文Office Automation（辦公室自動化）的簡稱。泛指運用電腦、傳真機、影印機等設備，使公司事務部門工作效率提升的自動化工作。

### 圖 1-3-1　半導體工廠部門組織圖範例

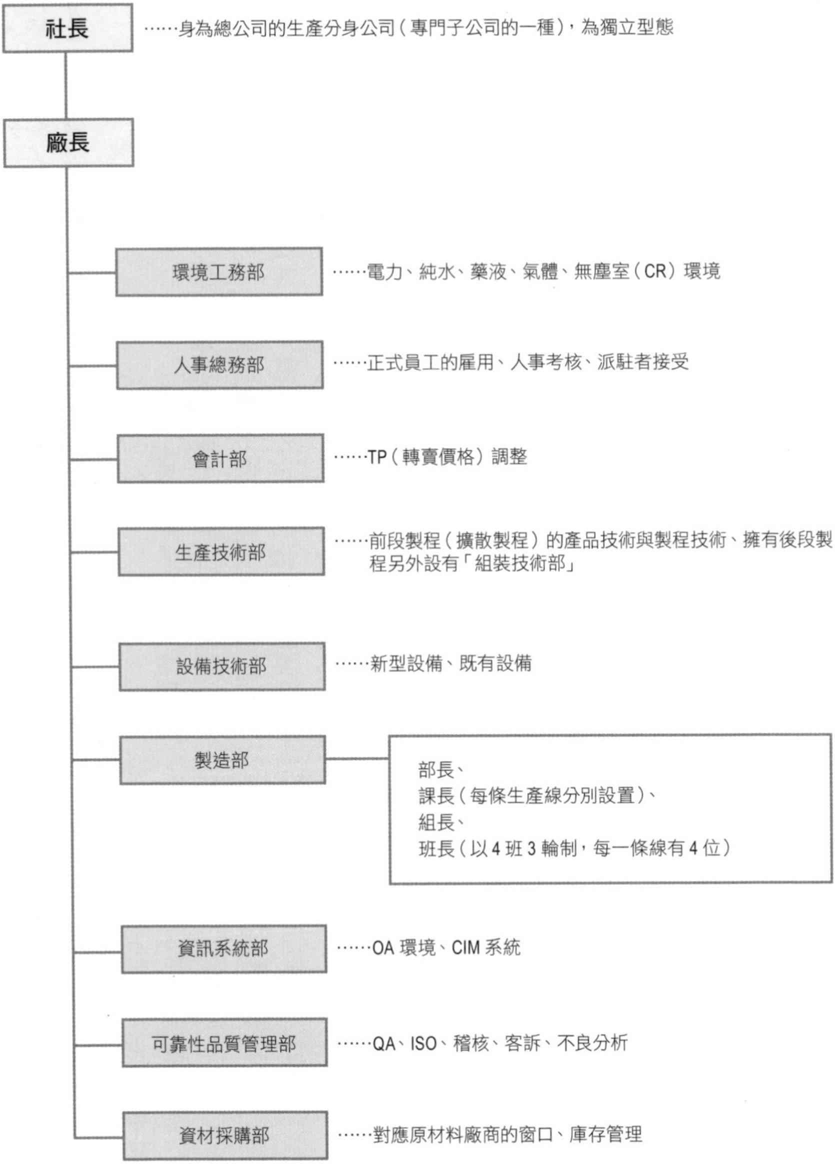




▶分公司　雖然在法律上是子公司，以NEC為例，子公司定義是與總公司具有同樣地位的專門公司名稱。本書「生產分公司」指的是專門著重於生產的分公司。

Section 04

# 工廠地理位置條件

## ——水、電、高速公路，還有哪些想不到的必要條件？

對半導體（IC）工廠來說，有利的地理位置條件究竟是什麼呢？

半導體製程主要可分別為兩大區塊，分別是在矽晶圓上長成很多半導體晶片的「前段製程」，以及將完成的晶圓切割成一個個晶片、搭載在包裝上、並進行檢驗工作的「後段製程」。

### ▼一天使用超過3000噸超純水

一般而言，半導體工廠的前段製程與後段製程，是分開在不同區域進行的。因此，我們先就半導體特徵較為顯著的「前段製程」工廠，也就是「擴散線」的觀點，來看所謂有利的地理位置。

製造半導體需要使用大量**超純水**。雖然視工廠的規模與產品的種類而略有不同，在此以一個月投入一萬片300mm的矽晶圓製造線為例，每天超純水使用量居然高達3000噸。

當然用水包括一部分的回收水，但工廠附近因此勢必不能沒有水源地。

超純水的水源，一般來自工業用水、地下水（井水）、河水等。能夠長期穩定獲得大量水源供應，是半導體工廠設置的最優先要件之一。

### ▼一天使用90萬kwh的電

**電力**也很重要。其用途可分為，生產設備用50％、空調熱源等用40％、剩餘的10％作為排水設備等。一天使用的電量，約高達90萬kwh。也因為如此，半導體工廠需要安定的電力供應來源。

2011年3月11日東日本大地震及其所引發的核能電廠事故，使得東京電力公司管轄區內實施「計劃停電」，而半導體工廠一旦發生停電再重新啟動，精密設備、裝置等復機需要相當日數。

### ▼高速公路與機場設備

半導體本身具有輕薄短小的特徵，故在出貨至海外的運送，多使用汽車或飛機，因此，工廠盡量距離高速公路與機場近，也是有利條件之一。

再者，能夠招募到高素質的作業員，也是工廠地理位置需考慮的條件之一。至於技術人員，則可經

▶電力的確保　指的是半導體工廠不僅要確保電力來源，更進一步要在自家發電設備無法滿足其所有供電需求時，預先決定電力使用優先順序。

總公司雇用再派駐到各地工廠，或是直接在工廠當地雇用兩種方式。

另外，若能選擇少地震、少風災（颱風）地點，則是更難求得的地利條件。

## ▼意想不到的「必要條件」

然而現實狀況中，還有一種與前述的地利條件性質不同的好條件，甚至說是「必要條件」。這裡指的是興建工廠當地的縣市對於獎勵措施的熱情程度。這個條件並不僅限於半導體產業，當地對於興建工廠的期待歡迎與否，將使建設後的工廠狀況有天壤之別。

舉例來說，工業用地及工業園區的有無、稅制優惠的有無等，將會造成可觀的差異。下圖顯示日本主要半導體工廠的分布狀況，由地圖可見，各位讀者想必能多少查覺地理位置的優勢在哪些地區。

圖 1-4-1　日本主要半導體工廠的地理分布圖

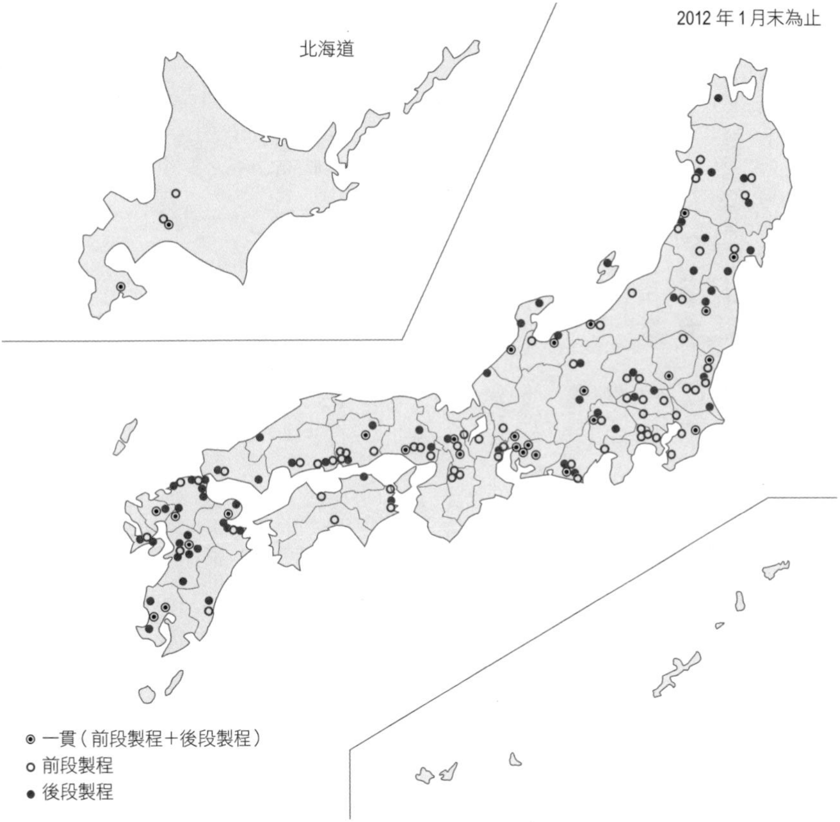




▶輕薄短小　意指輕量化、薄型化、小型化，特別相對於鋼鐵等重工業的「重厚長大」特性。

# 半導體工廠的變電所設備
## ——停電對策

說到使半導體工廠運轉的最基本能源，即為前節所述的「電力」。發電所產生的數千至兩萬伏特電力，透過變電所升壓至27萬5000～50萬伏特，再傳輸到超高壓變電所。刻意這樣做，是因為在電的傳輸過程中，電壓越高傳輸途中產生的損失就越少。於超高壓變電所，電壓降壓成15萬4000伏特，然後電力繼續傳輸到一次變電所。

半導體工廠所接收到的即為一次變電所送來6萬6000伏特的**特高壓配電**。透過設置於工廠內的自家變電所，降壓至6000伏特，再度降壓至3相400V與200V，單相200V與100V的電壓，供應給生產線。（如圖1-5-1所示）

### ▼針對停電對策備有萬全的態勢

只要電塔沒有倒塌，特高壓配電本身擁有停電時間限制在14秒內的支援體制。再者，因打雷等造成供電上的問題時，針對0．35秒以內的瞬間停電（瞬停），可利用電偶層電容形成的備用機制「**UNISAFE**（瞬間壓降對策裝置、瞬低對策裝置）」；針對5分鐘左右的停電狀況，則利用圖1-5-2所示以電池備用的**UPS**（Uninterrupted Power Supply，不斷電系統）就需要的裝置進行電力支援。特別針對瞬停問題，透過有害氣體的燃燒除害裝置及電腦、各種控制裝置的支援，是很重要的。

當停電時間拉長，可以將裝置的電源供應切換到氣體鋼瓶發電機等自家發電設備，以便進行緊急安全相關設備、其他設備、設施的運轉、或是無塵室潔淨度保持等維持運轉工作。此時因應自家發電能力的大小，必須決定優先順序「何者需優先支援供電」。

瞬停的一大原因是為雷擊。一般來說，A種接地的對地阻抗在10歐姆以下，但還是會發生電壓降到低於工廠附近落雷的電位，或是電腦等電子設備接地（GND=earth=接地）電位跑掉的狀況。為了避免這樣的問題，主要對策為地質方面的改善，例如盡量將避雷針深深埋入地下，有多個分枝以便將電流分散掉等方式。

▶電偶層　相對兩個面，一面分佈正電荷、另一面分佈負電荷，兩個面的間隔狹窄，面密度相等。電偶層電容利用這樣的特性，可提高電容蓄電效率。

## 圖 1-5-1 來自特高壓配電的工廠電力供應

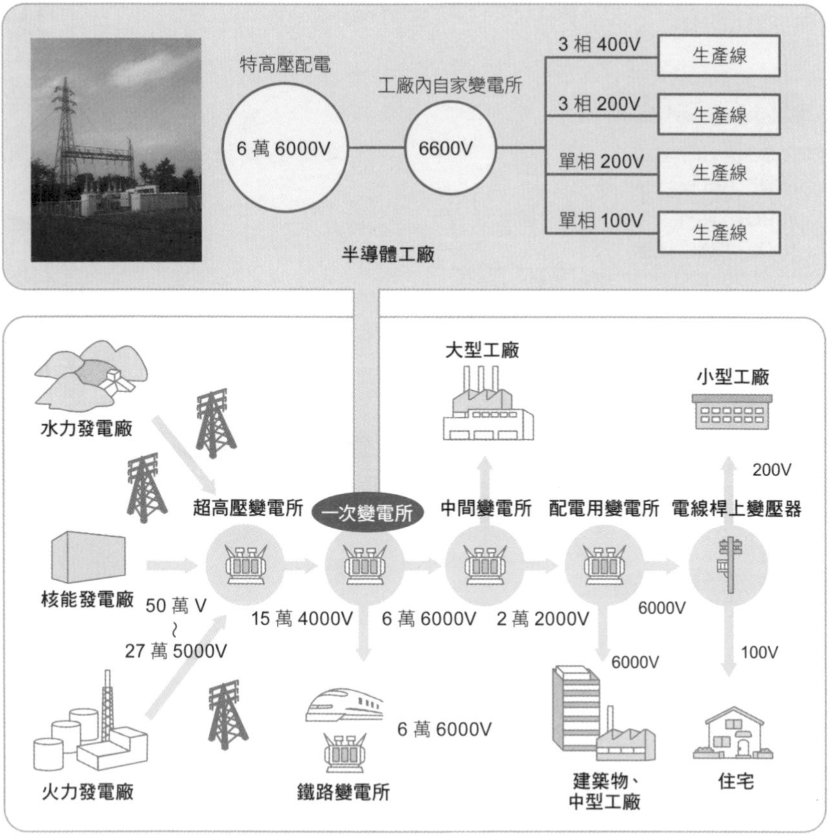


## 圖 1-5-2 無停電電源裝置（UPS）的範例

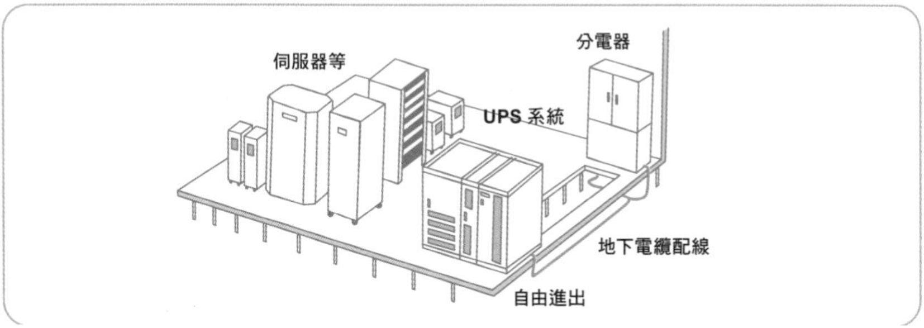




▶3相 指3相交流電。將電流或是電壓的位相錯開使成三個系統的單相交流組合。也稱為動力。

# 化學藥液、氣體供應、廢棄物處理系統

## ——大量使用的氮氣可以「空氣」補給

半導體工廠使用了各種藥液及氣體，這些東西的供應及廢棄，是怎麼樣進行的呢？

### ▼藥液的供應及廢棄

在各種藥液中，用量最大的、特別是重要的藥液，均由集中槽對生產線配有管線，進行液體供應。例如，硫酸（$H_2SO_4$）、氫氟酸（HF、BHF）、鹽酸（HCl）、硝酸（$HNO_3$）、磷酸（$H_3PO_4$）、氨（$NH_3$）、過氧化氫（$H_2O_2$）、異丙醇（IPA）、丁酮（MEK）等。

這些藥液屬於「**半導體等級**」超高純度藥品，透過液罐車運送到工廠，儲存、補給到設置於室外的集中槽。

至於用量較少的藥液及特殊藥液，則裝在專用容器中，運送到無塵室內。

使用後的廢液經過中和處理，

圖 1-6-1　藥液及氣體供應系統

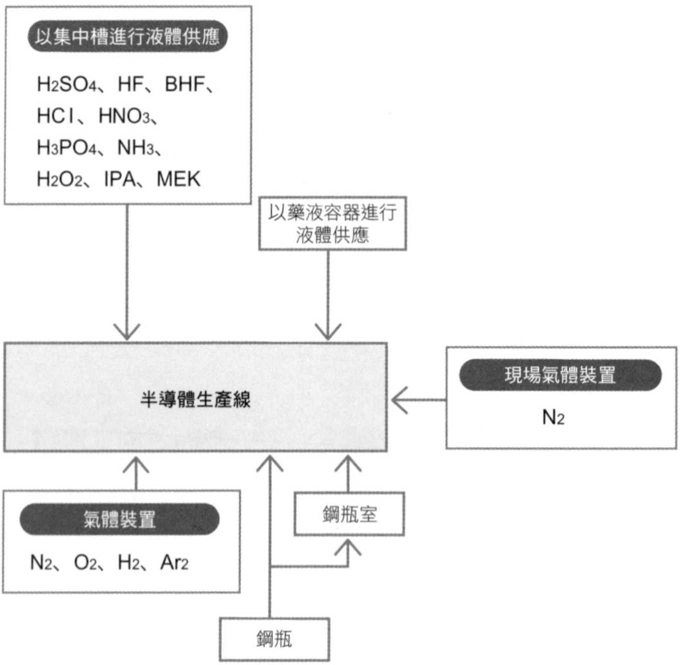


▶現場裝置（on-site plant）　英文on-site plant指的是半導體工廠內的製造設施（在此是氮氣）。

## 圖 1-6-2　藥液及氣體的廢棄處理系統

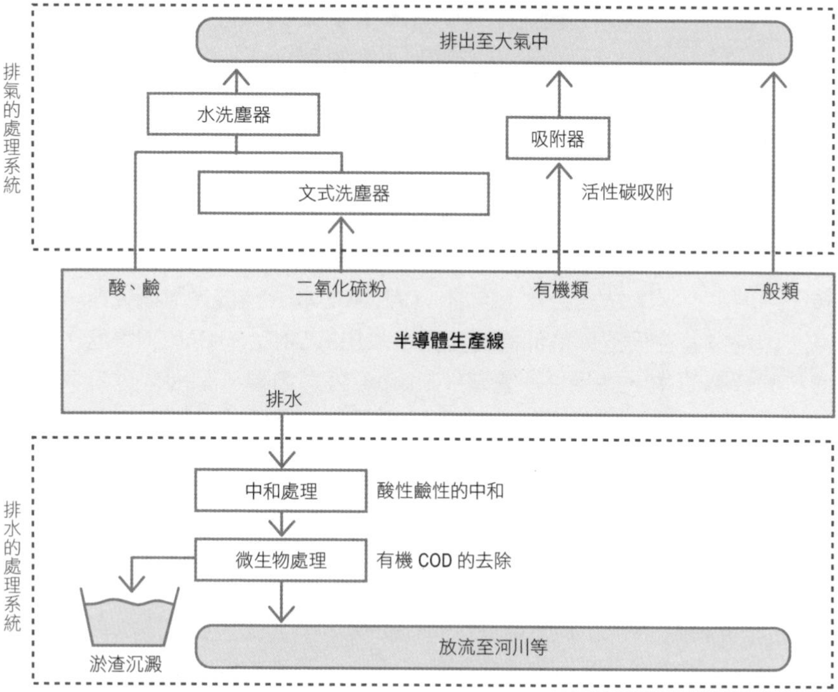


再利用微生物進行生物處理，將有機物及化學耗氧量（COD）去除，待殘留物（淤渣）沉澱，最後排出至河川等。淤渣則交由外部專門業者處理。

### ▼氣體供應及廢棄處理

在各種氣體中，用量最大的重要氣體，均由現場裝置對生產線配有管線，進行氣體供應。

例如，氮氣（$N_2$）、氧氣（$O_2$）、氫氣（$H_2$）、氬氣（$Ar_2$）等。這些氣體是以液態化液罐車運送到工廠內，於室外的集中槽儲存、補給。

其中用量最大的**氮氣**，有些是工廠內設置現場氣體裝置，將空氣進行液化蒸餾而製造。其他氣體，則以鋼瓶（單體，或是從鋼瓶室）對裝置進行氣體供應。



▶COD　Chemical Oxygen Demand（化學耗氧量）的簡稱。水質的代表性指標之一，指水中被氧化性物質進行氧化時所需要的氧氣量。亦稱為耗氧量。

專欄

# 日本半導體製造商
## ——公司名稱逸談

讓我們來看看日本著名半導體（電子）相關公司的名稱。

索尼（SONY）的公司名稱，來自於拉丁語的「聲音（SONUS）」及「小孩子（SONNY）」兩個單字組合而來，也可乾脆說成「聲音的小孩子」。キヤノン株式会社，佳能（CANON）為「精機光學研究所」前身，因創業者吉田五郎信仰觀音菩薩，故由KWANON→CANON得名。經常被誤植為「キャノン」。夏普（Sharp）公司名稱，是因創業者早川德治發明的「早川式陸續送出鉛筆」後續改良版的「自動鉛筆」——「Sharp pencil」而來。

2012年2月申請破產的日本唯一DRAM製造商「爾必達（Elpida）」則是取名自希臘語的「希望（Elpis）」。另外，日本另一家大型半導體製造商、近年來狀況不大好的「瑞薩電子（RENESAS）」，名稱則是來自法語的「再次（re）」與「誕生（naissance）」合成，並取「文藝復興（Renaissance）」之意而創造出來的社名。從兩者的社名均能感覺到創立當時的期待與意氣風發，想到如今的凋零狀況，著實令人不勝唏嘘。

看向海外，美國的「英特爾（INTEL）」取自「積體電子（Integrated Electronics）」；「微軟（Microsoft）」則取自「超小型機器用的軟體（Micro-soft）」。歐洲企業，荷蘭「飛利浦（Philips Semiconductor）」的前身智恩浦「NXP」，N=Next、X=Experience、P=Philips，也代表產品品牌（Nexperia）的意思。

各企業的公司名稱，都有著創業者的期待與希望呢。

# 第 2 章

# 半導體是這樣製造的

Section 01

# 什麼是「半導體」

## ──導電性只有一半？

### ▼最常問、也最難回答的問題

所謂「**半導體**」意指，性質介於電流能輕易通過的「**導體**」以及難以通過的「**絕緣體**」之間。「半導體」在英文裡為semiconductor，semi是「一半」、conductor是「導體」之意，可見半導體是「導電性只有一半的導體」。

然而，「電流能輕易通過、難以通過」這個說明比較模糊。嚴格定義，如圖2-1-1所示，半導體意指**物質之電阻率**（亦稱為「比阻」）介於1μ歐姆-公分（microohm-centimeter）及10M（百萬）歐姆-公分之間。

換句話說，電阻率在1μ歐姆-公分以下者為導體，10M歐姆-公分以上者為絕緣體。

導體的代表物質有：金、銀、銅、鐵、鋁等金屬類（導電率最高者為銀），絕緣體的代表物質有：橡膠、陶瓷、塑膠、油等。

事實上，半導體有趣之處就在於，與其說「電阻率居於導體與絕緣體之間」，更貼切的說法是物質的成份（不純物的有無等），會隨溫度、壓力等環境條件「時而變成導體、時而變成絕緣體，導電性有大幅度的變化」。

半導體種類很多。大致可分成：由單一元素形成的「**元素半導體**」、兩種以上的元素化合物所形成的「**化合物半導體**」、某種金屬氧化物形成的「**金屬氧化物半導體**」等。這些半導體，隨著特徵的不同，而有不同的用途。

然而，其中最具代表性的半導體，為元素半導體的**矽**（Si）。本書大部份的說明均與矽半導體有關。

如圖2-1-2所示，矽是原子序14的第4族元素，四個矽原子一起透過共享電子結合（共價鍵）形成單晶構造。各種半導體元件及積體電路，均被製作在稱為「晶圓」的單結晶矽圓板上。

在此各位讀者需要特別注意一件事。坊間一般提到「半導體」，並非都是指上述元素或材料的性質，而經常也指二極體、電晶體，或半導體、LSI等用半導體製作的**電子元件**。也就是說，運用半導體做成的元件或裝置等，也經常概稱為半導體。

▶單晶　在三次元座標中，呈現規則排列的結晶構造。或者是指，具有單晶特徵的結構。

## 圖 2-1-1　從電阻率看半導體

電阻率（Ωcm）

$10^{-12}$ pico（一兆分之一）　$10^{-9}$ nano（十億分之一）　$10^{-6}$ micro（百萬分之一）　$10^{-3}$ mlli（千分之一）　1　$10^{3}$ kilo（千）　$10^{6}$ mega（百萬）　$10^{7}$　$10^{9}$ giga（十億）　$10^{12}$ tera（一兆）

| 導體 | 半導體 | 絕緣體 |
|---|---|---|
| 金（Au）、銀（Ag）、銅（Cu）、鐵（Fe）、鋁（Al）等 | **元素半導體**<br>矽（Si）、鍺（Ge）、硒（Se）、碲（Te）等<br>**化合物半導體**<br>砷化鎵（GaAs）、磷化鎵（GaP）、氮化鎵（GaN）、銻化銦（InSb）、磷化銦（InP）、砷化鋁鎵（AlGaAs）、砷化鋁鎵銦（AlGaInAs）等<br>**氧化物半導體**<br>銦鎵鋅氧化物（IGZO）、氧化銦錫（ITO）、二氧化錫（$SnO_2$）、氧化釔（$Y_2O$）、氧化鋅（ZnO）等 | 橡膠、玻璃、塑膠、油、陶瓷等 |

**Ga**：鎵　**As**：砷　**P**：磷　**N**：氮　**In**：銦　**Sb**：銻
**G**：鍺　**Z**：鋅　**T**：鈦　**O**：氧　**Sn**：錫　**Y**：釔
（IGZO、ITO 的 I，是 In 銦的簡寫）

## 圖 2-1-2　矽原子及矽的單晶構造

矽原子模型

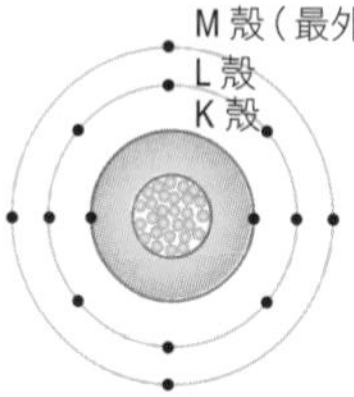


- **14 個電子**（從內側算來，K 殼有 2 個、L 殼有 8 個、M 殼有 4 個）
- 原子核：14 個質子、14 個中子

單晶矽的構造模型

Si 矽原子　• 電子

**共價鍵結**（covalent bond）：兩個矽原子分別從最外殼電子層出一個電子，互相共享，使兩個原子互相結合。

▶半導體　快閃記憶體（Flash Memory）為「非揮發性記憶體」代表，主要用於數位相機；DRAM（Dynamic Random Access Memory，動態隨機存取記憶體）則是「揮發性記憶體」的代表，主要用於電腦記憶體。

# 半導體製造過程

## ——前段製程與後段製程概要

圖 2-2-1　前段製程的流程概略圖

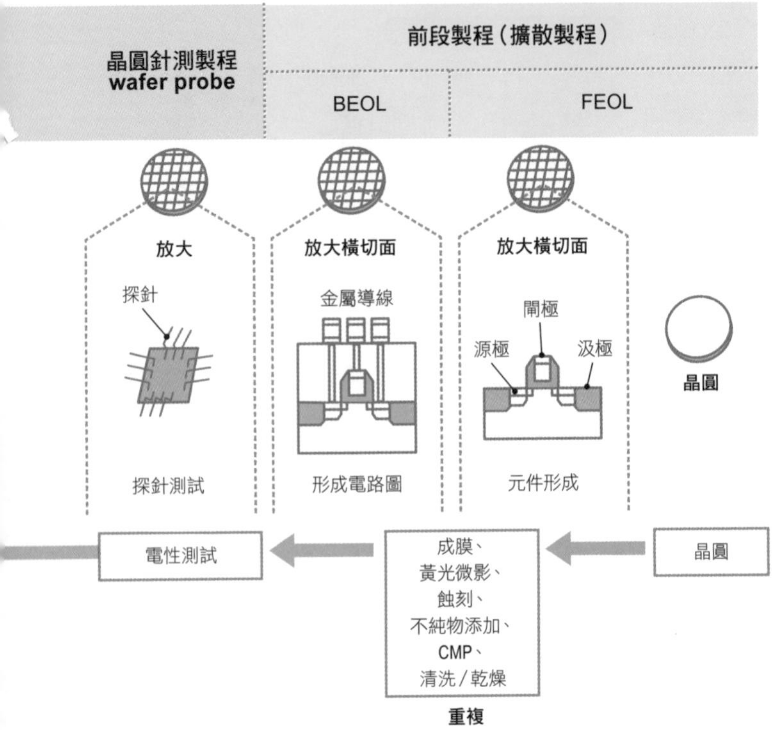


半導體就是「積體電路」，製造工程大致可分為「**前段製程**」與「**後段製程**」。前段製程，會在矽晶圓上做出電阻、電容、二極體、電晶體等元件，以及將這些元件互相連接的內部佈線。前段製程亦稱為「**擴散製程**」，由數百道步驟組合而成，占半導體總製程的80％。

近來，又有將前段製程細分為①在矽晶圓上做出各種元件的**FEOL**、②在各個元件之間做出連接用金屬佈線的**BEOL**，分為兩大製程。隨著在邏輯類半導體多層佈線逐漸的被採用，前段製程的佈線製程比例提高，故BEOL獨立出來成為單獨一大項。

前段製程包括：形成絕緣層、導體層、半導體層等的「**成膜**」；以及在薄膜表面塗佈光阻（感光性樹脂），並利用相片黃光微影技術長出圖案的「**黃光微影**」；並且以

▶邏輯類半導體　意指具有「理論運算功能」的半導體。

圖 2-2-2　後段製程的流程概略圖

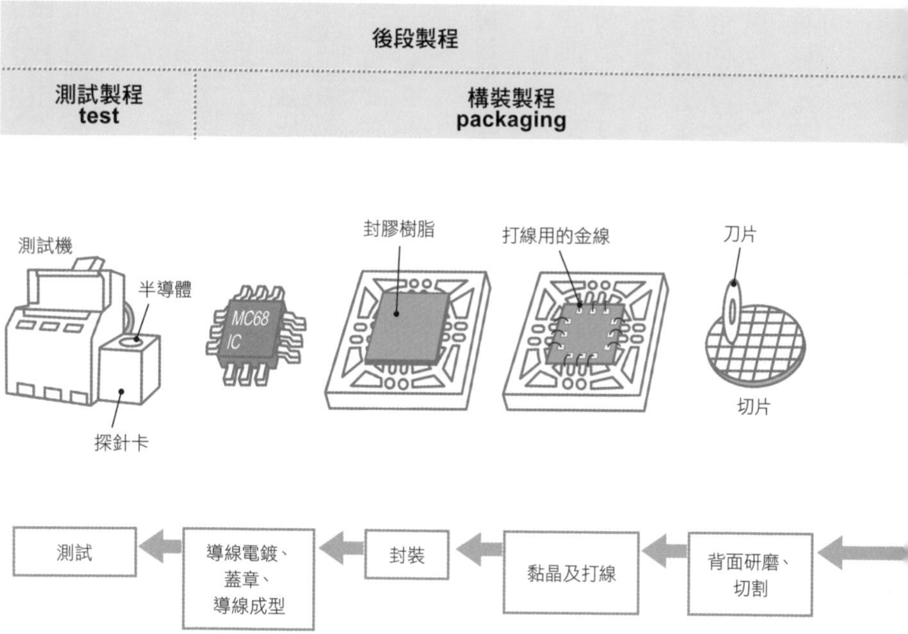


形成的光阻圖案做為遮罩，選擇性地去除底層材料膜，以便達成造型加工的「**蝕刻**」；將p型或n型的導電性不純物添加至矽基板表層的「**不純物添加**」；在黃光微影段為了提高黃光微影成型精細度，並改善佈線的階梯覆蓋率（step coverage），而在製程中對晶圓表面進行平坦化「**CMP**」；在各段製程之間產生的塵屑及不純物質去除、清潔晶圓使其得以順利進入下一道製程的「**洗淨**」等製程。

此外，還有前段製程全部完成時，必須進行晶圓上的半導體晶片電性測試，判定良品與否的「**晶圓針測製程**」。

後段製程則包括：「**構裝製程**」及「**測試製程**」。後面的章節將會針對這些主要的製程，進一步詳細說明。



▶n型、p型　意指不純物半導體，其中多數載子分別為「電子」、「電洞」者。

# 前段製程①「FEOL」——晶圓上的元件製程

此節以半導體的代表，CMOS-半導體為例，對前段製程FEOL進行詳細說明。

此說明將依照**FEOL**主要製程的剖面構造模型，也就是圖❶～⓰來進行。說明非常詳細，但一開始先掌握大概即可。

### ▼前段製程的前半為「FEOL製程」

❶準備一塊直徑300mm（12英吋）、厚0.775mm、雙面鏡面研磨的p型矽晶圓。

❷將矽晶圓洗淨，加熱，經由加熱氧化法使矽（Si）與氧（$O_2$）產生反應，形成**二氧化矽**（$SiO_2$）膜，接著以矽烷（$SiH_4$）與氨氣進行氣相反應，生成矽氮化（$Si_3N_4$）膜（**CVD**：將晶圓放入化學反應器，並將預計成膜的氣體流入，使薄膜發生堆積的方法）。

❸在矽晶圓表面塗上稱為**光阻**的感光性樹脂材料，用氟化氬（ArF）準分子雷射激光器透過光罩照射晶圓，將光罩上的圖樣縮小成1/4轉印在晶圓上。光罩亦可稱為Reticle，為用鉻（Cr）薄膜，將欲轉印的圖樣的四倍尺寸大小的圖樣形成在石英板上，分子雷射激光器在有鉻金屬的位置被遮蔽、石英部分則可以穿透。

❹藉由顯像處理，可在光阻上形成圖樣。

製程❸及❹合稱為「**黃光微影製程**」。

❺以光阻形成的圖樣做為遮罩，依次序將$Si_3N_4$膜、$SiO_2$膜、Si表面進行乾式蝕刻，在矽基板表面形成「淺溝」。

❻將光阻剝離後，在洗淨的晶圓上以$SiH_4$及$O_2$的CVD堆積上較厚的$SiO_2$膜。

❼以化學機械研磨（CMP）法對較厚的$SiO_2$膜進行研磨，形成淺溝內埋藏有$SiO_2$膜的構造。

❽將$Si_3N_4$以蝕刻全部去除並洗淨，透過黃光微影製程，將基底圖樣一部分以光阻覆蓋，剩餘部份則在基板表面注入磷（P）離子，形成打入式n型導電性區域的「**n-well（電子井）**」。

❾在光阻剝除後，將晶圓表面的$SiO_2$膜去除，並將清洗的晶圓重新加熱氧化，使長成閘極絕緣層（$SiO_2$）。

▶CMOS　Complementary Metal Oxide Semiconductor的縮寫。互補式金屬氧化物半導體。以n-通道及p-通道的MOS電晶體組合成的元件構成方式，或電路型式。

## 圖 2-3-1　CMOS–IC 前段製程（FEOL）流程概略圖〈1〉

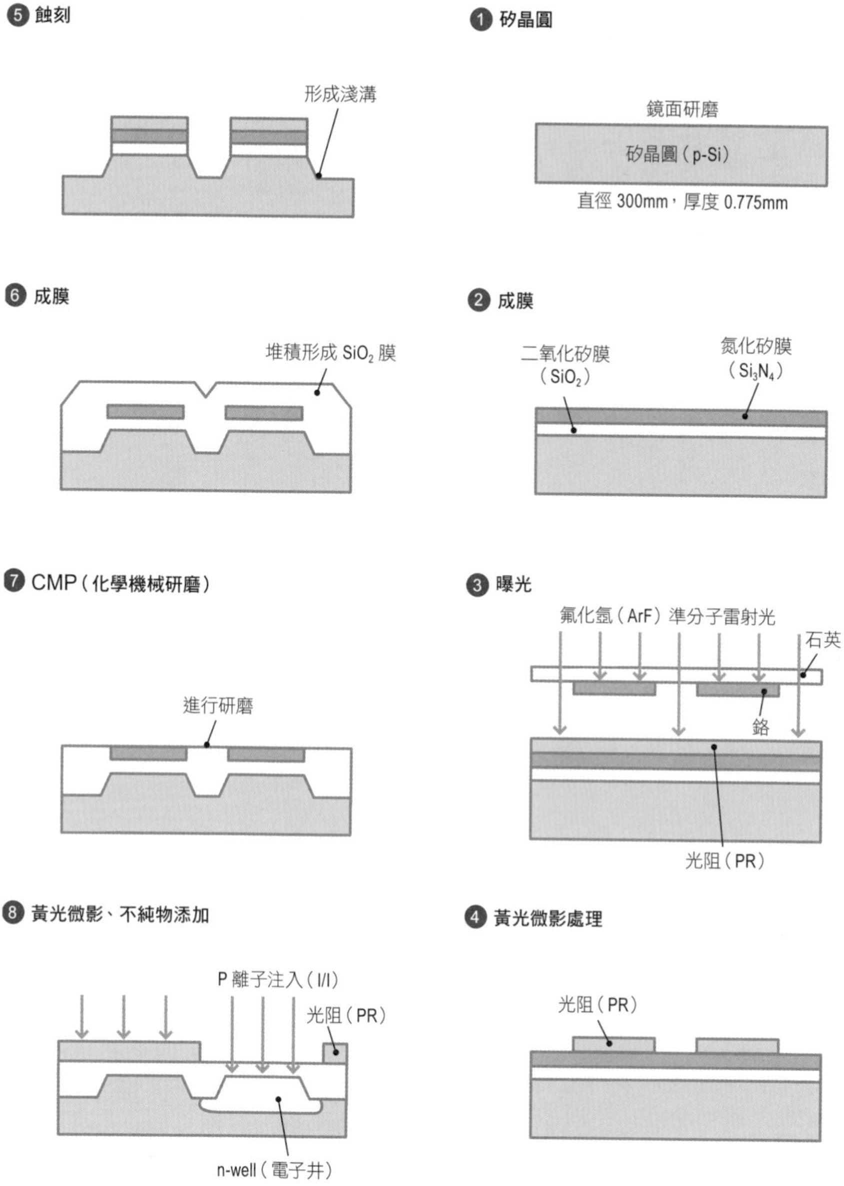




▶黃光微影　lithography。原指石版印刷或平板印刷。在此指利用感光性物質，透過曝光黃光微影流程來形成電路圖案。

⑩藉由CVD法，將$SiH_4$氣體在氮氣（$N_2$）中熱分解，以長成多晶矽（Poly-Si）。

⑪以黃光微影法在多晶矽（Poly-Si）上形成圖案，並在「**閘極電極**」形成後，以黃光微影製程將基底圖案的一部分以光阻遮蓋，剩下的部分則注入磷離子，形成與閘極電極自動對準性（self-align）的n-通道MOS電晶體的源極與汲極n型區域。

接著，以同樣的製程，將硼（B）離子與閘極電極自動對準的方式注入，形成p-通道MOS電晶體的源極與汲極p型區域。

⑫經光阻剝除，清洗，以CVD法長成整面的厚型$SiO_2$膜，並以高度非等向性乾式蝕刻，使電極側面形成$SiO_2$「**側牆**」。

⑬以光阻覆蓋p-通道MOS電晶體的部分，以砷（As）對側牆進行自動對準的離子注入，形成n-通道MOS電晶體的源極與汲極$n^+$區域（n型不純物濃度較高的區域）。接著，以同樣的製程，以硼（B）對側牆進行自動對準的離子注入，形成p-通道MOS電晶體的源極與汲極$p^+$區域（p型不純物濃度較高的區域）。

⑭將鎳（Ni）以**濺鍍**方式在整面晶圓上形成，並進行熱處理，在矽基板表面及閘極多晶矽（Poly-Si）接觸的部分，鎳與矽反應成二矽化鎳（$NiSi_2$），其餘的部分則維持鎳的型態。

⑮將晶圓浸入稀氟酸（DHF）中，鎳溶解、二矽化鎳保留，閘極多晶矽、源極、汲極區域的表面也保留自動對準的$NiSi_2$膜構造。此為「**自動對準式矽**」的意思，簡稱為「金屬矽化」。

⑯以CVD法在整個晶圓表面堆積一層厚厚的二氧化矽膜（$SiO_2$膜），再以CMP法將表面研磨，呈現**完全平坦**。

以上為前段製程FEOL的主要製程。

製程看起來非常複雜繁瑣，各位讀者可以先簡單認知為，這是為了達成「在矽晶圓上做出各種元件的製程」目的，前段所需要的各種操作。

▶I/I　Ion Implantation（離子佈值）的縮寫。將欲加入的雜質先離子化，提昇雜質的能量或動能，接著，利用電場加速離子運動速度及磁場改變運動方向，將經離子化的雜質直接打入矽晶片，使雜質原子擴散進入矽晶片內部。

# 圖 2-3-1　CMOS–IC 前段製程（FEOL）流程概略圖〈2〉

**⑨ 閘極氧化**

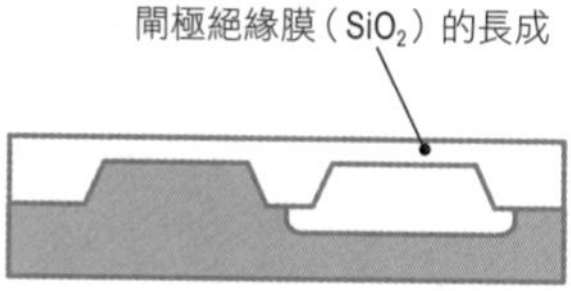


**⑩ 長成多晶矽**

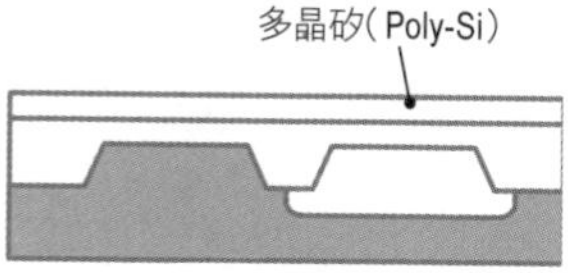


**⑪ 多晶矽圖案注入離子（n 型、p 型）**

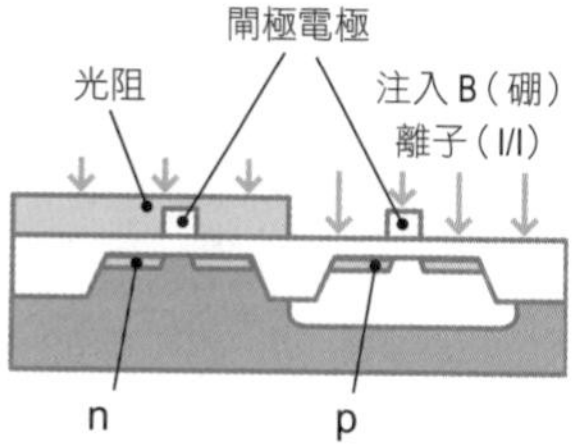


**⑫ 非等向性蝕刻**

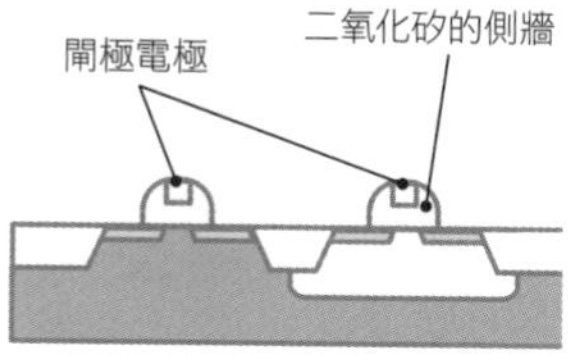


**⑬ 離子注入（$n^+$型、$p^+$型）**

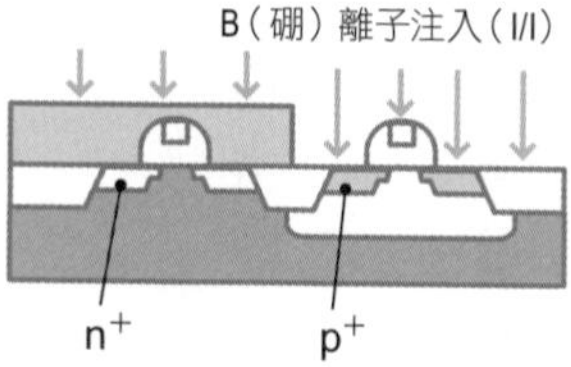


**⑭ 氧化處理、二矽化鎳（$NiSi_2$）的形成**

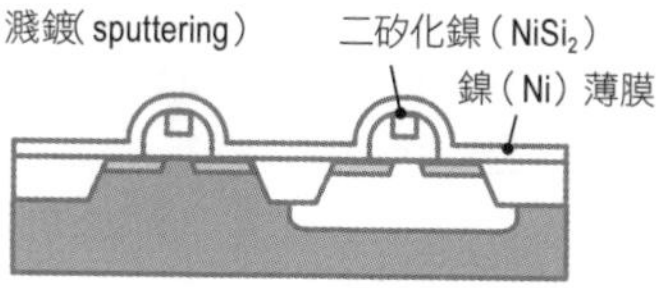


**⑮ 鎳蝕刻**

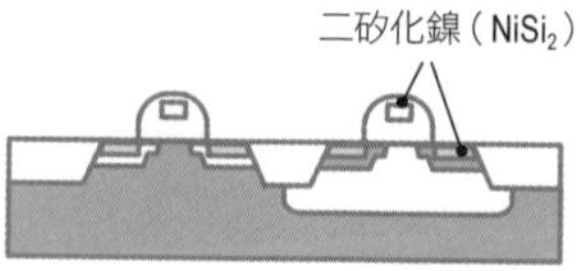


**⑯ 在整面上長成二氧化矽膜，並進行 CMP**

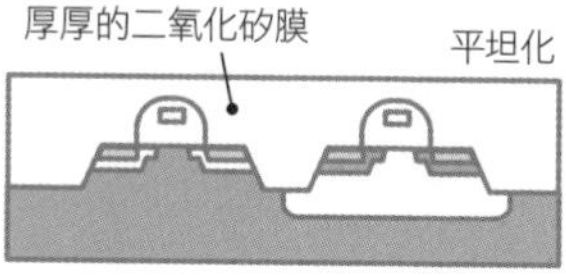




▶自動對準　即self-align。使相異的兩層「自動互相對準位置」。

# 前段製程②「BEOL」
## ——金屬佈線連接元件的製程

此節對於前段製程後半BEOL，我們使用圖2-4-1依照⑰~㉓的順序進行詳細說明。

**▼前段製程的後半是BEOL製程**

⑰經由黃光微影及蝕刻製程，在閘極電極、源極、汲極區域的二氧化矽膜上，打開一個電極連接用的接觸窗（Contact hole）。

⑱在整面晶圓上，以CVD法沉積一層厚鎢金屬（W），再以CMP法將表面進行研磨，使鎢金屬僅留在接觸窗中。這種填入式接觸窗一般稱為「**填入式連接孔**」，但在此稱作「鎢栓塞（W-plug）」。

⑲在整面晶圓上，以CVD法沉積一層厚的二氧化矽（$SiO_2$），經由黃光微影及蝕刻製程，在$SiO_2$表面形成第一層佈線用的溝槽狀圖案，再整面以電鍍法形成一層厚的銅（Cu）膜。

⑳以CMP法將晶圓表面進行研磨，形成埋在溝槽構造內的銅（Cu）佈線（單鑲嵌結構佈線法）。

㉑在整面晶圓上，以CVD法沉積一層厚的二氧化矽（$SiO_2$）絕緣層（ILD），經由黃光微影及蝕刻製程，在$SiO_2$表面形成第二層佈線用的溝槽狀圖案，並同時開鑿第一層與第二層佈線之間的通孔（through hole、via hole）。

㉒整面晶圓以電鍍法形成一層厚的銅（Cu）膜，以CMP法將晶圓表面進行研磨，同時形成埋入在$SiO_2$的ILD通孔（via hole），以及第二層的銅佈線（雙鑲嵌結構佈線法）。

㉓在整面晶圓上，以CMP法沉積一層厚的二氧化矽（$SiO_2$）絕緣層，以形成**保護膜**（Passivation）。

以上為雙層佈線例子的說明。將上述⑳~㉒製程視為模組化，並重複多次，則可以形成完全平坦化的三層以上多層佈線結構。

特別對於最先進的邏輯類元件，經常會使用十幾層的佈線結構。

各位可理解成，BEOL段是「將元件間以金屬佈線連接在一起的製程」。

以上說明介紹了前段製程的主要製程。實際上，半導體的製造，則總共有數百道工序重複進行。

▶ILD　Inter-Layer Dielectric（層間介電質）。多層佈線時，在鋁（Al）或銅（Cu）等多層佈線之間，做為層間絕緣膜者。

## 圖 2-4-1　CMOS–IC 前段製程（BEOL）流程概略圖〈3〉

**⑰ 接觸窗的開孔**

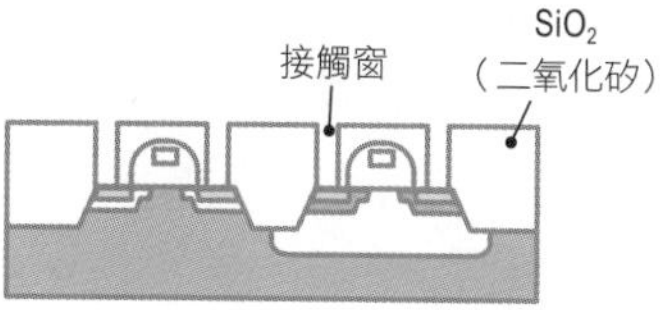


**⑱ 鎢金屬的長成、鎢金屬的 CMP**

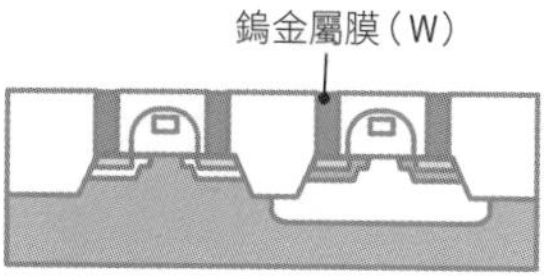


**⑲ $SiO_2$ 膜的長成、溝的蝕刻、鍍銅**

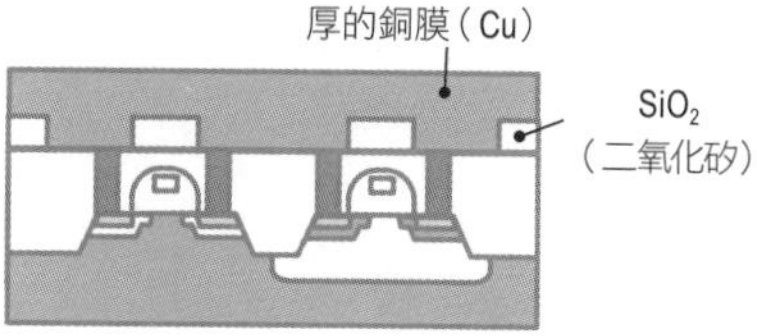


**⑳ 銅 CMO（單鑲嵌結構）**

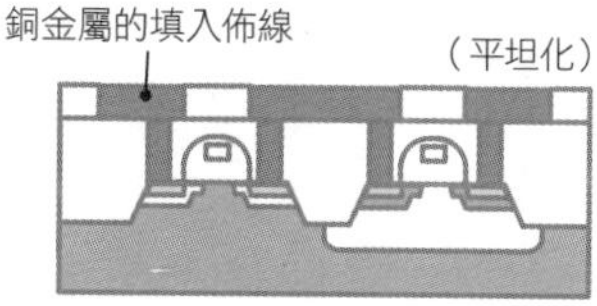


**㉑ 通孔、佈線溝的蝕刻**

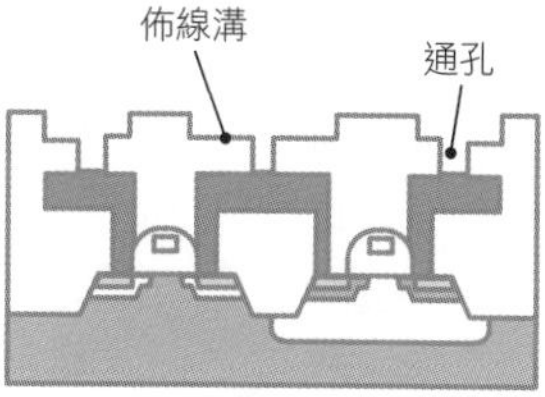


**㉒ 膜的 CMP（雙鑲嵌構造）**

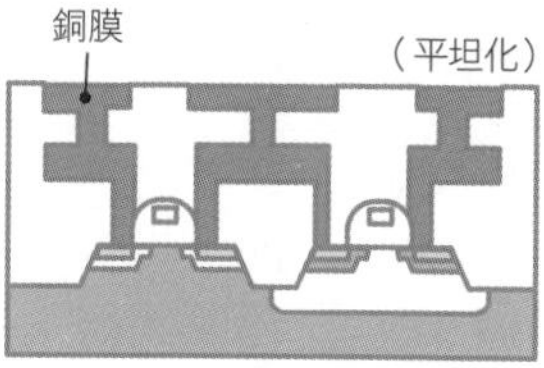


**㉓ 保護膜的長成**

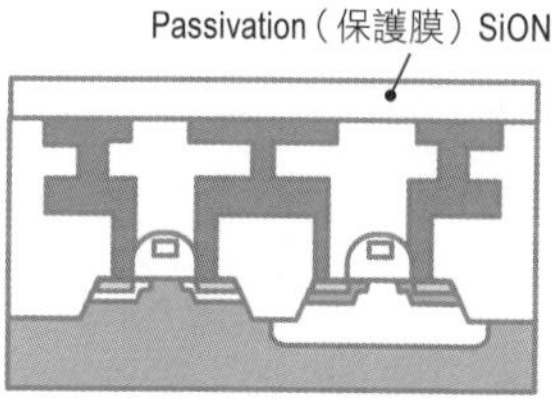


隨著鑲嵌結構佈線法的出現，佈線製程得以被模組化，而重複進行這些模組化的製程，可完成十幾層以上的多層佈線。

▶Passivation　使元件形成保護膜，可杜絕機械力及水等各種不純物質。

# 矽晶圓——純度提高為11：9

**矽晶圓**（silicon wafer）上面製作半導體，為極薄的單晶矽圓形基板（因為是薄板，故稱作基板，而非基盤）。

圖 2-5-1　經過鏡面研磨的矽晶圓

右側為12吋CZ晶圓，
左側為8吋CZ晶圓

## ▼向晶圓專門業者購入

從前在半導體元件的製造還在研究、開發的時代，當時矽晶圓的製造是由半導體廠商自己負責製造。然而，隨著半導體產業的蓬勃發展，在「術業有專攻」的趨勢下，出現了一些晶圓製造商的專業製造商，而半導體廠專為向專門業者購買製作半導體。

於矽晶圓的製造中，首先以高溫將矽溶液裡放入稱為「**晶種**」的單結晶小片狀物體，使其與矽溶液接觸，然後緩緩拉起，長成圓柱狀的單結晶固狀物（**晶條**）。這種長晶法因發明者柴可拉法斯基（Czochralski）而稱為「**CZ法**」（柴可拉法斯基法）。近年來則以超導磁鐵形成強力磁場，同時將結晶拉起的「**MCZ法**」（Magnetic CZ）較為普遍。

以拉緊的鋼琴弦接觸前述方式形成的晶條，同時流入切削砥粒液，並高速運動，將晶條切割成厚度一公厘左右的圓片狀。這種切片法稱為「**線鋸法**」。

接著，為了提高操作上的機械強度，以稱為「**beveling**」的倒角製程對切割後的側面部份進行處理，再以含有細緻研磨粒子的研磨液，進行**機械研磨**（Lapping），最後流入切削砥粒液，並接觸研磨布以進行化學機械研磨（polish），使呈鏡面狀態。半導體製造廠購入的晶圓，如上方照片所示，經過**鏡面研磨**（mirror polish）的樣子。

## ▼純度99.999999999%

近年來，晶圓的外型規格漸漸標準化，但因製造商的不同、或是

▶晶圓製造商　亦稱為矽製造商。指販賣提供晶圓給半導體製造商的業者。在日本有信越半導體、SUMCO，美國有MEMC，德國有Siltronic，法國有SOITEC（只有SOI）等。

### 圖 2-5-2　矽晶圓的大型化（大直徑化）演進圖

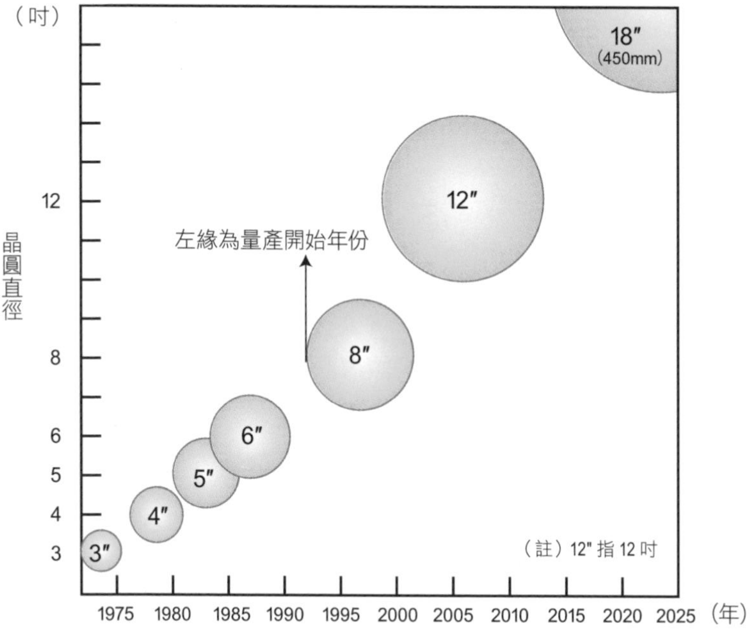


晶圓的直徑以英吋（=2.54cm）或公厘（mm）為單位。矽晶圓每進步一世代，直徑會放大 1.5 倍。

半導體的不同，p型／n型、比阻、含氧濃度、口徑（直徑）等，仍存在有各種不同的規格。

上圖顯示為晶圓直徑的演進。對半導體製造商來說，大直徑的好處是半導體製造成本降低及對應生產量增加需求的調配更為容易。

矽晶圓的矽純度為「**eleven-nine**」也就是需要至少有11個9排列**99.999999999%**以上的超高純度。再者，若將晶圓放大為甲子園棒球場大小，表面的凹凸會在一毫厘以下，具有極佳的平坦性。

再者，半導體為堆疊許多層的三次元架構，各層是由各種不同的材料薄膜所組成。



▶Eleven-nine　又可寫為11N。目前的矽晶圓的實力，已經較此又進步了兩位數。

# 薄膜製造法、堆疊法

## ——薄膜堆疊製造

此節中，對於形成薄膜的四個主要方法，以圖2-6-1的順序介紹。

### ① 熱氧化法

在**熱氧化法**中，將矽放入高溫氧化爐，在氧氣與蒸氣的環境中使矽與氧產生化學反應，長成二氧化矽膜。二氧化矽膜為石英的一種，是極高品質的絕緣膜材質，能夠使用熱氧化法，是矽這種半導體材料最大的優點。

「熱氧化」會因流入氣體的種類、狀態，而有圖2-6-2所呈現的各種不同方法。

有灌入氧氣與氮氣的「乾式氧化」，在加熱純水中灌入氧氣與氮氣的「濕式氧化」，灌入純水水蒸氣的「蒸氣氧化」，將氧氣與氫氣在外部燃燒產生的蒸氣灌入的「氫燃燒氧化」（氣相氧化）等。與只

**圖 2-6-1　薄膜的製造法**

| 成膜方法 | | 主要的薄膜種類 |
|---|---|---|
| ①熱氧化 | | $SiO_2$ |
| ② CVD | 減壓 CVD（LP-CVD） | $SiO_2$、$Si_3N_4$、BPSG、Poly-Si、$WSi_2$、W |
| | 常壓 CVD（AP-CVD） | $SiO_2$、BPSG |
| | 電漿 CVD（P-CVD） | $SiO_2$、SiON |
| ③ PVD | 濺鍍 | Al、Ti、TiN、TaN、WN、$WSi_2$ |
| ④電鍍 | | Cu |

【縮寫名詞說明】

| | | | |
|---|---|---|---|
| $SiO_2$ | ：二氧化矽 | CVD | ：化學氣相沉積 |
| LP | ：減壓 | AP | ：常壓 |
| $Si_3N_4$ | ：氮化矽 | BPSG | ：添加硼、磷的矽化玻璃 |
| Poly-Si | ：多晶矽 | $WSi_2$ | ：矽化鎢 |
| W | ：鎢 | SiON | ：氮氧化矽膜 |
| Al | ：氮化鋁 | Ti | ：鈦 |
| TiN | ：氮化鈦 | TaN | ：鈦化氮 |
| WN | ：氮化鎢 | Cu | ：銅 |

▶LP　Low Pressure的縮寫。
▶AP　Atmospheric Pressure的縮寫。

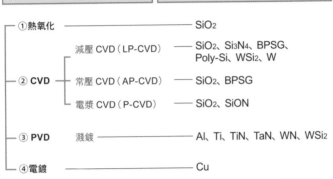

圖 2-6-2　熱氧化裝置的構造模型

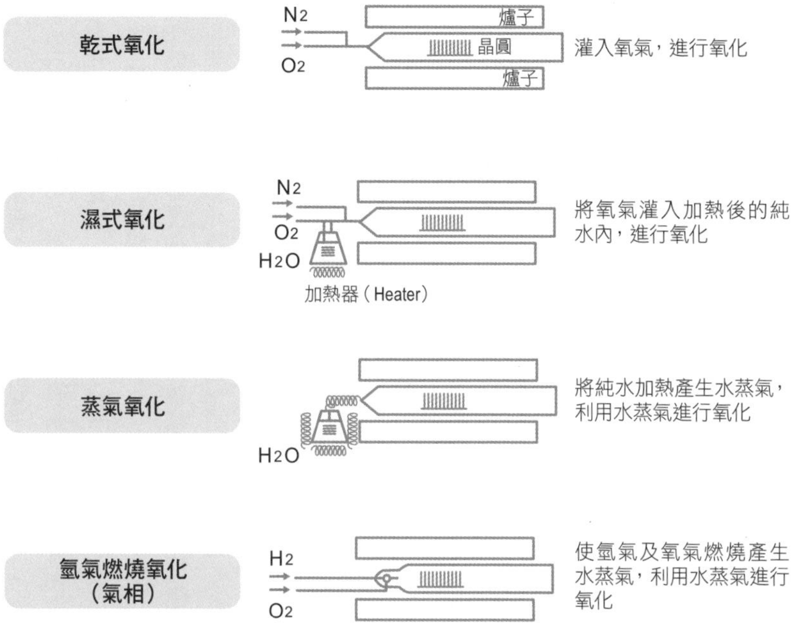


有氧氣的狀況相比，同時有氫氣存在時，氧化速度較為快速。

### ②化學氣相沉積法

在稱為**Chamber**的化學反應器裡放入晶圓，因應欲成膜的種類選擇適當的原料氣體，並將氣體（氣態）灌入，利用化學觸媒反應使膜質產生堆積。又稱作**CVD法**。

觸媒反應需要能量，此處使用的能量有各種形式，例如，利用熱能的「CVD」、利用電漿的「電漿CVD」等。

圖2-6-3呈現了電漿式CVD chamber內的構造模型。

熱CVD又分為，低於大氣壓力減壓狀態下成長的「減壓CVD」，以及在大氣壓力下成長的「常壓CVD」。

CVD法為半導體製造中最常



▶Pyrogenic　氣相。類似減壓CVD的構造。

使用的成膜法。形成的膜種類有：二氧化矽膜（$SiO_2$）、氮化矽膜（$Si_3N_4$）、氮氧化矽膜（SiON）、添加硼與磷不純物的氧化膜（BPSG）等絕緣膜；以及多晶矽膜（Poly-Si）等半導體膜、矽化鎢等矽化物膜（$WSi_2$）、氮化鈦（TiN）、鎢（W）等導電膜等。

**③物理氣相沉積法**

相較於CVD法利用化學反應，**PVD法**（Physical Vapor Deposition）利用則的是物理反應。

PVD法亦分為不同種類，但現在最為普遍使用於半導體製造的為「**濺鍍**」法。

濺鍍（sputter）指的是「啪嗒啪嗒地敲打」的意思，在濺鍍法中，在高度真空環境下，金屬或矽化物（高熔點金屬與矽的合金）標的物放在圓盤上，以高能量的氬（$Ar^+$）離子施以撞擊，被氬離子敲擊出來的原子，則附著在晶圓表面形成薄膜。圖2-6-4為濺鍍的原理圖。

濺鍍法多使用在導電膜的形成，適用材質包括鋁（Al）、鈦（Ti）、氮化鈦（TiN）、氮化鉭（TaN）、氮化鎢（WN）、矽化鎢（$WSi_2$）等。

**④電鍍法**

在半導體前段製程中，導入的「電鍍法」屬於較新的、較特別的成膜法。這是佈線材料從以前使用的鋁（Al），變成銅（Cu）時，不可或缺的技術。

銅在一方面非常難用乾式蝕刻進行加工，卻擁有非常容易電鍍的性質。於鑲嵌佈線的形成時，由於需要成長相對來說較厚的膜，因此銅的電鍍法特別用在此目的。

圖2-6-5呈現銅電解電鍍裝置的構造模型。將晶圓浸泡於硫酸銅等電鍍液中，將晶圓做為陰極，銅板做為陽極，再通過電流，則銅會析出，附著在晶圓表面上。

▶PVC（physical vapor deposition，物理氣相沉積法） **物理氣相沉積法中，除了濺鍍，尚有「蒸鍍（evaporation）」、「離子鍍著（Ion plating」」、「離子束濺鍍（Ion-beam deposition」等方法。**

## 圖 2-6-3　電漿 CVD 裝置的構造模型

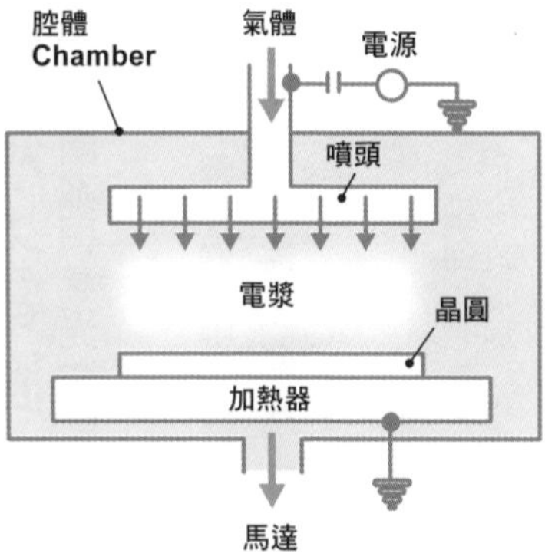


在 Chamber 內噴頭供應的氣體，施加高電壓使氣體電漿化，然後在加熱器加熱的晶圓上堆積成薄膜。

## 圖 2-6-4　濺鍍的原理

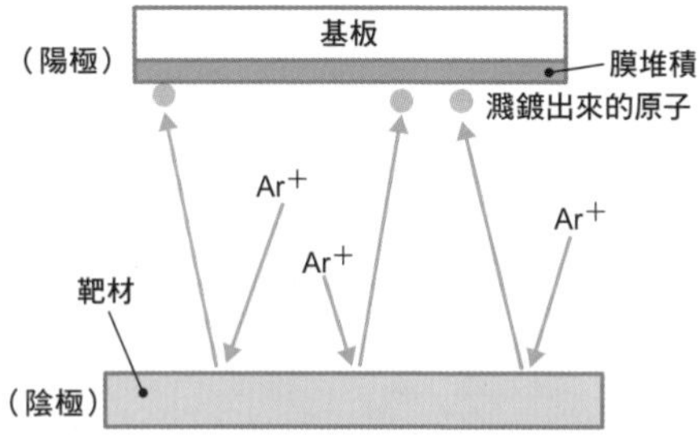


受到加速電場作用而得到足夠能量得以入射至靶材的氬離子（$Ar^{+}$），將構成靶材的原子打飛出來，運動方向與氬離子相反，並附著在靶材對向的晶圓表面而成膜。

## 圖 2-6-5　銅電鍍裝置的構造模型

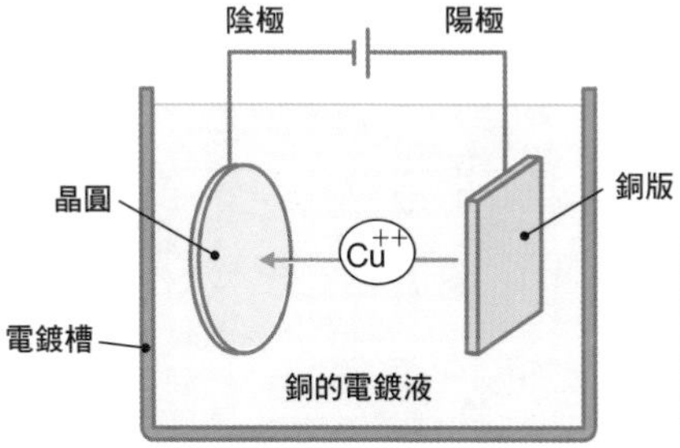


將晶圓接到陰極、銅板接到陽極，並將晶圓浸在硫酸銅等銅的電鍍液中，通電，則銅從銅板析出，並成膜至晶圓表面。



▶電鍍　亦稱電解電鍍。在金屬鹽水溶液中，透過電化學反應將金屬還原析出。此電鍍法能支援高速電鍍，缺點是只能在導體上成長。

Section 07

# 如何燒入電路——電路圖案與黃光微影

在半導體的製造過程中，各種材料依序分別加工成需要的形狀，然後依序堆疊。這時，對各層材料薄膜畫出電路圖案的製程，稱為「**黃光微影**」及「**蝕刻**」。首先對黃光微影製程（相片蝕刻製程）做說明。

黃光微影製程利用了在數位相機普及前，與銀鹽相機（底片型相機）非常相似的顯像原理。在接下來的篇幅中，將針對黃光微影製程，分成幾個主要的製程，進行介紹。

**①光阻塗佈**

如圖2-7-1所示，成長了某層材料膜的晶圓，用**迴旋塗佈機**（spin coater）以真空吸座固定後，再將光阻液（感光性樹脂溶液）以噴嘴噴至晶圓表面，並將晶圓以每秒數千次的高速旋轉，利用離心力使光阻形成厚度均勻的薄膜。

此時形成的光阻膜厚度，可以光阻黏度、溶劑種類、晶圓旋轉次數等控制。

光阻為感光性樹脂材料，特性會隨溫濕度而有所變化。故處理光阻的無塵室空間（黃光微影段）使用長波長的黃色照明，並且溫濕度都需要嚴格管控。

**②光阻的種類**

**光阻**由感光劑、基底樹脂、溶劑等共同組成。在近年來使用KrF（氟化氪）或ArF（氟化氬）做為光源的準分子雷射曝光製程中，使用圖2-7-2所示、又稱作「化學放大型」的光致產酸劑，來做為感光劑的光阻材料。

另外，光阻又分為顯影時除去照到光的部分——**正型光阻**，與顯影時除去沒有照到光的部分——**負型光阻**兩種，隨著欲形成圖案的不同，而區別兩者的使用範圍。

**③軟烤**

將完成塗佈光阻的晶圓，放在氮氣中加熱到約攝氏80度，使得光阻內殘存的有機溶劑得以揮發而去除。此製程稱作「**軟烤**」。圖2-7-3為隧道式烘烤裝置。

**④曝光（硬烤）**

將光罩上的圖案轉印到晶圓光

▶銀鹽相機　利用底片或感光板來攝影的相機。

## 圖 2-7-1　利用迴旋塗佈機（spincoater）進行光阻的塗佈

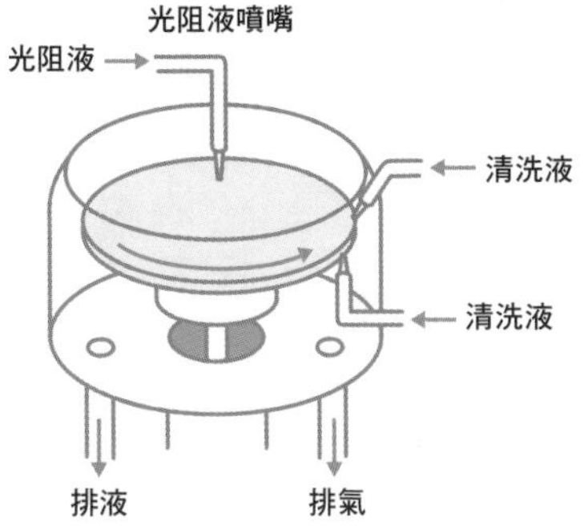


將光阻液以噴嘴噴至晶圓表面，並將晶圓以高速旋轉，利用離心力使光阻形成均一厚度的薄膜。
清洗則為將附著於晶圓邊緣的光阻液去除，避免光阻液流到晶圓背面。

## 圖 2-7-2　化學放大型光阻的範例

**光阻材料的成份**

- **感光材料：PAG**（Photo acid generator）
- **樹脂：PHS**（poly hydroxy styrene，聚羥基苯乙烯）
- **溶劑：PGMA**（Propylene glycolmono methylether acetate，丙二醇單甲醚乙酸酯）

以 KrF（氟化氪）或 ArF（氟化氬）為光源的準分子雷射曝光用的光阻。利用光化學反應進行產酸反應。

## 圖 2-7-3　隧道式烘烤裝置的範例

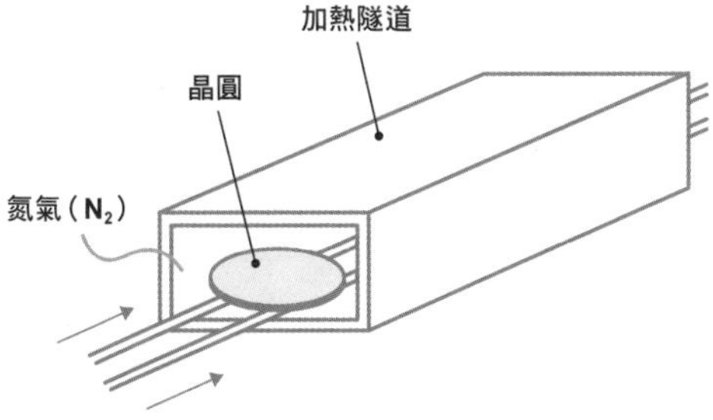




▶準分子雷射　來自英文的excimer laser。一種雷射裝置，利用兩個原子分子的激態，發出紫外線或雷射光。

阻膜上的製程，稱為「**曝光**」。如圖2-7-4所示，在曝光製程中，將晶圓設置在稱為「**步進機（Stepper）**」的曝光機裝置。

步進機使用數個鏡片系統，透過相當於轉印圖案四倍大的光罩，將光源投影在晶圓表面，進行曝光。因此，步進機有時也稱為「縮小投影式曝光裝置」。

完成一個晶片（晶粒）的曝光後，曝光機的光學掃描座會移動至下一個晶片進行曝光，再移動到下一個晶片。重覆此動作將電路圖燒到整面晶圓。**步進機**的名稱，就是此Step-and-step一步一步的重覆動作而來。

步進機的性能，也就是解析度能夠轉印多麼精細的圖案，則取決於光源的波長（λ），與鏡片的直徑（NA: numerical aperture，數值孔徑）。解析度（R: resolution）與λ的經驗常數k倍成正比，並與NA成反比。換句話說，

$$R=\frac{k\lambda}{NA}$$

目前最先進的黃光微影製程中，使用ArF準分子雷射（λ＝193nm）作為光源。nm為nano-meter，代表10的負九次方。

此外，為了得到更高的解析度，也就是要使經驗常數盡可能地小，而在「超解析度計數」上投入不少功夫。我們將在第四章再次介紹這件事情。

在步進機上追加有光罩掃描功能的曝光裝置，稱為「**掃描器（scanner）**」。在實際應用中，最先進的黃光微影，即是使用這種掃描器式的曝光機。掃描器式的曝光機不使用全面式的鏡片，而僅使用條狀部分來進行掃描，故擁有較大的曝光面積、並且較少因鏡片像差造成影響。

### ⑤顯影

完成曝光製程的晶圓，將進行稱為**曝光後烘烤**（PEB: post exposure bake）的輕度熱處理。這是為了減少曝光時駐波的影響，使圖案邊緣銳利化，並使化學放大型光阻的產酸反應加速進行。

▶經驗常數　在顯示特性的公式中，為了符合實驗數據規定、而非根據理論導出來的常數。

## 圖 2-7-4　步進機構造模型

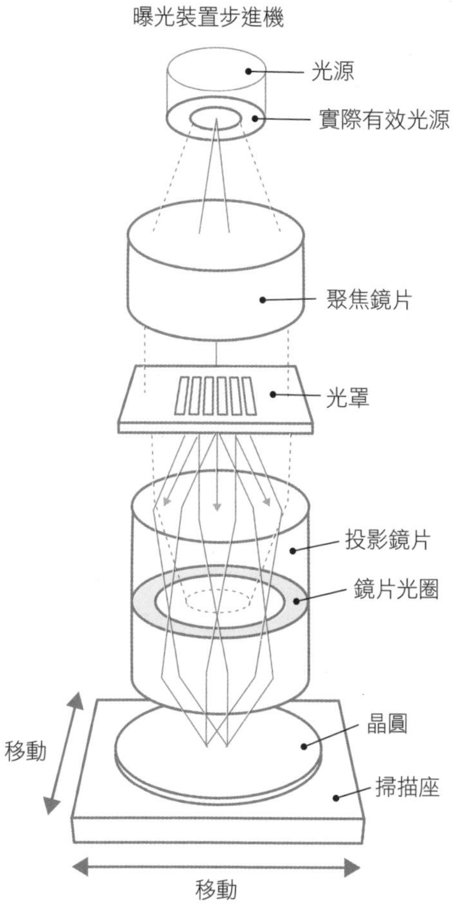


ArF（氟化氬）準分子雷射，
波長 λ=193nm

$R = k\lambda / NA$

R：解析度
k：經驗常數
λ：光源波長
NA：數值孔徑

透過相當於轉印圖案的四倍大的光罩，將光源投影在晶圓表面上。完成一個晶片（晶粒）的曝光後，將曝光機的光學掃描座移動至下一個晶片進行曝光，再移動到下一個晶片，如此 Step-and-step 一步一步的重覆動作，將電路圖案燒到整面晶圓上。



▶光罩　來自英文的reticle。原本是指附著在光學機器焦點面的網線或十字線。

Section 08

# 蝕刻製程進行加工成型

## ——材料薄膜的加工

利用化學反應對各種材料薄膜進行加工成型的製程，稱為「**蝕刻**」。蝕刻又可以大致分為利用材料與氣體反應的**乾式蝕刻**，以及利用材料與藥液反應的**濕式蝕刻**兩種。

以下將針對這兩種蝕刻方式進行具體的說明。

### ①乾式蝕刻

最普遍的乾式蝕刻法為「反應離子蝕刻」，英文名稱Reactive Ion Etching簡寫為RIE。

圖2-8-1所展示的是平行平板型RIE設備的構造模型橫切面。將晶圓放入內部氣體抽光呈真空狀態的化學反應腔體（chamber）中，並依照製作蝕刻的材料層，灌入所對應的氣體。再將高頻電壓施加於下層電極（晶圓抓取器），下層電極與接地的上層電極平行，則氣體電漿化，分解成正、負離子、電子以及稱為「游離基」的中性活性種。

這些蝕刻物被吸附在欲進行蝕刻的材料層表面，而發生化學反應，形成具有揮發性的生成物，生成物離開材料層、透過排氣被排出至化學反應室外，藉此進行蝕刻。也就是說，乾式蝕刻的精髓在於，與材料層發生化學反應、產生揮發性生成物的過程。

乾式蝕刻是為對光阻上的圖案忠實地進行高精密加工的過程，故選擇材料層與光阻層的蝕刻速率差（選擇比）較大、且能夠確保蝕刻的非等向性（主要隨材料層的厚度方向進行蝕刻），且能降低結晶缺陷、不純物的摻雜、帶電問題導致的損傷等，並降低由於圖案疏密致使的蝕刻速率差異（微負載效應）問題為重點。

### ②濕式蝕刻

濕式蝕刻，指的是利用藥液將材料層進行溶解的加工法。分別是將藥液儲存在蝕刻槽內，並將裝載有晶圓的載具浸入槽中的浸漬式（DIP），以及圖2-8-2所示，將晶圓旋轉同時噴撒藥液的迴旋式兩種。濕式蝕刻具有蝕刻等向性的特性，故不適用於高精密加工、且不易使用光罩遮蔽光阻，因此目前濕式蝕刻僅受限於整面蝕刻等部分製程中。

▶微負載效應　因應基材上圖案的疏密，而調整蝕刻氣體供應及反應生成物去除之間的關係，進而造成蝕刻速率不同的現象。

蝕刻完成，剩下的光阻，在剝離製程以離子或藥液加以剝除。離子剝離又稱為「**灰化**」。

## 圖 2-8-1　平行平板反應離子蝕刻設備構造模型橫切面

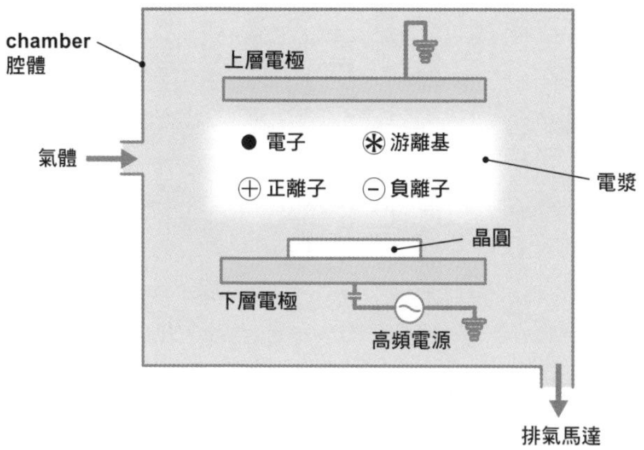


在 chamber 中，將高頻電壓施加於下層電極（晶圓抓取器），下層電極與接地的上層電極平行。將灌入氣體電漿化而分解成正、負離子、電子、以及稱為「游離基」的中性活性種，與材料層反應，形成具有揮發性的生成物氣體，氣體排出，藉此進行蝕刻。

## 圖 2-8-2　迴旋式濕式蝕刻設備範例

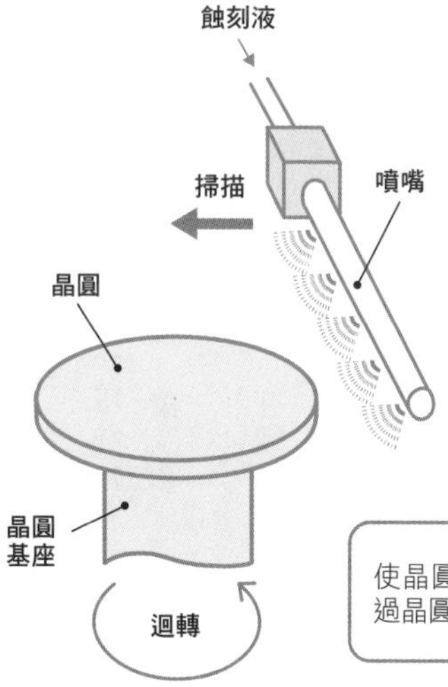


使晶圓迴轉，噴灑蝕刻液同時掃描過晶圓上方。



▶灰化　ashing 利用臭氧或離子將不需要的光阻進行灰化的動作。

Section 09

# 99．9純度，加入不純物

## ——為何要故意加入不純物？

矽晶圓擁有所謂十一．九（99.999999999%），也就是超過十一個九的超高純度。

然而在晶圓上製作半導體時，需要在矽基板表面附近摻雜一部份的**不純物質**。為什麼專程用了如此高純度的晶圓，卻還要摻雜不純物，想必各位讀者會感到非常奇怪。這是因為在矽中添加特殊的不純物質以使矽的電性產生變化。

矽為元素週期表上的四族元素，但在單結晶的狀態下，即使外加電壓，也幾乎沒有電流通過，性質接近絕緣體。

然而當在此晶圓中添加少許的第五族元素，例如磷（P）或砷（As），則電流就會瞬間通過。此時使電流通過的是不被矽原子所束縛的**自由電子**。因為電子帶負電，磷或砷這類不純物稱為「n型導電型不純物」。

另一方面，若添加少許的第三族元素，例如硼（B），電流也會瞬間通過。此時使電流通過的是電子消失後的**電洞**（hole），電洞因為表面看起來像帶有正電荷的粒子，硼這類不純物稱為「p型導電型不純物」。

在晶圓的表面摻入n型或p型導電型不純物，主要有兩種方法：「熱擴散法」及「離子注入法」。

在**熱擴散法**（上圖）中，將承載著晶圓的石英舟（板）插入事先預熱的擴散爐的爐管內（furnaue），並灌入不純物氣體。此時，欲摻雜的不純物濃度變化曲線，則以溫度、氣流量、時間等參數來控制。

另一方面，在**離子注入法**（下圖）中，透過尖端放電將硼、磷、砷等不純物氣體進行離子化，並運用質量分析磁鐵（利用磁場原理）將注入物質與帶電物質（離子的價數）予以選擇，以電場加速後，打入整面晶圓表面。為了將這些物質打入整面晶圓表面，離子槍的掃描、晶圓的移動均是必要的。相較於熱擴散法，離子注入法能夠使用光阻做為光罩，並具有能夠精準地調整不純物濃度變化曲線的優勢，故廣為被使用在近年的半導體製程中。

▶n型導電型不純物　此型不純物因能釋放自由電子，故稱為「施體」。

## 圖 2-9-1　利用熱擴散法進行導電型不純物的摻雜

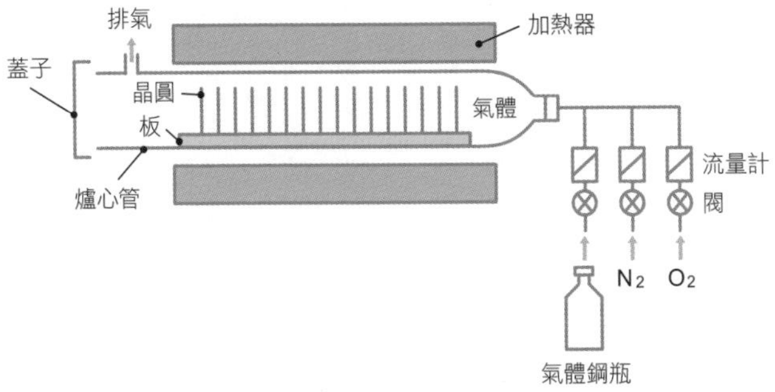


將承載著晶圓的石英舟，插入事先預熱好的擴散爐的石英製爐管內，再灌入導電型不純物氣體，利用擴散現象使不純物摻雜到矽表面。欲摻雜的不純物濃度變化曲線，以溫度、氣流量、時間等參數控制。

## 圖 2-9-2　利用離子注入法進行導電型不純物的摻雜

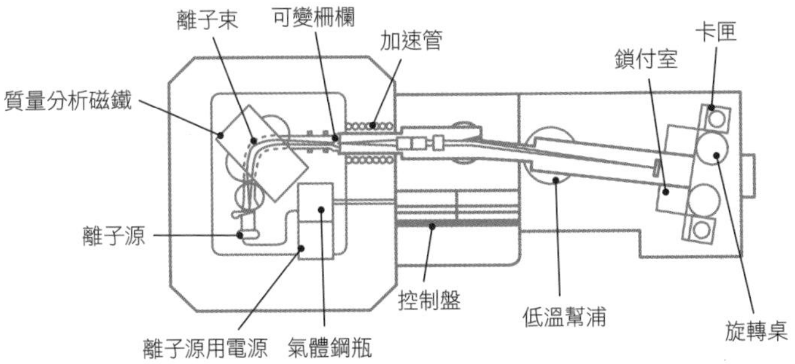


從離子源放出的導電型不純物離子，運用磁場原理的質量分析磁鐵，將注入物質與帶電物質以選擇，以電場將其加速後，打入整面晶圓表面。欲摻雜的不純物濃度變化曲線，以打入能量、離子束電流等參數來控制。



▶p型導電型不純物　**此型不純物因能接收電子而產生電洞，故稱為「受體」。**

# 晶圓的熱處理

## ——熱處理目的及主要製程

半導體製造過程的**熱處理**，指的是將矽晶圓放置在充滿氮氣（$N_2$）或氬氣（$Ar_2$）等惰性氣體環境中施予熱能的處理。

熱處理包括在單純的惰性氣體中摻雜微量的氧氣（$O_2$），使產生薄薄一層氧化膜，同時進行處理；以及在單純的惰性氣體中摻雜微量的氫氣（$H_2$），促使熱氧化膜與矽介面之間的電性安定，同時進行處理等。如圖2-10-1所示，熱處理具有各種製程及目的。

### ▼依目的分別的熱處理製程

在「**佈植後熱處理**」中，將摻雜到矽表面附近的導電型不純物，透過熱擴散現象，使之進行再分佈，藉此達成不純物分佈在縱斷面的需求。故此種熱處理，需控制溫度及處理時間。

在「**加熱再流動**（Reflow）」中，將硼或磷、或者同時以硼和磷的低熔點BPSG膜（硼磷矽化玻璃）在高溫下使呈流動態，使其在晶圓表面呈現平緩的狀態。此種熱處理，需控制BPSG內所含硼及磷的濃度、熱處理溫度、處理時間。

在「**金屬矽化熱處理**（矽金屬化）」中，將鎳（Ni）及矽（Si）進行熱反應，形成矽化鎳（$NiSi_2$）。矽化鎳可被堆積在MOS電晶體的閘極電極，以及源極、汲極擴散層的表面，用以降低層阻抗。

在「**活性化**」中，對晶圓加熱使矽晶格產生震動，讓離子注入後的導電型不純物能夠移動到正確的晶格點中，活化晶圓的電性。

在「**界面安定化**」中，在熱氧化膜（$SiO_2$）與矽（Si）之間界面上的不飽和鍵，填入氫原子（H）中止之，達成電性穩定。此種熱處理使用以氮氣稀釋的氫氣（合成氣體）。在「**合金化**」（又稱燒結）中，為了確保金屬佈線及矽之間的歐姆接點，而透過熱處理產生共晶反應。

進行熱處理的設備，如下頁所示，分成「**熱處理爐**（**爐管**）」及「**燈管退火器**（使用鹵素燈的RTP裝置）」兩種。燈管退火器使用紅外線燈管，以快速升降溫，適合短時間進行高溫熱處理。

▶金屬矽化　Silicide由矽及金屬組成之化合物。一般來說以M代表高熔點金屬，x、y分別代表金屬與矽的比例，則（$M_xSi_y$）的矽金屬化合物的x、y稱為化學計量。

## 圖 2-10-1　熱處理的主要製程及目的

| 主要製程 | 使用的氣體 | 溫度 | 目的 |
|---|---|---|---|
| 佈植後熱處理 | 氮氣、氬氣，或是添加微量的氧氣 | 900-1100℃ | 使添加入矽的導電型不純物進行再分佈 |
| 加熱再流動 | | 950-1100℃ | 將低熔點玻璃的 BPSG（硼磷矽化玻璃）加熱使呈流動態，使其在晶圓表面呈現平緩的狀態。 |
| 矽金屬化 | | 350-450℃ | 加熱使鎳與矽反應，形成矽化鎳。 |
| 活性化 | | 850-1000℃ | 使離子注入後的導電型不純物，移動到正確的晶格點中。 |
| 界面安定化 | 氫氣或是氫氣＋氮氣 | 800-1000℃ | 在矽氧化膜與矽之間界面上的不飽和鍵，填入氫原子中止之，達成電性穩定。 |
| 合金化 | | 450-500℃ | 透過熱處理產生共晶反應，使金屬佈線及矽之間形成歐米接點。 |

## 圖 2-10-2　熱處理設備

熱處理爐（爐管）

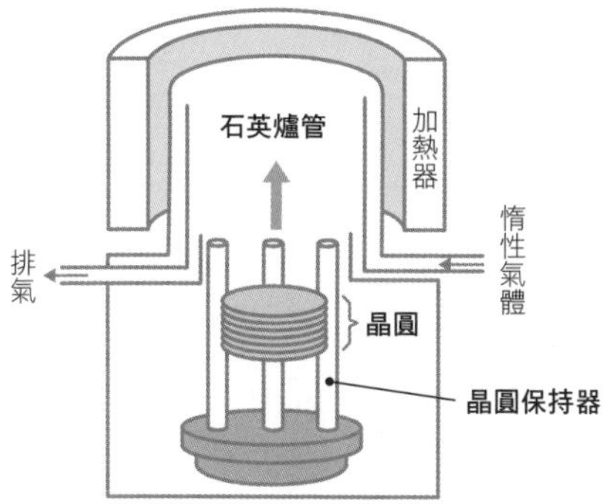


在石英製的保持器上，放上數枚晶圓，插入預熱完成的石英爐管內。

燈管退火器（使用鹵素燈的 RTP 裝置）

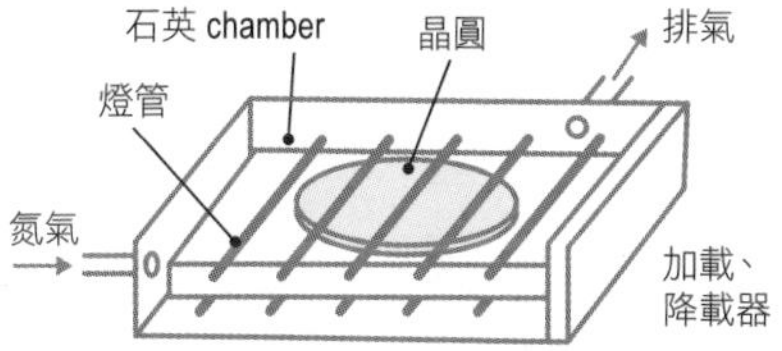


將排列在石英 chamber 外的數根紅外線燈管，進行開、關，可對排列在石英 chamber 內的晶圓進行急速升降溫處理。



▶共晶反應　將在高溫下融化的兩種金屬液體進行冷卻時，形成合金，產生結晶混合物的反應。

# 使表面平坦化的CMP製程

## ——晶圓表面凹凸不平會導致品質可靠性問題

**圖 2-11-1　CMP 設備的構造模型**

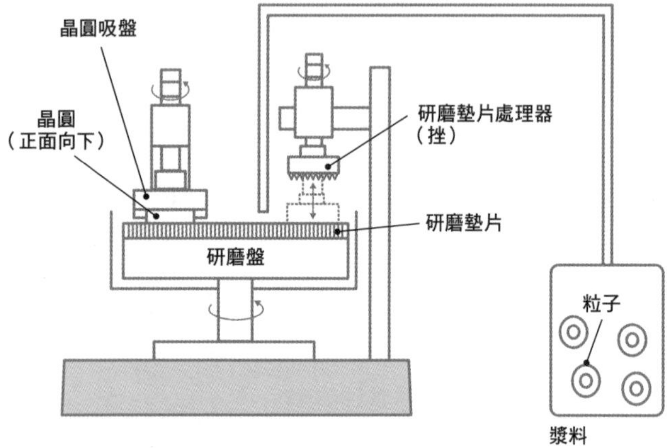


漿料研磨材的材料，視研磨材質的不同，分為矽土（$SiO_2$）、鋁土（$Al_2O_3$）、二氧化鈰（$CeO_2$）、氧化錳（$Mn_2O_3$）等。

### ▼完全平坦化技術「CMP」

為了將半導體元件進行微小化，完成各製程後，將晶圓表面**平坦化**是必需的。這是因為晶圓表面的凹凸不平越多，有兩大問題會浮現。

第一為成膜過程中，會造成段差位置的披覆性不佳，導致佈線斷線（開路不良），更進而導致良率下降問題，以及段差位置之佈線膜厚不足導致的可靠性劣化問題。

第二，在黃光微影製程中，段差位置的光阻膜厚變薄，曝光時鏡片焦距因凹凸不平而變動，故不適用於講究忠實於設計尺寸、高度精準的細微圖案的解析。特別在邏輯類半導體應用上，為提升積體程度及性能而需要多層佈線的晶圓表面，段差造成的問題將特別嚴重。

為了解決此問題而開發、導入了可稱為「平坦化技術的決定版」

▶漿料　固體粒子分佈在液體的混合物、是為流動體。

## 圖 2-11-2 利用 CMP 的主要製程

| 材料分類 | 主要製程 | 內容 | 橫切面模型 |
|---|---|---|---|
| 絕緣膜類 | 溝槽分離 | 為使元件之間達成電氣絕緣而埋入絕緣膜 | 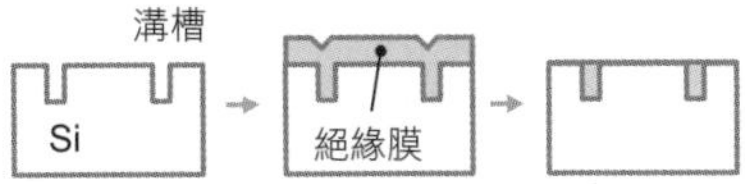 |
| | 金屬佈線下方絕緣膜 | 第一層金屬佈線下方的絕緣膜的平坦化 | 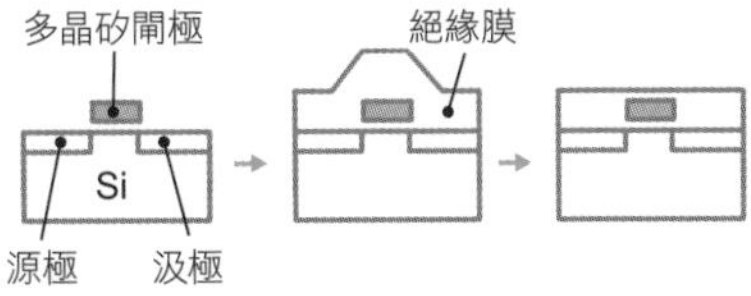 |
| | 金屬佈線層間絕緣膜 | 多層金屬佈線的層間絕緣膜的平坦化 | 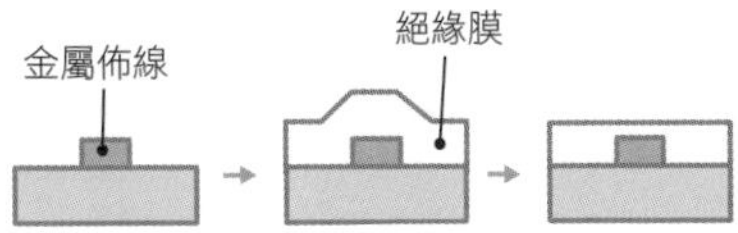 |
| 金屬類（佈線類） | 鎢金屬的埋入（鎢插入） | 在長寬比較大的接觸孔或通孔內，埋入鎢金屬使達成平坦化 | 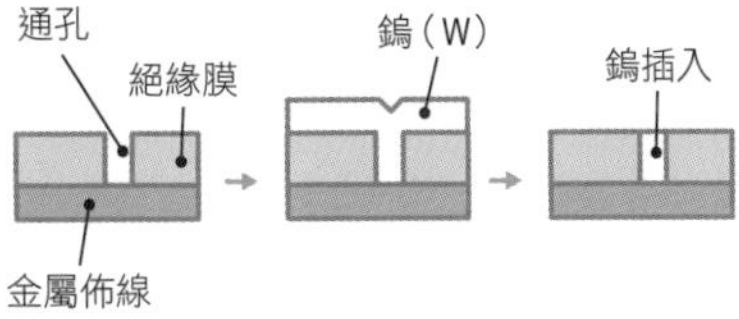 |
| | 鑲嵌佈線 | 埋入於絕緣膜內的銅（Cu）等平坦化佈線。有些情況下，接觸孔及通孔會與佈線同時形成。 |  |



▶焦距　亦稱為「焦點深度（DOF）」。設k為經驗常數、λ為光源波長、NA為開口率，則 $DOF = k\lambda/NA^2$。

也就是**CMP**（Chemical Mechanical Polishing）。

### ▼對晶圓表面進行研磨的技術

CMP又稱為：化學機械研磨、化學性機械研磨、化學性機械性研磨等，一言以蔽之，就是「利用化學性及機械性研磨的力量，將晶圓表面進行研磨」的意思。

CMP原本應用在矽晶圓加工的**鏡面研磨**上，但在半導體製程中被視為「不潔製程」，一直以來大家敬而遠之。但是經過潔淨化的製程改良等努力，目前此技術已成為前段製程之一，能夠被排入無塵室內。

在CMP的過程中，如58頁的圖2-11-1所示，灌入含有研磨粒子的**研磨液（漿料）**，再將晶圓面朝下、貼附在紡錘上，對晶圓表面，以旋轉桌表面的研磨片施予壓力，進行研磨。

漿料研磨材料中，除了粒徑在數十～數百nm的研磨材粒子，例如矽土（$SiO_2$）、鋁土（$Al_2O_3$）、二氧化鈰（$CeO_2$）、氧化錳（$Mn_2O_3$）等之外，尚包括鹼性成份、擴散劑、界面活性劑、螯合劑、防腐劑等，而研磨材粒子的選用視研磨的膜材質而不同。

此外，研磨片由樹脂、不織布、人造橡膠等材質製程。由於研磨材隨著使用會漸漸疲乏，故需要一邊使用研磨墊片處理器「挫」之，一邊進行研磨。

主要會用到CMP的製程，匯整在前頁的圖2-11-2內。大方向而言可以分成「絕緣膜類」與「佈線金屬類」兩種。絕緣膜類又可分為，元件隔離用STI及多層佈線層間絕緣膜（ILD）；佈線類又可分為，在接觸孔或通孔內埋入鎢金屬（鎢插入）、銅的鑲嵌佈線等。

關於漿料，大方向可分為「金屬膜用」及「絕緣膜用」兩種，而漿料製造商也分有更為精細的領域。在金屬膜類中，對於鑲嵌佈線製程下電鍍形成的銅塊，以FUJIFILM Planar Solutions為專門；對於阻障層類，則以FUJIFILM Planar Solutions、日立化成為專門；對於插入接觸的鎢，以CABOT為專門；對於絕緣膜類（$SiO_2$氧化膜等）則以CABOT、NITTA HAAS、日立化成等為專門。

▶螯合（chelate）　在希臘文中為「蟹螯」之意。此指具有兩個以上原子的分子或離子，配位在金屬上而形成的環狀構造化合物。

# 第 3 章

# 支持半導體製造的幕後製程

# 微塵徹底洗淨
## ——化學性分解、物理性去除兩種方法

在半導體的製造過程中，即使是微小的**顆粒**（微塵）或微量的不純物質，也會是實現高良率、高可靠性目標的重大威脅。這是因為附著在晶圓上的微塵可能造成圖樣的缺損，不必要的不純物質混入矽基板或絕緣膜內，可能造成半導體的初期電性變化或可靠性的降低。

無塵室內的半導體的生產線，如字義為非常潔淨的空間，顆粒的有無、有機或無機不純物的攜入與產生，均努力被控制在最低程度。然而，晶圓的儲存、搬運、處置或是製程本身，均無法百分之百避免微量汙染的發生。

### ▼將晶圓洗淨以去除附著物

洗淨製程（清洗製程）的功用，就是為了將這些不可避免而附著在晶圓上的異物，在進入下一段處理之前從晶圓上去除，使晶圓能以乾淨的狀態進入下一段製程。**洗淨製程**佔整體製程的20％～30％，是很重要的幕後製程。

在洗淨製程中，可大致分別為將異物以化學方法分解去除，以及以物理方法去除兩種方法。另外還有，以藥液或純水做為洗淨媒介的「**濕式洗淨**」，以及以二氧化碳、臭氧或電漿進行的「**乾式洗淨**」。

如圖3-1-1所示，最普遍是以藥液進行化學分解、去除的洗淨方法，使用的藥液依去除的汙染物種類，而有幾種不同的選擇，像是氫氧化銨及過氧化氫（雙氧水）混合液（APM）、氟酸與過氧化氫混合液（FPM）、鹽酸與過氧化氫混合液（HPM）、硫酸與過氧化氫混合液（SPM：食人魚洗液）、氟酸以純水稀釋液體（DHF）等，通常組合使用。

考慮酸對金屬的腐蝕性，在完成金屬佈線之後的洗淨不能用酸類藥液，而需使用酒精或丙酮等有機溶劑。

如圖3-1-2所示，在濕式洗淨設備中，又分為可同時處理多片晶圓的「批量式洗淨設備」及一次只能清洗一片的「枚葉式洗淨設備」。而在批量式洗淨設備中，每個洗淨槽內裝有不同洗淨效果的不同藥液，將晶圓依順序浸泡的浸泡式，以及在同一個洗淨槽內輪流裝入不同洗淨藥液的一次通過式。

▶食人魚洗液　為一對有機物具有強力去除作用的液體洗劑，因而取名自猙獰兇猛的魚類「食人魚」。

## 圖 3-1-1　主要的濕式洗淨種類與特徵

| 洗淨種類名稱 | 藥液的組成 | 去除效果 |
|---|---|---|
| APM | $NH_4OH$、$H_2O_2$、$H_2O$<br>（氫氧化銨、過氧化氫、水） | 顆粒、有機物 |
| FPM | $HF$、$H_2O_2$、$H_2O$<br>（氟酸、過氧化氫、水） | 金屬、自然氧化膜 |
| HPM | $HCl$、$H_2O_2$、$H_2O$<br>（鹽酸、過氧化氫、水） | 金屬 |
| SPM | $H_2SO_4$、$H_2O_2$<br>（硫酸、過氧化氫） | 金屬、有機物 |
| DHF | $HF$、$H_2O$<br>（氟酸、水） | 金屬、自然氧化膜 |

## 圖 3-1-2　濕式洗淨設備

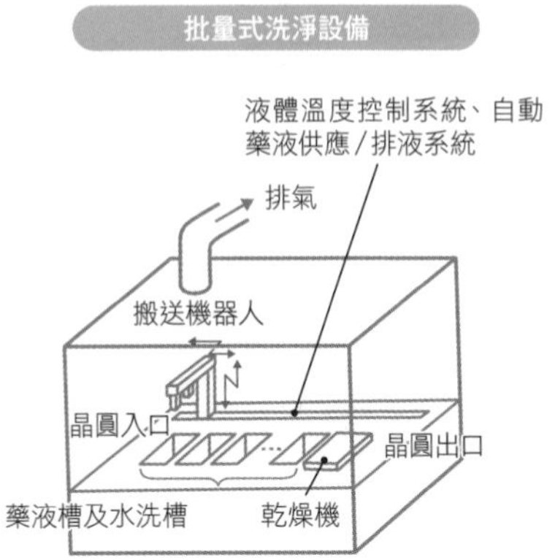


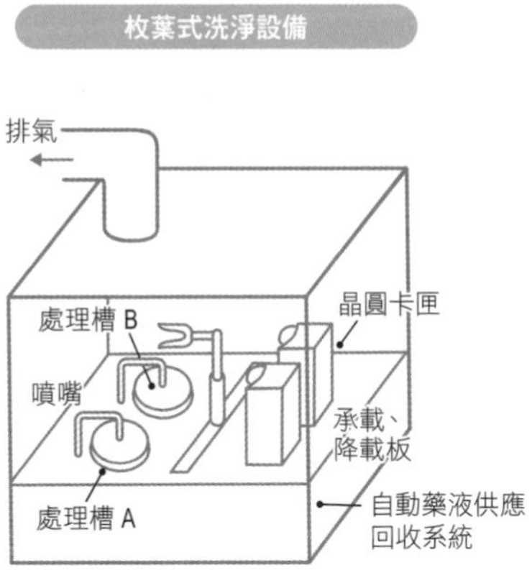



▶批量　來自英文的batch。匯整一定的數量一併處理之意。

# 洗淨後「沖洗→乾燥」

## ——沖洗使用超純水、乾燥是將水分吹掉

利用藥液進行濕式洗淨或濕式蝕刻等處理之後，為了去除殘留在晶圓上的藥品，勢必進行沖洗及乾燥。這與一般洗衣服（水洗）的過程是一樣的。

沖洗以**超純水**進行，而此處洗滌的用水量，佔了半導體工廠內超純水使用量的大部分。

沖洗之後，必須將殘留在晶圓表面的水分完全去除。而在此乾燥過程中所使用的方法有：利用離心力將水分吹掉的「迴旋乾燥法」，以及使用乾燥氮氣等吹拂的方法，利用異丙醇將水分置換的「IPA乾燥法」等。

圖3-2-1所示的**迴旋乾燥法**中，考慮由於氮氣會與晶圓產生摩擦，致使晶圓表面帶電，而產生靜電破壞問題，一般均與電子淋浴器合併使用，以去除靜電。

### ▼不留水痕的IPA

在乾燥製程中需要解決的主要問題有，如何不將水分殘留在晶圓上，以及如何將乾燥製程或乾燥設備產生的顆粒（微塵）、有機物、金屬等異物降到最低而不附著在晶圓上，以及最重要的，如何不留下「**水痕**」。

所謂水痕，指的是由乾燥過程中殘留在晶圓表面的部份水分，在晶圓上形成的極薄矽氧化物的水合物，或殘留的不純物痕跡。

水痕的產生是由於矽的疏水性，使洗淨用超純水不均殘留在矽的露出面或結晶矽膜表面而造成。

為了不留下水痕，使用的乾燥法是**IPA乾燥法**。IPA乾燥法，如圖3-2-2所示，可大致分為三種。

①**IPA蒸氣乾燥法**：在IPA蒸氣中放入完成沖洗的晶圓，以IPA置換純水而使之乾燥。

②**瑪蘭格尼乾燥法**：從純水中將晶圓拉出時，將IPA蒸氣與氮氣的混合氣體平行於晶圓表面吹拂，使純水能在不被拖曳的狀態下乾燥。

③**旋轉移動乾燥法**：此乾燥法組合了迴旋乾燥法與瑪蘭格尼乾燥法。

## 圖 3-2-1　迴旋乾燥法

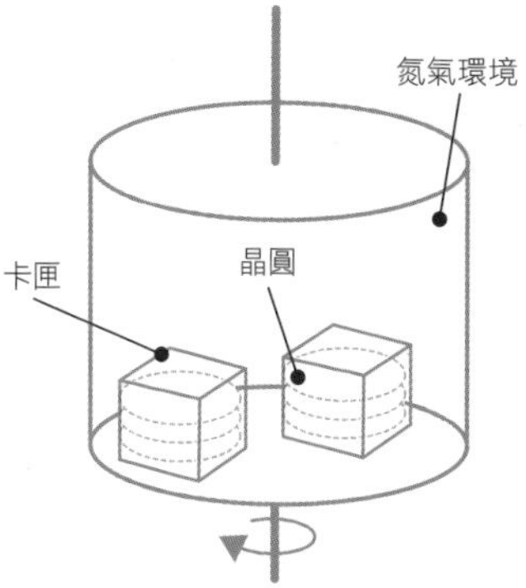


利用離心力將水分吹掉。為了解決因晶圓旋轉與氮氣之間產生的摩擦力導致的靜電破壞問題，與電子淋浴器合併使用，以去除靜電。此種乾燥法容易產生水痕。

## 圖 3-2-2　IPA 乾燥法

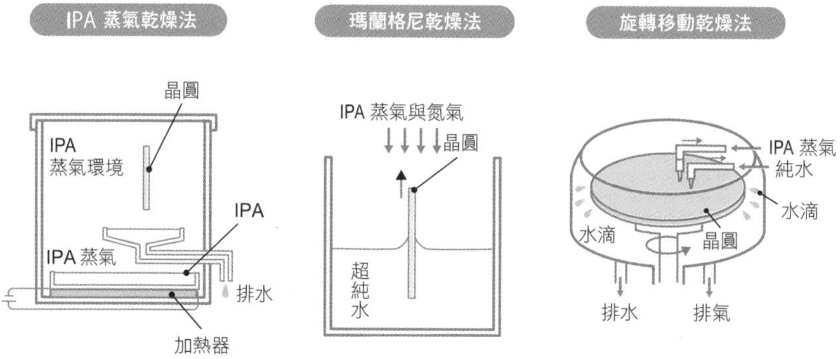


利用 IPA 蒸氣將水去除

在 IPA 蒸氣與氮氣混合的環境中將晶圓拉出

從中心向周圍以純水與 IPA 蒸氣吹拂並移動噴嘴

▶瑪蘭格尼乾燥法　利用瑪蘭格尼力（伴隨IPA氣體層與超純水層的表面張力坡度而產生的力量）的乾燥法。與瑪蘭格尼力相關的現象，以「葡萄酒的眼淚（因乙醇的表面張力較水弱而產生的現象）」最著名。



▶旋轉移動乾燥法　此乾燥法同時利用晶圓旋轉時產生的離心力，以及瑪蘭格尼力。

# 利用鑲嵌技術佈線

## ——鑲嵌製程源於金屬鑲嵌工藝

過去半導體主要是以鋁（Al）做為佈線材料。

一般來說，半導體的佈線是以濺鍍法長成鋁的薄膜後，在上面以黃光微影技術形成佈線的光阻圖樣，並以其為光罩，將鋁以乾式蝕刻加工即成。

然而隨著半導體高度積體化以及精細加工技術的進展，佈線線寬越來越窄。結果造成佈線電阻增加，在佈線內流動的電訊延遲，造成半導體運作速度限制，造成來自於稱作「遷移」帶來的可靠性相關問題日漸顯著。

遷移的代表性範例之一**電遷移**（EM），發生於**鋁佈線**中流動的高密度電流（電子風）導致鋁原子被流到下風處，使得佈線一部份的膜質變薄甚至斷線，或是在下風處產生微小的凸起（hillock）。

### ▼從鋁佈線到銅佈線

因此為了對應鋁佈線產生的問題，選擇電阻較鋁為低、耐電遷移特性較好的、更重的元素，故銅（Cu）受到了矚目。

**銅佈線**較鋁佈線擁有更理想的性質，但銅有非常難以利用乾式蝕刻加工的缺點。

在此背景下開發出來的是，利用所謂鑲嵌金屬工藝「**鑲嵌製程**」佈線技術。鑲嵌，特別是金屬鑲嵌，源自敘利亞的大馬士革，在日本則利用於日本刀的護手製作，以及鏡子或裝飾品的製作。

如圖3-3-1所示，鑲嵌製程中，在佈線基底材質的絕緣膜表面，形成佈線圖樣的溝槽，並在上方以電鍍形成相對較厚的銅膜後，再以CMP（化學機械研磨）將表面進行研磨，即能形成表面完全平坦、埋在溝槽構造內的銅佈線。

很幸運的是，銅金屬容易進行電鍍成型。

經由這樣的鑲嵌製程，即能實現如圖3-3-2所示，表面沒有凹凸而平坦的多層佈線構造。

▶Hillock　原指小山、隆起、墓等。

## 圖 3-3-1 利用鑲嵌製程形成埋在溝槽構造內的銅佈線

(a) 鑲嵌製程

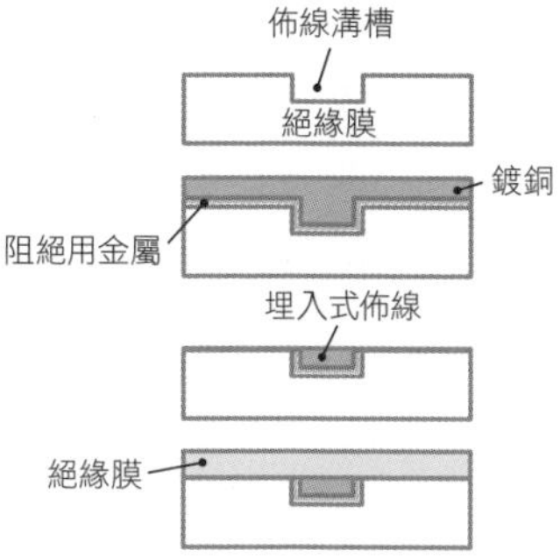


在佈線基底材質的絕緣膜表面，形成佈線用的溝槽

以電鍍方式形成相對較厚的銅（Cu）膜

以 CMP 方法將表面進行研磨，形成埋在溝槽構造內的銅佈線

在上方形成絕緣膜

(b) 鑲嵌結構佈線法

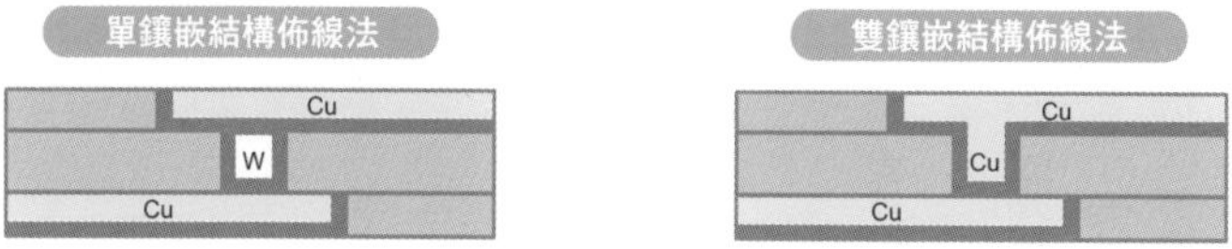


通孔為鎢插入接觸，但佈線為銅的鑲嵌結構

通孔與佈線兩者均為銅的鑲嵌結構

## 圖 3-3-2 合併使用單鑲嵌結構佈線法與雙鑲嵌結構佈線法，達成五層銅佈線的範例

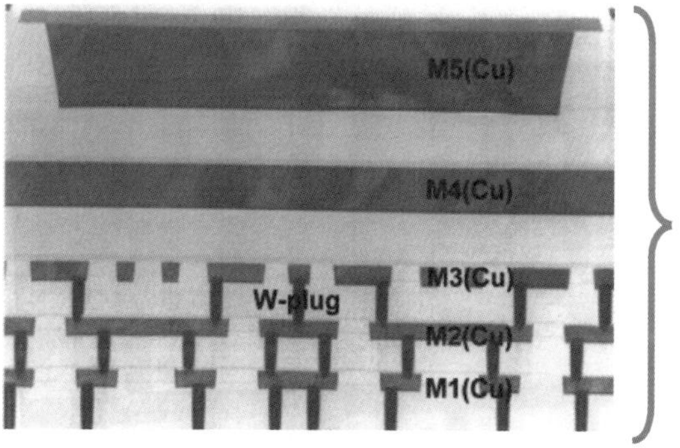


利用鑲嵌製程實現五層沒有凹凸、平坦的五層佈線（剖面圖）



▶佈線　在多層佈線上的電源線及接地線，與訊號線相比，為了減低電壓下降（IR drop）等問題，使用較寬的佈線。

Section 04

# 半導體晶片的測試
## ——晶圓針測製程的確認

將製作在晶圓上的許多半導體，一個個判定是否為良品，此製程稱為「**晶圓針測製程**」。

### ▼將半導體晶片切割之前

一般來說，在物品的製造階段，越接近後段製程，半成品的附加價值也越高，因此當最終變成不良品的可能性很高的時候，會盡量於前段製程將其除去，以便有利於製程數及成本兩個面向。

尤其是在半導體製造的前段製程中，因矽晶圓上製作了很多個半導體晶片，即使在製作過程中發現其中有不良品，也無法只將某個不良品本身去除。因此，矽晶圓階段的良否判定，是在切割半導體晶片以前進行。

良品的判定標準，依晶圓的狀態、最終半導體成品的狀態等，而有所不同。因規格的差異將造成各種不同的條件設定差別，故判定規格的合理化設定相當重要。也就是說需要「**不過份寬鬆、不過份嚴格**」。原因是，若規格過於寬鬆，不良品將流出到後面的製程中，而若規格過於嚴格，則會將良品也打掉。

如圖3-4-1所示，在晶圓針測製程中，將晶圓設置在稱為「**探針**」的機器測試平台上，使用探針，一根一根地接觸半導體晶片上所有的電極測試點。為了達成這個目的，使用的是依照每個不同半導體的全部電極測試點而配置的「**探針卡**」。

從探針卡的探針接出來的訊號有：電源線、接地線、輸入輸出訊號線、計數訊號等，並連接到內裝有電腦、稱為Tester的半導體測試器上。

Tester對半導體輸入特定的訊號波形時，半導體輸出的訊號波形，將被事先程式化的波形進行比對，藉而判定半導體晶片的良否。當然，若半導體未輸出訊號的情況下，也會判定成不良品。

經由上述的過程，判定成不良品的半導體晶片將被自動註記打點。當完成一個晶片的測試，探針的平台將移動到下一個晶片位置，進行下一個晶片的測試。此過程將重複至整個晶圓上的全部的半導體晶片都被測試過，並且完成良品的判定。

▶探針（Probe）　測試半導體的物理性或導電性。一般將鎢（W）線尖端進行電解研磨呈針尖狀，做為探針。

## 圖 3-4-1 晶圓針測

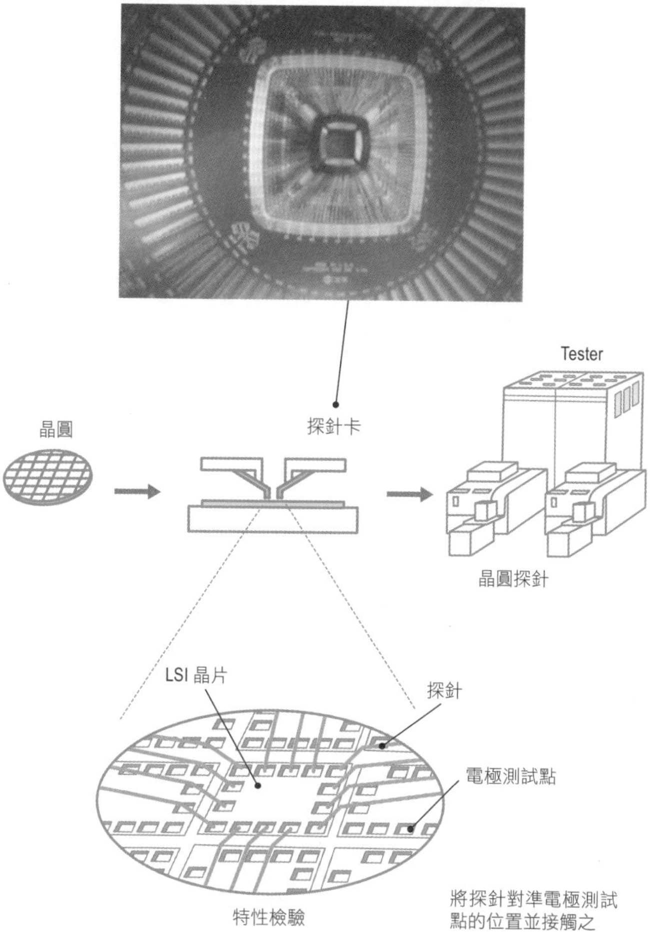


將完成前段製程晶圓設置在探針上，裝上探針卡，將探針一根一根地接觸電極，並利用連接到探針的 Tester 測定晶片的電性判斷良率。



▶探針卡（Probe card） 依半導體產品的不同，有的探針卡甚至有超過2000根探針，高精確度的共平面性為探針卡的要求重點。

# 「冗餘電路」保險措施的導入

## —「以防萬一」備用記憶體的機制

在半導體記憶體中，例如一個1G的DRAM，代表一個半導體晶片上擁有10億個能夠記憶1 bit的資訊單位。

如果這10億個記憶體單元中，只要有一個不良的單元出現，那麼這一個半導體晶片就成了不良品。然而只要思考一下，就會發現這是非常不經濟的做法。

### ▼需要擁有多少個備用記憶體

在上述這樣的情形中，努力進行的解決方案稱為「**冗餘度**（**redundancy**）」。冗餘度指的是，在記憶體原本的記憶容量之外，追加製作「備用記憶體單元」，萬一原本的記憶體單元裡發生不良時，透過切換至備用記憶體單元，而儘可能地拯救半導體。

這種方式很類似當人類發生腦中風而身體機能的一部份受到損害時，利用復健使原本死掉的腦細胞作用，由其他未使用的腦細胞代為運作。

如圖3-5-1所示，半導體的冗餘電路，包括了備用記憶體單元，以及使原本的記憶體與備用記憶體單元之間的連接，進行電路的切換。

記憶體單元的切換，一般透過使用雷射切斷原先製作在半導體片上的多晶矽保險絲，來進行動作。

晶圓針測製程的Tester，將記憶體半導體的不良內容與不良記憶體單元在晶片裡的位置，以及點狀缺陷、線狀缺陷、塊狀缺陷等缺陷狀態等，依此判斷是否能夠經由切換得以修復半導體等，並記錄這些數據。

針對判定可以切換的晶片，將載有該晶片的晶圓放置到「**雷射補修機**」上，根據記錄數據及修正內容，進行補修。經過補修的半導體晶片，將再次通過晶圓針測製程，確認切換動作是否成功，若成功則可重新判為良品。

經由以上說明可以發現的是，判斷需要準備多少個備用記憶體單元，是一件重要的事。也就是說，擁有較多的備用記憶體單元半導體的拯救率雖然提高，但半導體晶片的尺寸也因而變大，使得晶圓上能製作的半導體晶片數量減少。圖3-5-2為半導體的拯救率範例。

▶解碼器（decoder）　亦稱為多工器。將被編碼的訊號根據特定的規則，還原成原本的訊號的電路。

## 圖 3-5-1　半導體冗餘電路的範例

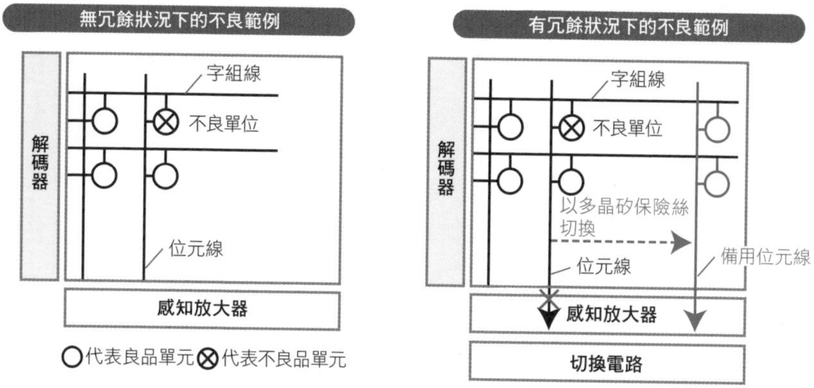


當不良單位發生在某個位元線上時，把該條位元線整個置換成備用位元線，則能夠拯救不良。此切換是由多晶矽保險絲控制。

## 圖 3-5-2　估計 DRAM 的冗餘效果

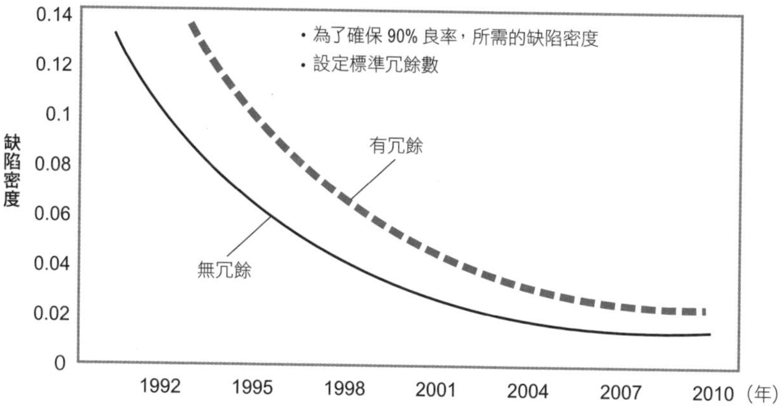


一旦加入冗餘電路，晶片面積會相對變大，但依照冗餘數與拯救率之間的關係，即能決定冗餘電路的最適當規格。標準冗餘數的設定，是為確保 90%良率所要求的缺陷密度，圖中可見差異。



▶感知放大器（Sense amplifier）　為了讓訊號容易檢測，而將訊號的電壓或電流放大的電路。

# 晶圓切割晶片的技術

## ——精細度為頭髮的十分之一

### ▼切割邊緣空間稱為切割線

判定為良品的晶圓，將進行背面研磨製程，切削成必要的厚度。口徑300mm的晶圓從厚度0.775mm開始，如圖3-6-1所示，背面研磨至0.3mm以下之厚度。這是為了使晶圓容易被分切，同時盡量降低晶片搭載包裝的高度，以及降低矽基板的電阻等目的。

接著，晶圓透過**切粒**（dicing）製程切成一個個晶片。半導體晶片又稱為die就是起因於這個動作的名稱。又因晶片也稱為粒子，故切割的製程又可稱為**粒子切分**；或是由於切割劃分的動作，稱為**劃片製程**。而切割的裝置則稱為切粒機。

如圖3-6-2所示，在切割製程中，將完成背面研磨製程的晶圓以受到紫外線照射、黏著力即會下降的特殊的UV膠帶貼附，使整體固定在框架上。接著，以表面黏有鑽石微粒、極薄的圓形刀（**鑽石鋸**）將晶圓切割。縱橫地配置在晶圓上的晶片之間，有稱為**劃片線**的切割邊緣空間，寬度約100um，在製程中此切割邊緣空間的矽基板表面裸露，沿著此線進行切割即可。此時的切割精細度，相當於能夠將把頭髮切成十分之一。有的地方使用雷射切割裝置。

### ▼成為一個個晶片

完成切割之後，使用特殊的治具將UV膠帶拉開，被切好的晶片之間會產生空隙，而分離成一個個晶片。

此時，以紫外線（UV光）照射晶圓的背面，UV膠帶因產生光化學反應而使黏著力降低，使得晶片能夠輕易地與膠帶分離，處理上也變得容易。

最後，以顯微鏡對半導體晶片進行外觀檢驗，確認是否有缺陷或損傷，有缺陷的晶片在這個階段被打掉。另外，在晶圓測試階段被註記打點為不良品的晶片，也在這裡被打掉。如此經過篩選的晶片，將連同著整個框架，運送到下一站製程。

▶解碼器（decoder） 亦稱為多工器。將編碼訊號根據特定的規則，還原成原本訊號的電路。

## 圖 3-6-1　背面研磨加工至厚度 0.3mm 以下

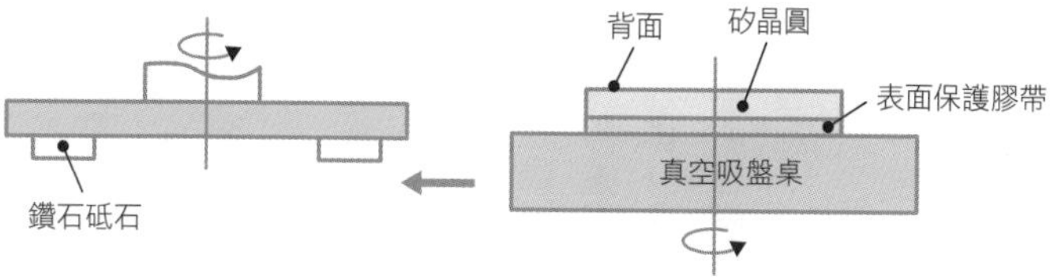


將晶圓表面以保護膠帶覆蓋，放置到旋轉桌上以真空吸盤固定，並以鑽石砥石將背面研磨加工至必要的厚度。

## 圖 3-6-1　切割製程

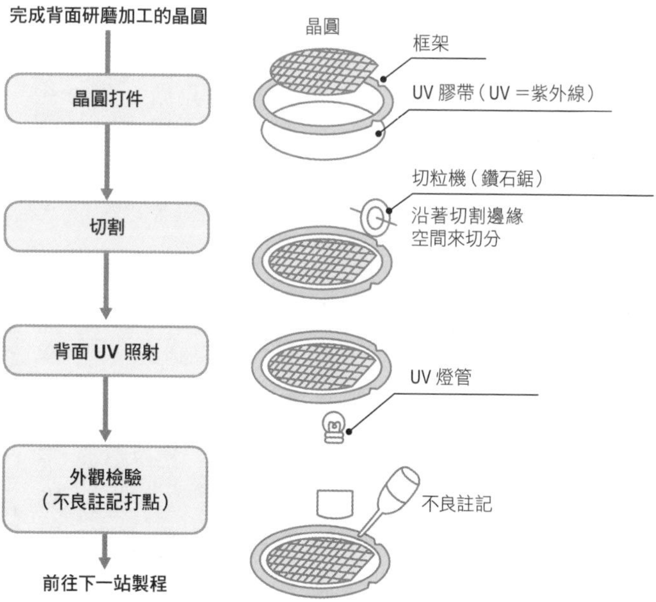




▶表面保護膠帶　以PET（聚對苯二甲酸乙二酯）或PO（聚烯烴）作為基材。

# 裝載在基座上
## ——精確裝載作業

完成切割製程，並判定為「良品」的半導體晶片，將被一個一個分別裝載在包裝（裝載半導體用的基座）上。

因此，首先必須將晶片裝載並貼附在包裝的島部，此製程稱為**裝載**或稱為**黏晶**。自動進行此動作的機器，則稱為**裝載器**或**黏片機**。

包裝還有各種不同的種類，對晶片的收納方式也不同，在此以最多使用的「**樹脂製模包裝**」為例，來說明裝載製程。

### ▼裝載製程的介紹

如圖3-7-1所示，裝載器將排列整齊黏貼在UV膠帶上的良品晶片一個一個取起，並放到事先設置好的「**引腳框架**」的金屬製框島部，貼附上去。

通常在貼附過程中，鍍銀的島部溫度會從常溫上升至攝氏250度，並以導電性的**銀膠**打上（灌入樹脂使其凝固）後，從上方輕壓晶片使其固著。此種裝載法稱為「**樹脂裝載法**」。

近期因全自動裝載普遍的使用，這一連串的動作由數位相機及電腦控制，晶片與引腳框架的拿取均利用機器人技術，而完全不需要人力的介入。

除了上述以銀膠透過樹脂進行的黏著法之外，還有如圖3-7-2所示的，①將島部溫度上升至攝氏400度，直接黏著在鍍金的島部上方，與晶片形成Au-Si共晶，②中間夾著小片的金膠帶，輕輕摩擦，而使其固著。這些方式分別稱為「**共晶裝載**」及「**金片裝載**」。

這類在高溫下進行的裝載方法，為了避免金屬部材的氧化，作業時必須於氮氣環境中進行。

利用共晶反應的裝載法，主要運用在陶瓷包裝等高度可靠性的半導體上。

在裝載製程中最重要的因素，除了如何將晶片正確無誤地固定在島部，甚至如何盡量降低島部與晶片之間的電阻及熱阻，也是必須注意的事情。

▶裝載（mount）　承載、放置的意思。
▶黏晶（die attach）　附著、結合的意思。

## 圖 3-7-1 樹脂裝載法

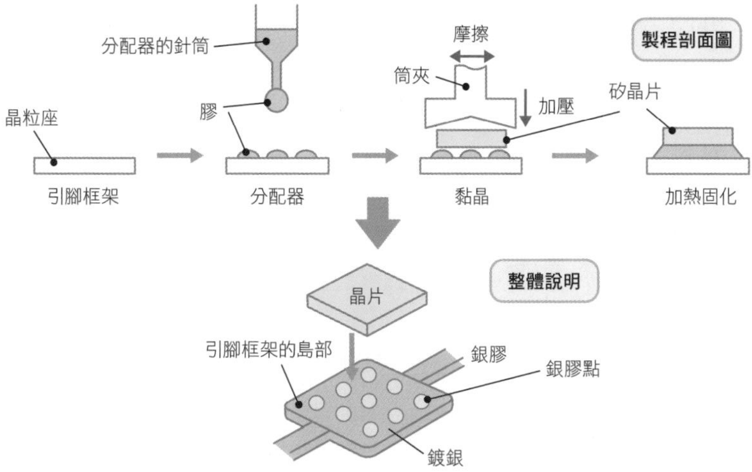


將銀膠點（滴下使固定）到引腳框架的島部後，從 UV 膠帶上以真空吸盤，取下良品晶片，貼附在島部。

## 圖 3-7-2 金片裝載與共晶裝載

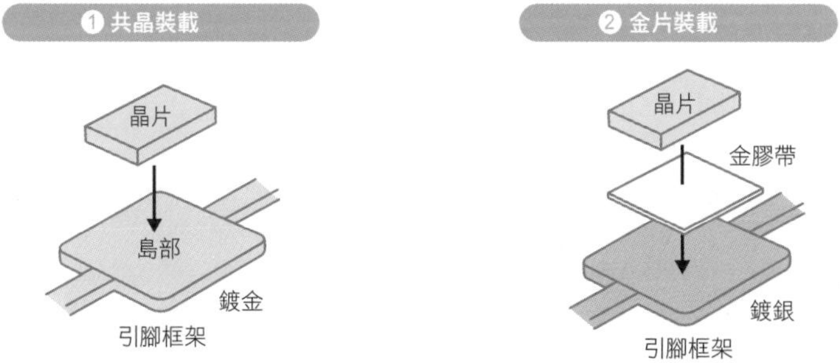


將晶片摩擦鍍金的高溫島部，使形成 Au-Si 共晶並貼附妥當。

將金片夾在島部與晶片之間，升高溫度，使晶片貼附於島部。



▶共晶　又稱為共融混合物、共析晶。含有兩種以上的液態物質，同時析出結晶所形成的混合物。此反應稱為共晶反應。

Section 08

# 打線連接金屬線
## ——1/100秒的世界

### ▼將晶片引腳連接到電極

為了使裝載完成的半導體晶片，能夠與外部藉由電氣訊號往來溝通，如圖3-8-1所示，必須將配置在晶片表面週圍、拉線到電極用的打線點，與引腳框架上的引腳電極之間，以一條一條金細線連接。此製程稱為**打線**，而進行打線的裝置稱為**打線機**。目前的打線機已經達到完全自動化。

將欲打線的半導體，上面打線點的電極配置資訊，以及對應所使用的引腳框架型式所需要的引腳電極配置資訊等，事先輸入打線機即可。

利用內建在打線機裡的數位相機，讀取裝置於島部上的晶片位置、傾角、各打線點電極與引腳電極的位置相對關係的資訊，將這些數據進行處理，並對打線操作進行微調。根據這些數據，利用機械手臂將打線點電極與引腳電極之間，以一根一根直徑約30um的金線連接起來。

當完成一個半導體晶片的所有電極的打線後，打線機將引腳框架送到下一個晶片位置，並進行下一個晶片的打線，此動作將重複進行。

打線的運作速度非常快，肉眼看起來會以為僅是兩邊的電極黏在一起，但實際上是如圖3-8-2所示，在極短的時間內進行各種複雜的動作。也就是：將連接晶片的打線點與包裝引腳的金細線，限制成環形，將晶片與引腳框架升溫，將引腳點與引腳之間以金細線連接，從晶片側將金細線連接到引腳側，完成打線後，並將金細線快速切斷，動作流程有這麼多。

在金線與打線點電極的連接上，有兩種方式，一種是溫度攝氏350度的熱壓著方式，另一種是溫度250度左右、併用超音波能量的方式。另外，在金線與引腳電極的連接上，則是同時併用加熱及超音波能量。

打線機能夠以一百分之一秒的速度進行這一連串的動作。在電視上播放的半導體工廠影片，多用打線製程來播放，可能就是因為看起來較炫的緣故。

圖3-8-3為完成打線後，以顯微鏡放大的照片。

▶打線（bonding）　連接、結合之意。隨半導體的不同，甚至有的半導體超過2000條打線。

## 圖 3-8-1　導線打線模型

打線

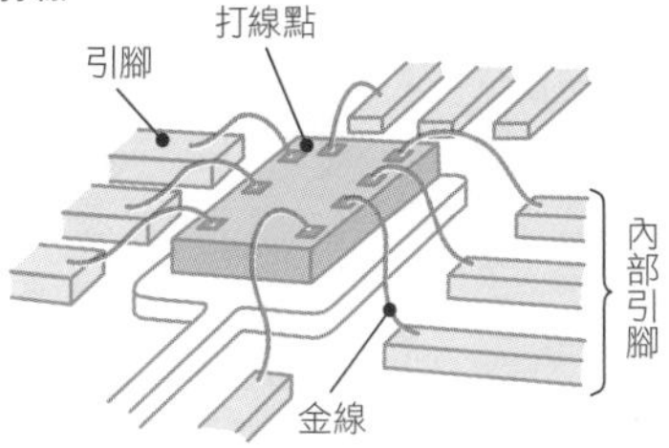


打線，指的是將配置於晶片表面週圍的電極點與引腳框架上的引腳（內部引腳）以一根一根的金細線（Au 線）連接。

## 圖 3-8-2　導線打線製程

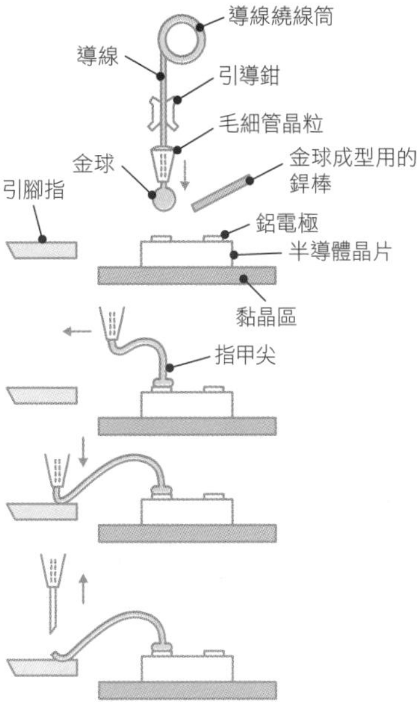


## 圖 3-8-3　導線打線的顯微鏡照片範例

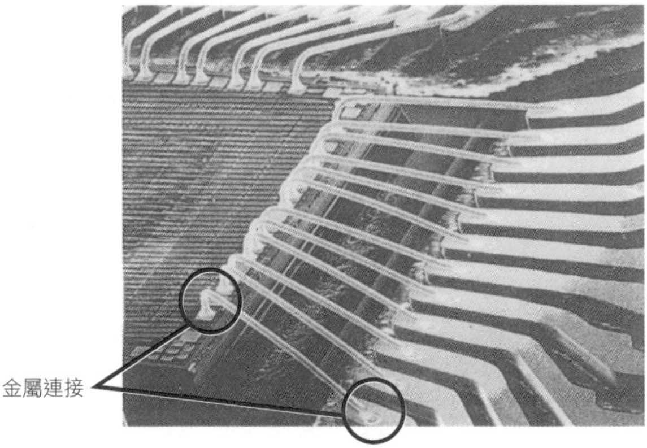


連接晶片的打線點與包裝的引腳的金細線，為了不接觸到晶片的銳利邊緣，而被限制成環狀。





▶打線用線　也有用鋁（Al）線取代金（Au）線者。

Section 09

# 導線的表面處理

## ——表面鍍金屬，強度增加又防鏽

### ▼去毛邊作業之後進行電鍍處理

在成型半導體產品上，當使用樹脂進行的封裝製程完成後，將在**引腳框架**的外部端點引腳部分，進行金屬電鍍或銲錫浸漬（DIP），形成銲錫保護膜。

在樹脂封裝製程中，上下方的模具緊貼著引腳框架，並將樹脂流入，此時樹脂將滲入引腳框架與模具間的空隙，造成成型後產生薄型毛邊。此薄型毛邊的存在使得電鍍難以進行，故需要去毛邊。因此，在鹼性的電解液中，將完成樹脂封裝的引腳框架浸泡在陰極處並通電，藉由引腳框架的界面生成的氫氣，使薄型樹脂毛邊浮起。

如圖3-9-1所示，對受到膨潤的樹脂毛邊部分，以高壓水及玻璃粒流體沖刷，利用衝擊力將毛邊去除。完成去毛邊的引腳框架，以外接的金屬電鍍裝置，對引腳處進行電鍍。

一般做為外接金屬電鍍裝置的電鍍，於含有錫離子及鉛離子的電鍍槽的陽極側吊著焊錫板、陰極側吊著引腳框架，並通電。此時陽極側的焊錫板因流失帶有負電荷的電子，而溶解到電解液內，變成錫與鉛的正離子並附著到引腳框架上，析出成焊錫。析出的焊錫成分，可由焊錫板及電鍍液的組成控制。

外接金屬電鍍裝置中，分為一次可以運送數十個引腳框架的批量式，以及一次運送一片引腳框架的輸送帶式，可視目的不同而選用。

上述於引腳表面鍍上金屬的處理，能提升引腳於成型加工的抗彎曲的機械強度、使裝載到印刷電路板上時焊錫的沾黏性變好、並能防鏽。

如圖3-9-2所示，在引腳框架完成電鍍後，使用模具壓住其端子部分，將端子間的**橫桿**以切邊模及切邊刀打凹後切掉。此處的橫桿指的是樹脂封裝製程中，避免樹脂朝引腳框架厚度方向漏出，具有阻擋的功能。

▶焊錫沾黏性　以焊錫在金屬表面如同濕潤般擴散的現象，來表示焊錫的連接可靠性。固體表面上，液體的接觸角越小，稱為「沾黏性佳」。

## 圖 3-9-1　引腳表面的電鍍處理

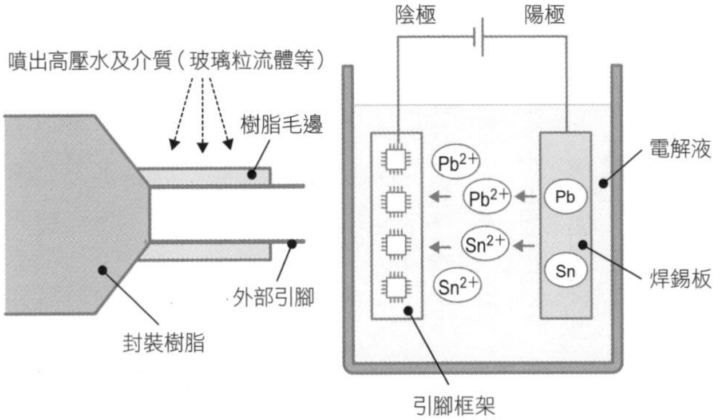


用高壓水及玻璃粒流體，沖刷樹脂毛邊，利用衝擊力將毛邊去除，再以外接金屬電鍍裝置處理。

## 圖 3-9-2　從引腳框架切割下來的操作

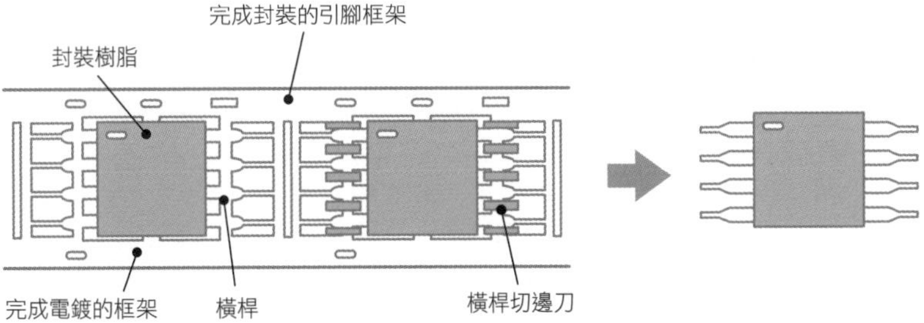


將端子間的橫桿以切邊模及切邊刀打凹後切掉

被切割下來的部份



▶Dam-bar　**指阻擋用的橫桿。**
▶Tie-bar　**指連接用的橫桿**

# 保護晶片的「封裝」

## —保護晶片避免氣體或液體侵入

完成打線的半導體晶片，為了防止外界物理性接觸或汙染的侵入，需要以包裝或是封裝材料密封。此過程稱為「封裝」或「封入」。半導體的封裝法可大致分為「非氣密式封裝」及「氣密式封裝」兩種。

### ▼便宜的「非氣密式封裝」

**非氣密式封裝**意指，雖然對氣體或液體並沒有完全的阻絕作用，但擁有成本低廉並可以大量生產的優點。非氣密式封裝的代表範例為，使用模具進行的壓鑄模法。

圖3-10-1所示的壓鑄模法中，將完成打線的引線框架設置在模具成型機上，並以事先加熱過的熱固性環氧樹脂原料片，投入模具的壺部，以活塞將液狀的封膠樹脂壓送進模具的模槽中。

在成型模具中使樹脂達成一定程度的固化後，將成型的引腳框架取出，並放置在規定的溫度使之完全固化。

近期，能將多個引腳框架分別壓送進模具的模槽中、擁有多活塞式的完全自動化成型機，已有普遍使用。

成型完成後，將附著於引腳框架的多餘樹脂及毛邊去除、整型。

在成型封裝中，將晶片包起來的是樹脂，因此有耐濕性及耐熱性等各種方面的問題。因此，必須掌握晶片本身的設計或是晶片塗層等，以及封膠樹脂材料或引腳框架的形狀等最佳化等方向，來確保半導體的可靠性。其中，水氣的入侵是佈線金屬腐蝕等不良發生的原因，必須嚴防水氣入侵。

### ▼金屬封裝等「氣密式封裝」

圖3-10-2所示為，將來自外界的微量氣體或水分的侵入完全隔絕在半導體外的**氣密式封裝法**。

氣密式封裝法可分為，雖然成本高昂但可靠性佳的金屬封裝（金—錫封裝），以及成本低廉但封裝溫度高達480度C左右的低熔點玻璃封裝（玻璃封裝式的半導體陶瓷封裝），和使用焊錫的焊錫封裝等。

▶氣密式封裝　即hermetic seal。

## 圖 3-10-1　以壓鑄模法進行封裝

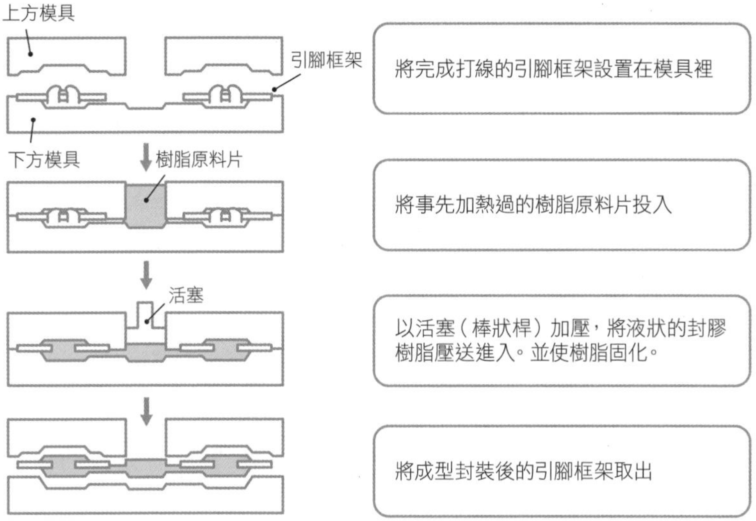


## 圖 3-10-2　各種封裝法

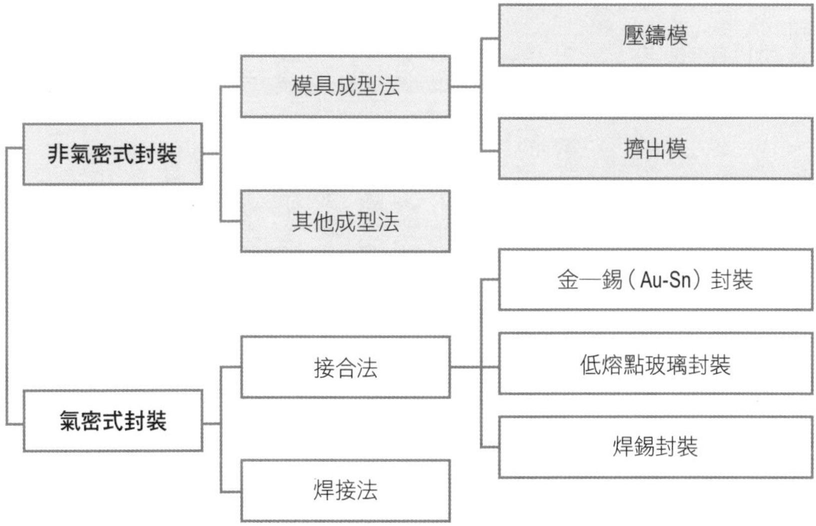




▶非氣密式封裝　即non-hermetic seal。

Section 11

# 引腳加工成型
## ──與包裝一併加工

將完成引腳框架表面電鍍的半導體一個一個分離後，配合最終包裝型態，對半導體進行加工與成型。

### ▼插入實裝型與表面實裝型

雖然半導體的包裝有各種型態，但就印刷電路板上的實裝方法，可如圖3-11-1所示，分類為幾種包裝型式。

在「**插入實裝型**」中，線上式的型態的引腳端子（又簡稱為「腳」）垂直向下延伸，直接穿過印刷電路上、銅佈線基部上的開孔，並加以焊錫，使半導體固定在電路板上，同時也能達到電氣上的導通。

插入實裝型包括了引腳從包裝兩側伸出者（DIP）、引腳僅從包裝的單側伸出者（SIP）、引腳不呈直線狀而是交互狀伸出者（ZIP）等。

而在「**表面實裝型**」中，包括了引腳端子並非呈直線狀，而是呈「鷗翼型」又稱為「海鷗的翅膀」，向外側水平地彎折伸出者（SOP及QFP）；以及稱為「J型引腳」的向纏繞著包裝本體，向內側呈J字型彎曲者等。

這些表面實裝型的包裝，在實裝到印刷電路板上時，是將半導體的各個引腳，配合電路板上既有銅佈線對齊放置，進行焊錫的添加，使半導體固定在電路板上，同時也能使電氣導通。

藉由表面實裝型包裝，以提升高度方向的實裝密度，對數位相機、智慧型手機、行動裝置等薄型化具有很大的貢獻。

對於引腳加工型的包裝來說，將半導體放置在印刷電路板上時，如何使全部的引腳端子能夠平均接觸電路板上的銅佈線，是很重要的。

舉例來說，如圖3-11-2所示，使用鷗翼型包裝半導體時，置於電路板平面上時，需要將焊錫滲入引腳及銅佈線之間，故為了確保良好的焊錫沾黏性，必須將引腳尖端與電路板的夾腳控制在8度左右。

最後，為了避免在引腳成型後的製程中（例如電性檢驗或篩選測試等站點），引腳發生些微變形，導致實裝不良，業界也有部分製造商採用的製程，是在這些檢驗站點之後才進行引腳形狀的成型。

▶表面實裝型　在目前電子儀器的輕薄短小化趨勢中，已成為不可或缺的包裝技術。

## 圖 3-11-1　半導體包裝的分類範例

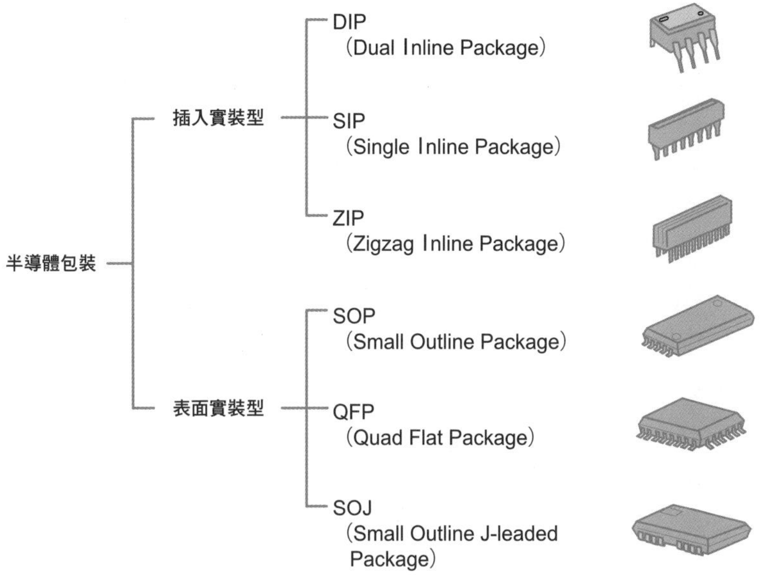


## 圖 3-11-2　鷗翼型包裝

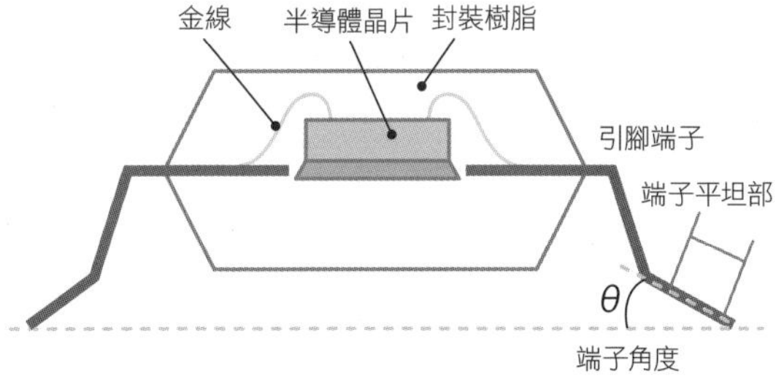


引腳端子的尖端，與印刷電路板表面所形成的夾腳（＝端子角度）的控制，在確保焊錫沾黏性的均一性上，是很重要的。



▶引腳端子　**從毛蟲腳的形狀聯想而來，引腳端子多的半導體又稱為「毛毛蟲」或是「毛毛蟲晶片」。**

Section 12

# 晶片識別「蓋印」
## ——過程製造WHEN WHERE WHAT

### ▼目的為識別及追跡性

在半導體包裝的表面蓋有包括商標、產品名稱、生產批次號碼等訊息的「**蓋印（marking）**」。一般來說，蓋印在半導體組裝的最後一道製程進行，但例如記憶體或是CPU等依運速度分別等級的半導體產品，也有在電性檢驗之後進行蓋印者。

蓋印目的有二：識別及追跡性（traceability）。**識別**指的是辨別產品的基本特性，**追跡性**指的是追朔能力，也就是「過程製造WHEN WHERE WHAT」。

透過產品的追跡性，當發生不良等問題時，對半導體製造商及使用者雙方而言，都能夠對原因進行追踪，對產品處理進行檢討，或是提出再發防止對策等，快速應對並改善。

蓋印依產品的包裝型式，有幾種不同的方法，在此主要介紹「油墨蓋印」及「雷射蓋印」兩種方法。

### ▼油墨蓋印

在包裝表面既定的位置，以白色或黑色的熱固型或紫外線固化型油墨，經由網版印刷方式進行蓋印。油墨蓋印具有高識別性的優點，但印刷文字缺損或是後續製程過程的文字變色，以及油墨造成的汙染與清潔所耗費的麻煩等，都是油墨蓋印可能的問題。

### ▼雷射蓋印

成型包裝中，使用二氧化碳雷射或YAG雷射光，使包裝表面20至30um的部分樹脂融化，將欲標示的文字進行印字。這種雷射蓋印有兩種，包括以細光束聚焦的雷射光束進行一筆畫的印字方式，以及利用刻有標示文字孔洞的金屬或玻璃光罩，然後以雷射光照射整面的印字方式。

相較於油墨蓋印，雷射蓋印雖然具有較差的識別性，但機械、化學的耐受性均較好，能夠確保長期文字標示品質。再者，因無汙染或清潔的問題，可以說是較為環保的方式。

如圖3-12-2所示，蓋印記號包括「公司名稱（商標）印記」、「進行組裝的原產地名」、「生產批次號碼」等訊息。

▶YAG雷射光　藉由「一氧化釔鋁合成石榴石（Yttrium Aluminum Garnet、YAG）」而發光的雷射。除了運用於寶石，亦運用在雷射發信方面。

## 圖 3-12-1　蓋印目的與方法

**蓋印目的**
- 半導體產品的識別（ID 印記）
- 追跡性

**蓋印方法**
- 油墨蓋印（網版印刷）
- 雷射蓋印（一筆畫、透過光罩的整面照射）

## 圖 3-12-2　半導體蓋印的範例（成型包裝的雷射蓋印）

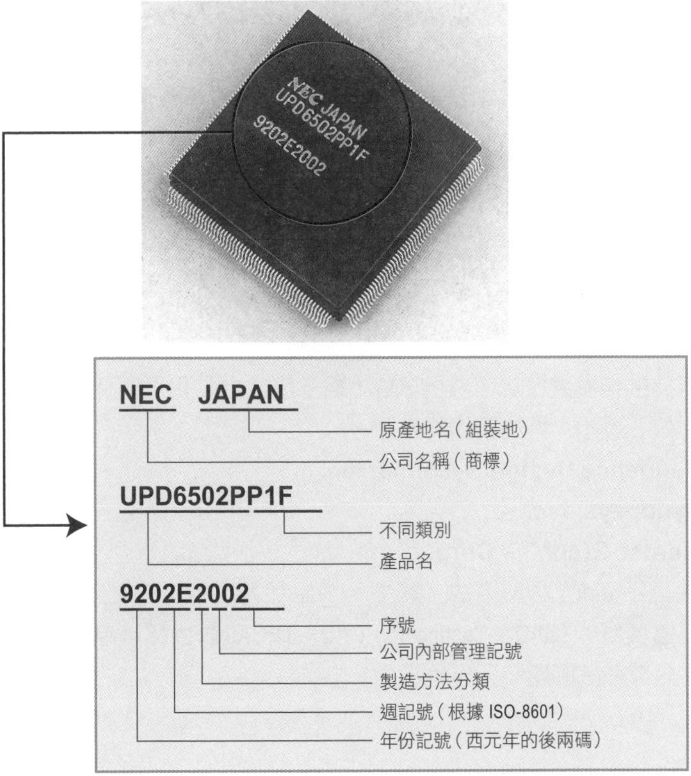




▶ISO　Internatioanl Standard Organization的縮寫。國際標準化組織。

# 矽晶圓製造商與 EDA 供應商

讓我們來認識一些半導體起始材料的矽晶圓，在世界上主要的製造商。此處僅涵蓋使用CZ法將單結晶拉起，至晶圓加工的企業。

**1. 信越半導體（日本）**

**2. SUMCO（日本：SUMCO、住友・三菱體系企業）**

**3. Siltronic（德國）**

**4. MEMC（美國）**

**5. Siltron（韓國）**

**6. Covalent（日本：Covalent Materials）**

上述這些廠商，其中日本的三間公司生產了全世界約70%的矽晶圓（其中Covalent僅有數%）。這些製造商，除了供應鏡面研磨完成的「生產晶圓（prime wafer）」，也供應在生產晶圓上形成一層單結晶矽薄膜的「磊晶圓（epi-wafer）」。

此外，還有稍微特別的製造商，如SOITEC（法國）又稱為絕緣層覆矽晶圓，供應SOI晶圓。

而提供半導體設計工具的EDA（電子設計自動化）製造商的三大公司，則如下所示，均為美國的公司。

**Candence Design Systems, Inc.**

**Synopsys, Inc.**

**Mentor Graphics Corp.**

這些公司除了邏輯合成、驗證、layout設計、驗證EDA工具之外，還提供硬體模擬、TCAD（Technology CAD：以CAD對目標半導體元件跑模擬）、內部系統的開發工作等。

# 第 4 章

# 半導體材料、機械、設備

Section 01

# 為什麼需要進口矽晶圓？

## ——與鋁金屬的「電罐頭」相當

### ▼石頭裡也有矽

**矽**（Si）是半導體材料的代表。元素在地表地殼中存在的比例稱為「**克拉克數**」，矽的克拉克數約為26%，矽在地殼中含量是僅次於氧氣（50%）第二多的元素。

工業用矽的主原料為**二氧化矽**（$SiO_2$），又稱為矽石、矽土，多存在於到處可見的白色小石頭中。

然而，矽的供應極度仰賴外國進口。為什麼呢？秘密在從二氧化矽（$SiO_2$）將矽（Si）萃取出來的方法裡。

萃取做法，是將二氧化矽與木炭等碳材材料一起放入電爐中，通過大電流，提高溫度，使材料融化，從碳材中釋放出來的碳元素（C）氣體，從二氧化矽中奪取氧原子，變成二氧化碳或一氧化碳，而使金屬狀的矽游離。

### ▼為了提升純度至99%……

如此提煉出的矽，稱為**治金級矽**，或是治金級矽，純度為99%。

然而，進行此還原反應需要大量電力，故並未在電費高的國家生產，而將所有的需求量都仰賴進口。圖4-1-1所示為2010年世界的矽生產國比例圖。觀察此圖可以知道，治金級矽的主要生產國均為電費較低的中國、俄羅斯、挪威、巴西、美國、南非、澳洲等國。日本等國進口矽原料（治金級矽），接下來治金級矽的製程，包括藉由蒸餾、精製進行高純度化，並經歷多晶矽的過程，長成單晶矽，以及矽晶圓加工等製程，則在進口國進行。

這種情況與鋁（Al）非常相似。將鋁礦石進行精煉，也需要大量電力。每生產一噸的鋁需要一萬kwh以上的電力，也因為如此，鋁又稱為「電罐頭」。依此定義而言，矽也可以稱為「電罐頭」呢。

圖4-1-2彙整了矽的主要特性一覽。

▶克拉克數　元素在接近地表的地殼中存在的比例。排列在氧、矽後面，第三名以後的元素分別為，鋁（Al）7.56、鐵（Fe）4.01、鈣（Ca）3.39、鈉（Na）2.67、鉀（K）2.40等。

## 圖 4-1-1　世界的矽生產國比例圖（2010 年）

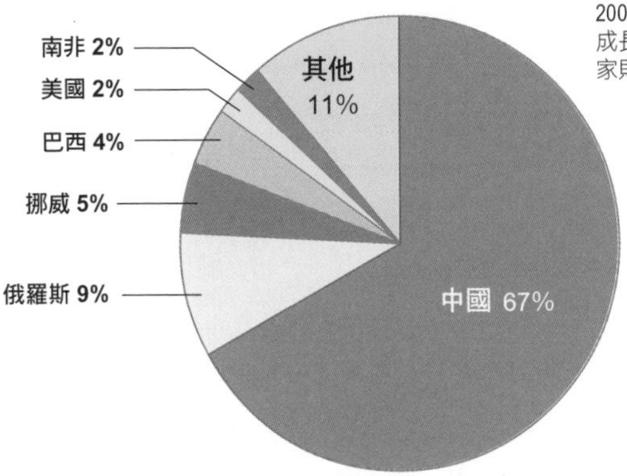


2000 年以後，中國的矽生產成長率大幅提升，而其他國家則逐年減少。

## 圖 4-1-2　矽主要特性

**一般特性**

| | |
|---|---|
| 名稱 | 矽、矽元素 |
| 元素符號 | Si |
| 分類 | 類金屬 |
| 密度 | $2330kg \cdot m^{-3}$ |
| 顏色 | 暗灰色 |

**物理特性**

| | |
|---|---|
| 熔點 | 1414℃ |
| 摩爾體積 | $12.06 \times 10^{-3} m^3 \cdot mol^{-1}$ |
| 導電率 | $2.52 \times 10^{-4} \Omega \cdot m$ |
| 熱傳導率 | $148W \cdot m^{-1} \cdot K^{-1}$ |
| 比熱容量 | $700J \cdot kg^{-1} \cdot K^{-1}$ |

**原子特性**

| | |
|---|---|
| 原子數 | 14 |
| 原子量 | 28.0855u |
| 原子半徑 | $111 \times 10^{-12} m$ |
| 結晶構造 | 鑽石結構（面心立方） |

**其他特性**

| | |
|---|---|
| 克拉克數 | 25.8%（所有原子中第二多） |
| 電負性 | 1.9 |



▶鋁土礦　英文bauxite，以氧化鋁為主要成份的礦石，亦含有氧化鐵及黏土礦物等。

# 將機台導入工廠
## ——機台製造商保有know-how的機制

將半導體機台導入工廠的過程，與工廠的冷氣安裝工程完全不同。機台導入前，必須實施包括展示機的導入、改善提案、總體測試等一連串的活動。本節將此流程從頭到尾進行介紹。

### ▼從展示機台的借用開始

在此以對於機台製造廠商來說並非是陌生的機台，而是已經擁有「展示機」的狀況，圖4-2-1說明**半導體廠**與機台製造廠商之間的工作進行流程。展示機指的是，由機台製造廠商所擁有、進行展示用的機台，半導體廠能夠在特定時段借用，以進行實機測試。

半導體廠基於展示用機台的實驗結果，在要求機台製造商提出報價的同時，會對機台製造商提出硬體及軟體相關的需求改善、需求變更的項目清單。

也就是說，對於機台製造商的標準品提出微調要求，使機台能夠以半導體廠的需求進行客製化。在這個過程中，機台廠商能夠逐漸累積know-how。

### ▼來自半導體廠的下單

承上，報價被接受之後，半導體廠將對機台製造商進行下單。此時，經常是由半導體廠的某層級以上（例如部長以上）、肩負有經營責任的管理階層，提出非正式的指示，展開調整工作。

機台製造商基於半導體廠的指示，對於機台構成的硬體規格與系統構成的軟體規格進行討論，並依照需求規格進行設計及製造。機台完成後，接著進行機械方面的調整，經由模組化與系統化的測試等，進行總體測試。

### ▼從運送機台到驗收的流程

承上，當通過測試，機台製造商將機台分解成幾個部份，出貨給客戶。

分解的機台，經由半導體工廠的入口運送到無塵室內，並由機台製造商重新組裝。其間，電氣配線、氣體、藥液的配管連接，亦由機台製造商進行。

待機台能夠運作、基本性能的確認都完成，機台的所有權將由機台製造商移轉至半導體廠。亦即，在此之前是以機台製造商為主體進

▶驗收　對於納入的機台，確認是否完全符合訂單內容，對機台進行簽收的過程。

行相關活動，所有權移轉後，則由半導體廠為主體進行相關活動。

半導體廠這時候會就即將移轉的裝置，依購入規格書的內容進行基本性能及安定性的檢驗，或進行運轉測試，並視需要在機台製造商的協助下，進行細部的改善或調整。

歷經這樣的過程，當機台通過半導體廠確認能夠符合其需求時，將進行「**驗收**」，並且將機台的所有權從機台製造商移轉至半導體廠，即可基於買賣契約條件進行付款，一連串的動作宣告完成。

圖 4-2-1　導入半導體機台之流程

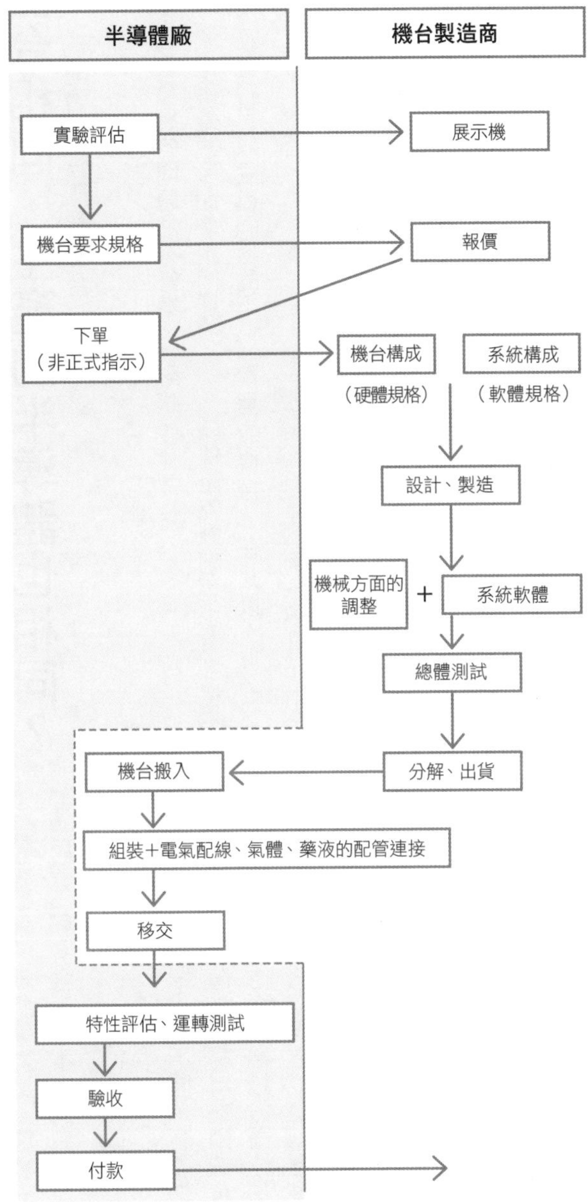




▶非正式指示　在正式下單前進行內部非正式的指示。業界對於在非正式指示後，若因景氣變動等因素而發生取消的狀況，亦有科以罰款的處理方式。

Section 03

# 機台相同，生產的半導體也相同？

## ——「配方」有無數組合

先來回答標題的問題吧，答案是「否」。也就是說，即使用同樣的機台，不見得可以生產同樣的半導體。

### ▼最終階段的微調造成巨大差別

為了方便思考，讓我們以「**乾蝕刻機台**」為例來說明。在乾蝕刻過程中，於真空容器內導入氣體，並以高頻放電源使氣體受到激發而形成電漿，進而生成離子或游離基。在真空容器內放入已於材料薄膜上形成光阻圖案的矽晶圓，利用生成的離子或游離基，與薄膜材料產生反應，生成揮發性物質，再將揮發性物質真空排氣，進而將材料薄膜加工，成為與光阻圖案相同的形狀。

即使是乾蝕刻，也有各種不同類型的機台。在此以次頁的範例「反應型離子蝕刻（RIE）」機台為例。在圖4-3-1中，將**真空腔體（chamber）**以壓力1～10帕的真空程度進行排氣後，再導入蝕刻用的氣體。

接著，將承載晶圓的陰極端平面電極，連接到（13.56 MHz）的高頻電源，並將相對的陽極平面電極接地。放電發生於陽極電極與陰極電極之間，使氣體離子化。當此離子與材料膜產生相互作用，會發生蝕刻作用。

隨著在此稱為「**配方**」的細部條件，例如真空程度、排氣量、使用氣體種類、腔體導入量、電極的溫度等不同，會產生不同的蝕刻特性。另外，依使用氣體種類的不同，如圖4-3-2有各種選項。

基於上述選項的不同，將產生蝕刻速度、光阻光罩材料之間的選擇比例、靜電方面或機械方面的損害、因圖案的疏密而造成蝕刻速度的差異（微負載效應）、有機類堆積物的差異等，這些都會反映在元件的構造及特性上。

在此雖然僅以RIE機台為例，也可以適用在其他的製程機台。也就是說，即使用同樣的機台，因處理的半導體種類與精細化程度、或者與其他製程的排列組合等不同，為了得到必要的形狀或特性，會依不同需要而進行實驗與討論，以能進入最終的微調整。

▶Radical　在化學反應中又可稱為「游離基」，游離基擁有未成對的電子，特性不安定，故為擁有高化學活性的「基」（原子的集合體）。

## 圖 4-3-1　反應性離子蝕刻機台的範例

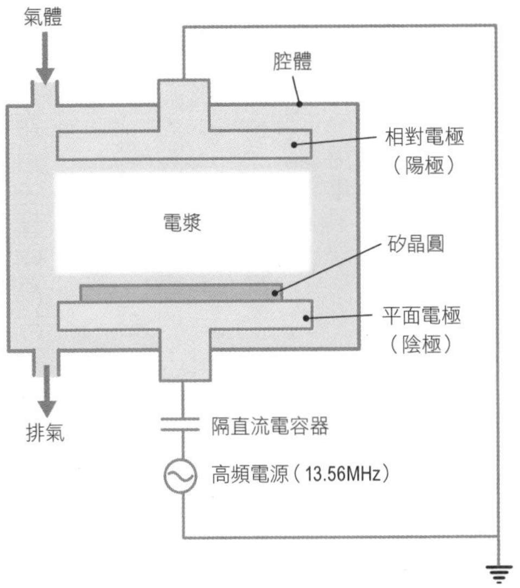


將蝕刻氣體導入至真空腔體中，將陰極連接到13.56MHz高頻電源上，使氣體電漿化。放置於陰極端矽晶圓表面露出的部分，薄膜材料會與電漿的離子產生反應，藉由將反應後的揮發性反應物排氣去除，蝕刻完成。

▶MHz　百萬赫茲。一秒震動一百萬次。

## 圖 4-3-2　乾蝕刻的蝕刻材料與氣體種類的範例

| 蝕刻材料 | 蝕刻氣體種類 |
|---|---|
| 矽、矽化物<br>（Si、Poly-Si、$WSi_2$、…） | $CF_4$、$CCl_4$、$SF_6$、…… |
| 金屬<br>（Al、Ti、W、…） | $BCl_3$、$CCl_4$、$Cl_2$、…… |
| 絕緣膜<br>（$SiO_2$、$Si_3N_4$、SiON、…） | $CF_4$、$CHF_3$、$C_2F_6$、…… |



▶帕斯卡　國際標準單位的壓力單位，為組合單位（帕）。在一平方米的面積以一牛頓的力作用時產生的壓力。

Section 04

# 半導體的成本結構

## ——前提是每月生產兩萬片、投資3000億日圓

半導體屬於先進技術產業，亦屬於設備產業。讓我們由半導體的**成本結構**來一窺究竟吧！

如圖4-4-1顯示半導體成本結構的概況。在半導體產業裡，一般來說將設備的耐用年限設為五年，將「**攤提**」採用50%的定率法來計算。舉例來說，在工廠新投入100億日幣的狀況下，則代表第一年攤提50億日幣、第二年攤提25億日幣等依此類推。

材料費用包括直接材料費的矽晶圓、靶材，以及間接材料費的光罩、光阻、藥液、氣體、研磨液等。

人工費用以該半導體所提供的勞動賦課率來計算（對該半導體的勞動時間/總勞動時間）。其他費用還有電費、設備維修費、外包費等。

以一個每月生產兩萬片（晶圓）、40奈米製程、超大規模積體電路的前段製程來說，假設建造生產線投資了3000億日圓，則此案的成本計算方式如圖4-4-2所示。圖中，將第一年、第三年、第五年分別的年度總製造費與細項（攤提費用、材料費用、人工費用、經常費用）顯示出來。

### ▼日本的攤提年限是致命的問題

假設從一片晶圓上能取得某半導體晶片的良品250個，每年能取得6000萬個良品。也就是說，每個半導體晶片的製造成本為年度總製造費，除以總良品半導體個數，顯示於圖4-4-2中。

然而實際上，半導體晶片成本除了前段製程成本，還要加上後段製程（組裝段以後的製程）成本，約為上述成本的1.3倍。由此成本可以計算半導體的賣價需要在多少以上才能夠有利潤。

此處的計算僅為約略數字，並非精密的計算結果，但相信此範例能讓各位具有大致的印象。

由此結果亦可得知，將半導體產業形容為設備產業並不為過！再者亦可知道攤提年限的設定，對於半導體的成本有多麼致命的影響。

曾經有一度，日本的人工費用高昂一事被詬病，看起來好像是很嚴重的問題，但從此圖表可知，人工費用對半導體產業的影響並沒有那麼大。

▶攤提　亦指將隨著使用期間（時間）經過，發生的固定資產的經濟價值遞減程度，分配到耐用年數中。有定率法及定額法等。

## 圖 4-4-1　半導體的成本結構

| 費用科目 | | 主要的內容、具體範例 |
|---|---|---|
| **攤提費用** | | **設定耐用年數為五年的定率法** |
| **材料費用** | | **原材料、原料的費用** |
| | 直接材料費 | 矽晶圓、靶材 *1 |
| | 間接材料費 | 光罩、光阻、藥液、氣體、研磨液 *2 等 |
| **人工費用** | | **人事費用**（薪水、津貼） |
| | 直接人工 | 製造部門 |
| | 間接人工 | 間接部門 |
| **經常費用** | | **電費、設備維修費、外包費** |

*1. 使用在濺鍍成膜之材料

*2. 使用在 CMP 製程的研磨液

## 圖 4-4-2　年度總製造費與半導體晶片的成本

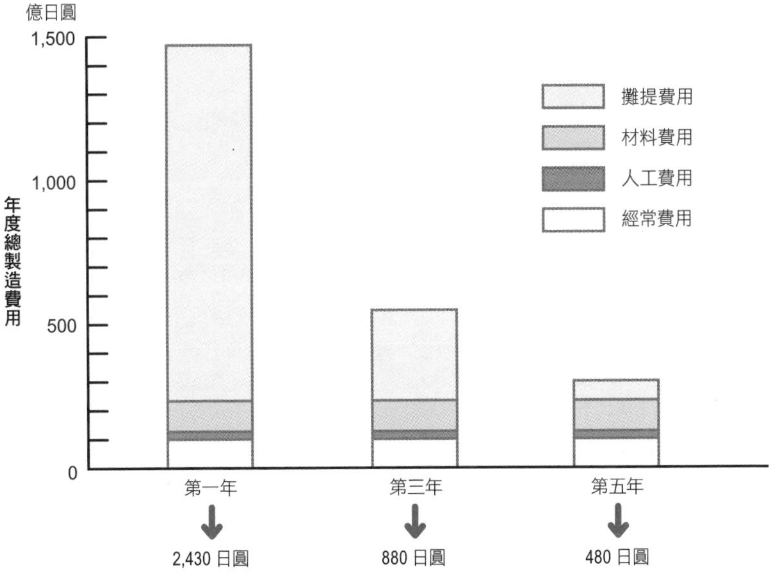


**IC 成本**（假設每片晶圓能取得 250 個良品晶片）



▶賦課率　假設在某條IC生產線上有數個不同的產品同時生產，且在該產線工作的一個作業員對所有的產品都有貢獻時，計算此員對一個產品投入了多少時間的比率。

Section 05

# 材料的保存期限

## —保存溫度與濕度，造成藥液變化

如同加工食品有「賞味期限」或是「消費期限」的定義，使用在半導體（半導體）上的材料也有「品質保證期限」的定義。各個不同的材料，個別的「**品質保證期限**」由原材料供應商訂定，於半導體廠商則透過品質保證系統（QA: Quality Assurance）來遵守。

### ▼矽、氣體、藥液的保證期限

圖4-5-1所示為主要材料的品質保證期限。

如圖所示的材料中，矽晶圓及濺鍍用的各種靶材，即矽（Si）、鋁（Al）、鈦（Ti）、鎢（W）等，基本上並沒有保證期限。因此控管只需要依照交貨需求而維持足量的庫存，並沒有超過某庫存期限就無法使用的問題。

至於**氣體類**，其品質保證期限短則六個月、通常為一年。保證期限六個月的氣體包括：氨氣（$NH_3$）、一氧化二氮（$N_2O$）、乙硼烷（$B_2H_6$）、三氯化硼（$BCl_3$）等，其他氣體品保期限則為一年。

另一方面，**藥液**的品保期限短者三個月、長者一年、通常則為六個月。品保期限三個月的藥液包括感光性聚亞醯胺塗佈劑等，品保期限一年的藥液包括使光阻與晶圓間的沾黏性提高的HMDS（六甲基二矽氮烷）及稀釋劑等。其他光阻液、顯影液、或是各種酸類—氟酸（HF）、鹽酸（HCl）、硫酸（$H_2SO_4$）、硝酸（$HNO_3$）等，其品保期限均為六個月。

這些藥液類，均於使用前24小時導入生產線，使其充分與環境融入，方可導入到使用站點。特別是光阻等材料，其黏度等特性會隨溫濕度不同而有些微變化，故材料製造商的儲存條件需與生產線相同。

因此，對大型的半導體工廠定期供應光阻的情況下，材料製造商會在離半導體工廠盡可能近的地方建造保管倉庫，使材料能儲存於充分控管的環境中，並藉由縮短運送到工廠的距離，得以減少因長距離運送引起的容器內壁不純物（微粒子）摻入到光阻材料內，達到迅速供應高品質材料的目標。

▶光阻　當儲存的環境中溫度越高且濕度越高，則光阻的黏度下降（產生變化）。

## 圖 4-5-1　半導體主要材料之品質保證期限的範例

| 種類 | 儲存地點 | 品質保證期限 |
|---|---|---|
| 矽晶圓<br>靶材<br>（Si, Al, Ti, W, 等） | 材料倉庫 | 無 |
| **〈氣體類〉** | | |
| 氮（$N_2$）、氧（$O_2$）、<br>氫（$H_2$）、氬（$Ar_2$） | 氣體現場裝置 | — |
| 氨氣（$NH_3$）、一氧化二氮（$N_2O$）、乙硼烷（$B_2H_6$）、三氯化硼（$BCl_3$） | 鋼瓶室 | 六個月 |
| 矽烷（$SiH_4$）、氮（$N_2$）、<br>氦（He）、二氧化碳（$CO_2$）、<br>四氟化碳（$CF_4$）、氯（$Cl_2$）、<br>磷（$PH_3$）、六氟化硫（$SF_6$）、<br>一氧化二氮（$N_2O$）等 | 鋼瓶室 | 一年 |
| **〈藥液類〉** | | |
| 感光性聚亞醯胺塗佈劑 | 設備 | 三個月 |
| 光阻液 | 設備 | 六個月 |
| 顯影液 | 供應室 | 六個月 |
| 各種酸類：氟酸（HF）、鹽酸（HCl）、硫酸（$H_2SO_4$）、硝酸（$HNO_3$） | 供應室 | 六個月 |
| 稀釋劑 | 供應室 | 一年 |
| HMDS（六甲基二矽氮烷） | 設備 | 一年 |



▶氣體現場裝置　亦包括在工廠內進行氮氣（$N_2$）製造的氣體現場裝置。

# 晶圓外緣為什麼不利用

## ——邊緣去除法

### ▼2公厘的神聖領域

觀察矽晶圓的外緣，可以發現有如圖4-6-1所示的**邊緣磨邊加工**。此種針對外緣進行磨邊的加工，一般稱為「**導角**（beveling）」。

導角加工，目的在於將矽晶圓收納於搬運盤中進行運輸時，降低因為施加於矽晶圓外緣的微小機械應力，所導致的細小微塵生成。因此，導角部分除了形狀，亦需要形成與晶圓表面一致光滑潔亮。

然而，當在矽晶圓上製作大量半導體晶片時，考量此導角部分的存在以及其他因素，如圖4-6-2所示，從外緣位置去除導角部分後，會再去除2公厘左右的區域，才在內側開始進行晶片配置。將晶圓周圍去除一部分的領域，此領域稱為「**除外**（exclusion）」。

將此領域去除的理由，主要是考慮光蝕刻製程中，將光阻塗佈於晶圓上時，因晶圓周邊的導角構造的存在而易使光阻發生塗佈不均、厚度均一性較差的問題，而導致高精密的圖樣加工難以進行。再者，將塗有光阻的晶圓進行運送或操作時，因加諸於晶圓邊緣上的機械外力使光阻發生剝離，而導致細微粒子的產生，抑或對曝光機的晶圓基座或運送用的載具造成汙染的情形發生。另外，在各段成膜製程中，成長於晶圓邊緣的薄膜，經常於後續的晶圓操作過程中剝離，形成細微粒子或汙染原因。

### ▼對良率的貢獻

晶圓邊緣的除外區域有幾種不同的製作方法；如圖4-6-3所示，於晶圓上完成光阻塗佈後，將晶圓旋轉並於週邊區域滴下稀釋劑，是為一種常見的方法。

對於細微粒子亦或微量不純物極度排斥的半導體，像是這類細部的研究成果，對良率及可靠性的改善，具有極大的貢獻。

▶導角形狀　將晶圓的邊緣部分以硬物進行數次研磨，並依實驗結果，得到缺損及矽微塵發生數最少的形狀。

## 圖 4-6-1　矽晶圓的導角

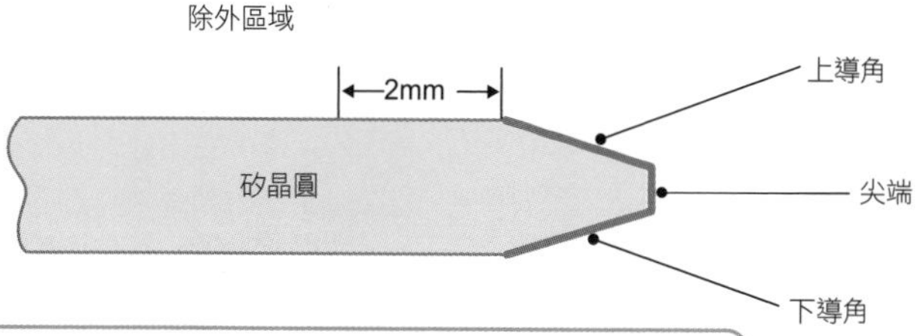


導角部分亦需要處理，形成與晶圓表面一致光滑潔亮

## 圖 4-6-2　除外區域及半導體晶片配置

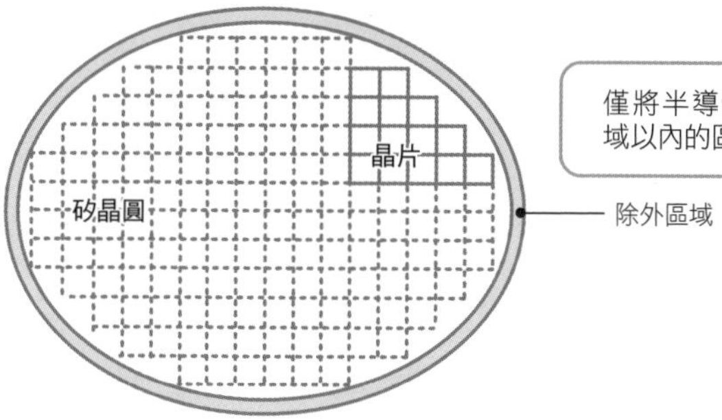


僅將半導體晶片配置於除外區域以內的區域

## 圖 4-6-3　導角的範例

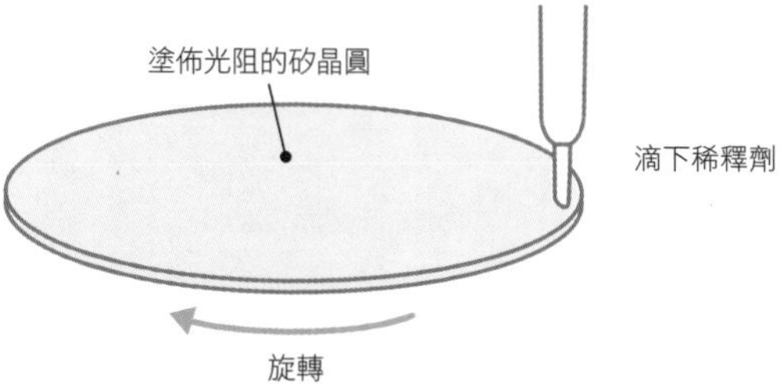


旋轉完成光阻塗佈的晶圓，並在週邊區域滴下稀釋劑，溶解光阻以形成除外區域





▶逐漸縮減的「除外區域」　**隨著半導體技術的進步，為了在同樣大小的晶圓上提高有效晶片的個數，使得除外區域不斷縮減至現今的2mm。**

Section 07

# 超純水的供應

## ——從天然水變成超純水的過程

### ▼各個工廠、各IC需求不同

水中所含不純物極少的水，稱為**純水**。將此純水更進一步純化後的水，稱為「**超純水**」，取「Ultra Pure Water」的開頭字母縮寫為**UPW**。

圖4-7-1所示為超純水的供應系統。依工廠的地理條件等不同，使用的天然水有工業用水、河水、地下水等。

超純水的製程必須依天然水的水質而進行最佳化。又，視該生產線所生產的產品（半導體種類）的不同，而有不同超純水規格要求。

將天然水轉換為超純水的過程，首先必須藉由凝結浮上設備及過濾器，去除天然水中不溶於水的**浮游物質**（又稱為SS: Suspended Solids）。接著經由去炭塔，將水的碳微粒去除。

接下來，利用逆滲透的RO設備（RO: Reverse Osmosis逆滲透膜）將水中不純物去除，並由離子交換樹脂將金屬離子去除、經由UV（紫外線）照射將有機物分解去除、經由真空脫氣將氧氣等氣體去除，重複此程序，最終透過超微細濾網（UF: Ultra Filter），提供到各個給水點。

### ▼超純水的供應速度為每秒1.5m

由於完成轉換超純水在輸送到各個給水點前，必須避免碰觸到空氣、或受到配送管線或儲水槽的汙染，經固定時間或視需求，必須以過氧化氫（$H_2O_2$）將配送管線進行清洗，再以UPW置換。

再者，超純水的輸送過程中，一旦流速減緩則易生汙染，故必須維持每秒1.5m的恆定流速。

上述為一般將新送入的天然水，轉換成超純水的純水供應系統主要流程，使用完畢的回收水，也可透過同樣的流程進行再使用。換句話說，從給水點回收的水，透過活性碳塔、離子交換塔、RO設備、UV氧化槽、過氧化氫（$H_2O_2$）去除塔等路徑經過處理後，可被導引回到主流程，進行再利用。

超純水的輸送量視工廠的規模而有不同，但可以略估計為每日數千噸的數量級。

▶地下水　以地下水做為水源的工廠，在工廠內具有專用的井。

## 圖 4-7-1　超純水的製作方法及供應流程

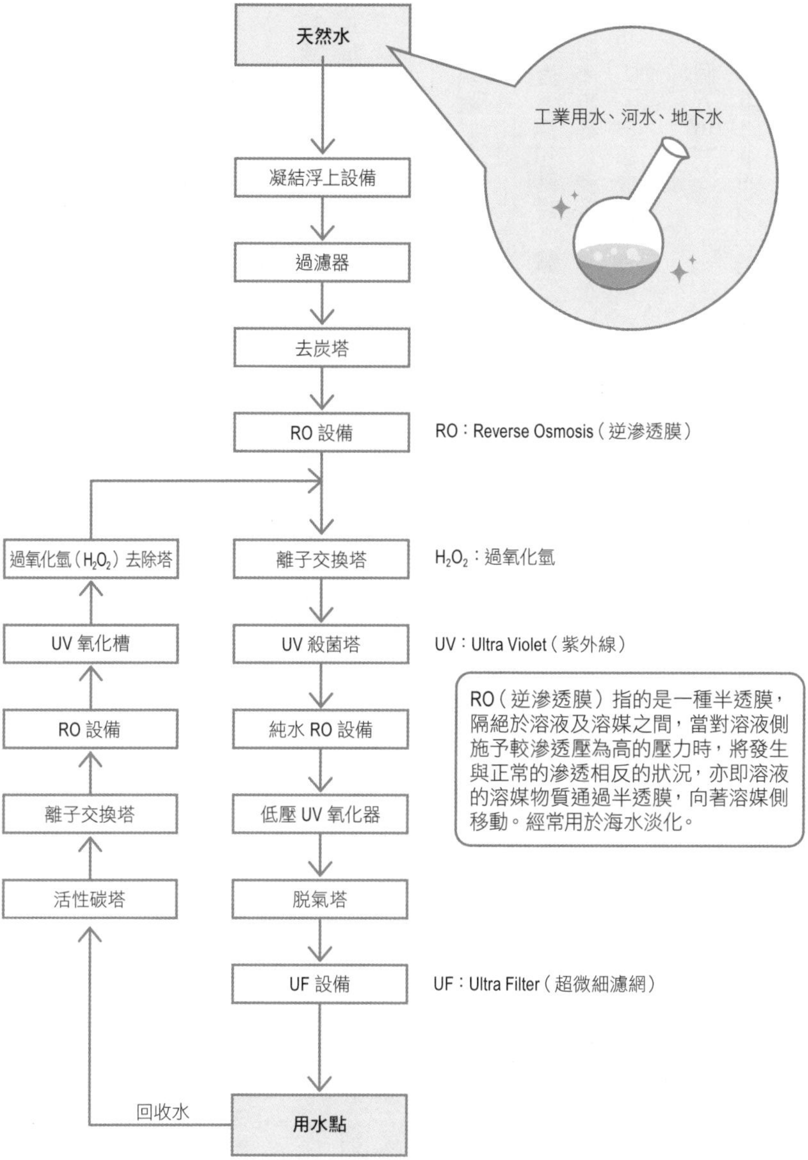




▶UF　以孔徑0.01～0.001μm的濾網，並利用「分子篩效應（主要指的是分子的大小＝依分子量而分離之）」的原理。

# 超純水的純度
## ——無固定標準

### ▼超純水的標準？

前述提到，超純水是非常乾淨的水，那麼究竟有多乾淨呢？其實所謂超純水，並沒有一概而論的管理指標項目或標準值。圖4-8-1是先進的半導體工廠的超純水標準。

### ▼電阻率（百萬歐姆-cm）

電阻率亦稱為比阻，代表溶於水的電解質濃度。換句話說，電解質越少則電阻率越高，要求標準為25度C下18.2百萬歐姆-cm以上。

**•微粒子數（個／mℓ）**

粒徑在0.03μm以上的一般異物的個數，必須小於10個／mℓ。

**•生菌數（個／mℓ）**

即細菌的數量，為了避免細菌於配送管線內部繁殖，會將配送管線內部以過氧化氫（$H_2O_2$）進行清洗。生菌數的要求標準為1個／mℓ以下。

**•TOC（μgC／ℓ）**

將水中有機物換算成碳元素的換算值，要求標準為1μgC／ℓ以下。

**•矽（μg$SiO_2$／ℓ）**

由於矽酸鹽對Si半導體有害，要求標準為1μg$SiO_2$／ℓ以下。

**•溶氧量（μgO／ℓ）**

水的溶氧量是細菌的營養，可視為生菌管理的指標。溶氧量的要求標準為5μgO／ℓ以下。

**•離子數（μg／ℓ）**

鈉（Na）、氯（Cl）、鐵（Fe）離子數，標準分別為0.001、0.005、0.001（μg／ℓ）以下。

圖4-8-2所示為半導體生產線的超純水用途。

包括：矽晶圓、材料、原件、配送管線等清洗、使用藥液處理晶圓後的沖洗、酸系濕蝕刻液的稀釋調整等用途。

另外，超純水亦是各種製造裝置的冷卻水，更特殊的用途則有浸液**ArF**（氟化氬）準分子雷射曝光等。利用水的折射率（1.33）大於空氣折射率（1）的原理，將曝光機物鏡浸於水中進行曝光，即可將曝光解析度提高1.33倍，使能在不改變光源波長的狀況下，使更高解析度的圖樣完成曝光。

▶浸液曝光　設解析度R為經驗常數k、光源波長λ、數值孔徑NA、浸液液體的折射率n，則R=（1/n）k-λ/NA。

## 圖 4-8-1　半導體工廠生產線，對超純水水質的要求標準

| 項目 | 規格標準 | 註記 |
|---|---|---|
| 電阻率<br>或者<br>導電率 | ＞18.2MΩ・cm<br><br>＜0.0548μS／cm | 表示溶於水的電解質濃度 |
| 微粒子數<br>（＞0.03μm） | ＜10 個／mℓ | 一般異物的數量 |
| 生菌數 | ＜1 個／mℓ | 細菌的數量 |
| TOC | ＜1μgC／ℓ | 有機物的碳元素（C）換算量 |
| 矽 | ＜1μg$SiO_2$／ℓ | 矽酸鹽（$SiO_2$）量 |
| 溶氧量 | ＜5μgO／ℓ | 水的溶氧量與細菌的營養有關，故溶氧量是生菌管理的指標。 |
| 離子數 | ＜0.001μgNa／ℓ<br>＜0.005μgCl／ℓ<br>＜0.001μgFe／ℓ | 鈉（Na）離子、<br>氯（Cl）離子、<br>鐵（Fe）離子 |

**百萬**：Mega=$10^6$　**Ohm**：歐姆　μ：micro=$10^{-6}$　**S**：西門子　**ℓ**：公升
例如，μgC/ℓ 亦可標記為 μg/ℓ as C。

## 圖 4-8-2　超純水的主要用途

| 用途 | 具體範例 |
|---|---|
| 洗淨 | 矽晶圓、各種材料、裝置原件、配送管線 |
| 沖洗 | 使用藥液處理晶圓後的沖洗用（洗淨） |
| 藥液的稀釋調整 | 氫氟酸（HF）的稀釋、濃度調整等 |
| 裝置的冷卻水 | 擴散爐、離子注入裝置、靶材裝置等 |
| 其他 | 浸液曝光 |

HF：氫氟酸（hydrofluoricacid）　ArF：氟化氬（argonfluoride）





▶稀釋氟酸　DHF（Diluted Hydro Fluoric Acid）。將氟酸（HF）以純水稀釋的藥液。

# 藥液、氣體等級與純度

## ——2N5純度表示「99.5%」

### ▼電子等級

在擁有超精細構造的半導體製造中，所使用的各種藥液及氣體亦需要極高等級的純度。一般稱為「**電子等級**（Electronics grade）」，亦簡稱為EL等級、電子級、EL級等。然而，這些稱為電子等級的材料，純度究竟如何呢？

圖4-9-1顯示正型光阻用的高性能顯影液的檢驗項目以及品保值。色度又稱為APHA，以碳酸鹽類$CO_3^{2-}$換算表示。液體的顆粒數，粒徑在0.3μm以上者列入計算。其他各種金屬不純物的規定，則為鈉（Na）於10ppb以下、其他於3ppb以下。

圖4-9-2顯示幾種代表性氣體（部分以液化氣體的形式購入）的純度。以油罐車大量購入的液化氧（liq.$O_2$）及液化氮（liq.$N_2$），純度則分別為2N6及5N。N為9（nine）的意思，2N5則代表99.5%的意思。

此外，數個中空容器固定在一起的氣體供應裝置（鋼瓶組），以此狀態購入的氬（$Ar_2$）與氫（$H_2$）分別為4N及5N。其他以鋼瓶型式購入的各種氣體中，三氟化氮（$NF_3$）為4N、氯（$Cl_2$）等為5N、矽烷（$SiH_4$）等為5N5、氦（He）等為6N、四乙氧基矽烷（TEOS）為7N5。

圖4-9-3顯示用於蝕刻或腔體內壁的乾洗淨等用途，三氟化氮（$NF_3$）檢驗項目及品保值。純度為4N（99.99%）以上、二氧化碳（$CO_2$）、水、一氧化二氮（$N_2O$）為500ppm以下、六氟化硫（$SF_6$）為10ppm以下、氧＋氬（$O_2+Ar_2$）為15ppm以下、氮（$N_2$）為20ppm以下。

為了維持藥液及氣體的純度，除了製造完成，其他包括儲存用的容器、從製造工廠運送到半導體工廠的過程，均需要謹慎的注意。我曾經經歷過一個案例，因光阻異物，造成半導體工廠完全無法產出良品。我與半導體廠一起釐清原因、調查真相，才發現是光阻容器的內壁於運送過程中剝落，摻入光阻液，形成汙染源。

▶色度APHA　液體的著色度，亦稱為哈森色數。

## 圖 4-9-1　顯影液的檢驗項目與品保數值的範例

| 檢驗項目 | 品保值 |
|---|---|
| 色相 | ＜ 5APHA |
| 含有量 | 20.00±0.20% |
| 碳酸鹽類 | ＜ 15ppm （as $CO_3^{2-}$）　as $CO_3^{2-}$ 指的是「換算成 $CO_3^{2-}$」的意思 |
| 氯 | ＜ 150ppm （as $Cl^-$）　as $Cl^-$ 指的是「換算成 $Cl^-$」的意思 |
| 甲醇 | ＜ 40ppm |
| 顆粒 | ＜ 200 個／ml （≧ 0.3μm） |
| 金屬不純物 | ＜ 3ppb （Ag、Al、Ba、Ca、Cd、Cr、Cu、Fe、K、Li、Mg、Mn、Ni、Pd、Zn）<br>＜ 10ppb （Na） |

**APHA**：色度的單位　**ppm**：parts per million　百萬分之一　**ppb**：parts per billion　十億分之一

## 圖 4-9-2　幾種代表性氣體的純度

| 氣體種類 | 購入規格 | 純度 |
|---|---|---|
| 液化氧 | 油罐車 | 2N6（＝ 99.6%） |
| 液化氮 | | 5N（＝ 99.999%） |
| 氬（$Ar_2$） | 鋼瓶組 | 4N |
| 氫（$H_2$） | | 5N |
| 三氟化氮（$NF_3$） | 鋼瓶 | 4N |
| 乙硼烷（$B_2H_6$） | | 5N |
| 三氯化硼（$BCl_3$） | | |
| 氯（$Cl_2$） | | |
| 四氟化碳（$CF_4$） | | |
| 六氟化硫（$SF_6$） | | |
| 二氧化碳（$CO_2$） | | |
| 氙（Xe） | | |
| 矽烷（$SiH_4$） | | 5N5 |
| 氨（$NH_3$） | | |
| 磷（$PH_3$） | | |
| 氮（$N_2$） | | 6N |
| 氦（He） | | |
| 四乙氧基矽烷（TEOS） | | 7N5 |

## 圖 4-9-3　三氟化氮的檢驗項目與品保值的範例

| 檢驗項目 | 品保值 |
|---|---|
| 純度 | ≧ 99.99% |
| 四氟化碳（$CF_4$） | ≦ 40ppm |
| 氮（$N_2$） | ≦ 20ppm |
| 氧＋氬（$O_2$ ＋ $Ar_2$） | ≦ 15ppm |
| 六氟化硫（$SF_6$） | ≦ 10ppm |
| 二氧化碳（$CO_2$） | ≦ 5ppm |
| 水（$H_2O$） | |
| 一氧化二氮（$N_2O$） | |



▶色度　色彩感覺的三要素之一，以單色光頻譜波長表示。亦稱為色彩、色調。

Section 10

# 計算設備稼動率
## ——設備稼動狀況的效果

在半導體生產上的設備稼動率，顯示「設置於生產線的設備是多麼有效地被運用」的重要指標。這樣形容，各位對於設備稼動率這個不熟悉的名詞，應能有印象。然而，**設備稼動率**這個概念，本身不是那麼自然容易明瞭的。此節對於設備稼動率的具體意義，以及對於生產有什麼樣的影響，做一個說明。

### ▼設備稼動率的關聯

某一台設備在一定的期間內，例如一個月的期間內，使用在製作實際產品的時間合計，稱為「實際稼動時間」。此外，在同一期間內，設備能夠處理產品的合計時間，稱為「稼動可能時間」或「時程表上的稼動預計時間」。此處的稼動可能時間指的是，同樣期間內的合計時間「實際時間」，減去設備無法使用在處理產品上的時間「無法稼動時間」，所得到的值。也就是以下的關係式。

稼動可能時間＝實際時間－無法稼動時間

此處的無法稼動時間，包括「故障」、「暫停」、「準備」、「維修點檢」、「定期修理」。也就是以下的關係式成立。

無法稼動時間＝（故障＋暫停＋準備＋維修點檢＋定期修理）的合計時間

此處的「**暫停**」，並非指真正的故障，而是為了處理一次性的機械問題，而中止或重新開機等短時間的停止動作；而「**準備**」指的是為了處理實際產品所需要的先行準備作業。也就是說，稼動可能時間，顯示設備本身維護狀態的良好與否。

由此可得設備稼動率的公式如下：

稼動率＝實際稼動時間／稼動可能時間

由此可見，以產線上流動的產品的生產性觀點，來思考稼動率，必須注意幾個面向。也就是說，處理同一製程的多台的設備群的平均稼動率、以及這些設備群間的變異出入，將是生產線速度控制的一大影響因素。

▶設備稼動率　**設備運轉率、也稱為設備運轉度。**

## 圖 4-10-1　設備稼動率及其定義

**實際稼動時間**　一定的期間內，例如一個月內，某設備使用在處理某產品的合計時間。

**實際時間**　同樣的期間內的合計時間。例如以一個月 30 天，實際時間為 30×24 ＝ 720（小時）。

**無法稼動時間**　同樣的期間內，設備無法使用在處理產品上的時間，包括以下五個項目。

- 故障：不預期的設備當機
- 暫停：因一時的問題而短時間的停止
- 準備：為了處理實際產品所需要的先行準備作業
- 維修點檢：為了將設備維持在正常狀態，而一點一點進行的檢查行為
- 定期修理：在事先決定的期間，定期進行的修理行為

由此下式成立

**無法稼動時間＝（故障＋暫停＋準備＋維修點檢＋定期修理）的合計時間**

**稼動可能時間**　同樣的期間內，設備能夠處理產品的合計時間。亦可稱為時程上的稼動預計時間。

由此下式成立

**稼動可能時間＝實際時間－無法稼動時間**

**待機時間**　同樣的期間內，設備為了處理產品，而等待的合計時間。

也就是說，下式成立

**稼動可能時間＝實際稼動時間＋待機時間**

由上述，可得稼動率計算式如下

**稼動率＝實際稼動時間／稼動可能時間**





▶暫停　「暫時停止」為製造業界用語。

Section 11

# 矽烷氣體會自燃，是危險物

## ——由於半導體產業興隆而運用的氣體

在半導體的生產製程中，使用各種具有強烈反應及高危險性的「**特殊材料氣體**」。圖4-11-1列出主要的特殊材料氣體及其主要用途。

### ▼單矽烷甚至可以導致整個工廠燒掉

特殊材料氣體中最具代表性的為單矽烷。單矽烷在常溫下為比重1.11的無色透明氣體，若不慎吸入會對人體呼吸道造成嚴重的刺激。如圖4-11-2所示，單矽烷主要用途在於矽基板上形成單晶矽或是磊晶矽時，或者是在絕緣膜上堆積多晶矽時。

單矽烷的特殊性質之一，若洩漏至空氣中，即使沒有起火源，也會在常溫下發出極大聲響並起火的「自燃性」。自燃一般發生在空氣中單矽烷濃度大於1.35%時，也稱為自發火。高濃度的單矽烷在空氣中燃燒時，可達900度C的高溫，並產生黃褐色的粉末。反之，像是氫氣（$H_2$）、乙烯（$C_2H_2$）這類容易起火的氣體，即使混合在空氣中，只要附近沒有火源就不會起火，相較之下，可知單矽烷的高度自燃性（視單矽烷的濃度及洩漏到空氣的條件不同，也有不會自燃的狀況）。

此外，雖是低濃度但以高速洩漏的空氣的情況下，會發生「**吹滅現象**」，亦即在洩漏點即使沒有自燃，也可能在擴散到其他空間時，發生自燃引爆的狀況。

再者，若單矽烷與半導體製造中常用的一氧化二氮（$N_2O$）混合後，爆炸的危險性將大幅提升，因此處理上需要特別的注意。

於半導體產業興隆發展之前，單矽烷幾乎未被使用，在產業開始發展初期，關於單矽烷性質的數據相當稀少，對於其高度危險的自燃性的理解並不足夠。故當時因單矽烷引起的整座工廠燒毀，或是大學研究所的爆炸事故，不只發生一次，更不用提未造成火災，僅使用滅火器滅火的沒有被報導出來的事故，想必是數也數不清。

單矽烷所引起的火災，澆水是不夠的，若沒有把單矽烷鋼瓶等洩漏源找出並斷絕其洩漏，無法完全滅火。

▶磊晶成長　與基底結晶方向一致的意思。磊晶成長內又可分為氣相磊晶、液相磊晶、分子線磊晶。

## 圖 4-11-1　主要的特殊材料氣體及其主要用途

| | | |
|---|---|---|
| **矽烷類** | 單矽烷（$SiH_4$）<br>二氯矽甲烷（$SiH_2Cl_2$）<br>矽乙烷（$Si_2H_6$） | 藉由熱分解而成長的單晶矽及多晶矽<br>$Si_3N_4$、WSix 的 CVD<br>Si-Ge 的 CVD |
| **溴化物類** | 三氟化氮（$NF_3$）<br>六氟化鎢（$WF_6$） | 矽類的蝕刻、腔體清潔<br>W、WSix 的 CVD |
| **硼類** | 乙硼烷（$B_2H_6$）<br>三氯化硼（$BCl_3$）<br>三溴化硼（$BBr_3$） | P 型不純物質源<br>P 型不純物質源、鋁的乾蝕刻<br>P 型不純物質源 |
| **磷類** | 磷（$PH_3$）<br>三氯氧化磷（$POCl_3$）<br>三氯化磷（$PCl_3$） | n 型不純物質源<br>n 型不純物質源<br>n 型不純物質源 |
| **砷類** | 砷化氫（$AsH_2$） | n 型不純物質源 |

**CVD**：Chemical Vapor Deposition　化學氣相沉積　　單矽烷 silance 又稱矽甲烷

## 圖 4-11-2　單矽烷的主要用途

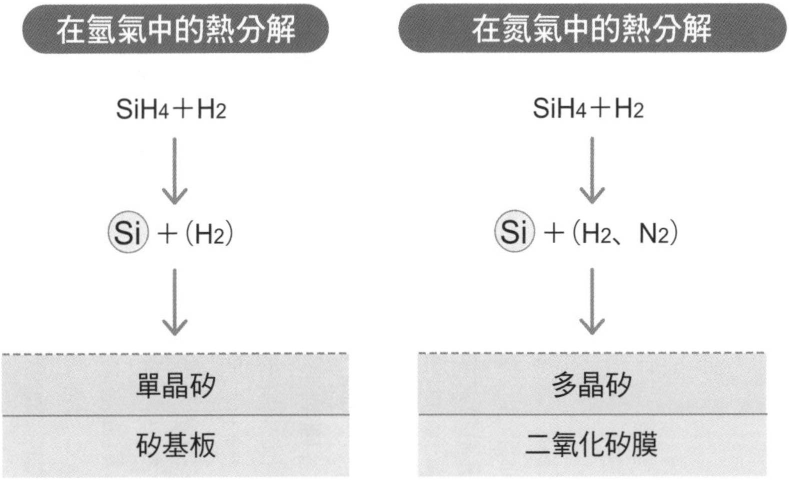


在矽基板上以磊晶長成單晶矽　　在絕緣膜（$SiO_2$）上以 CVD 長成多晶矽





▶自燃性　燃燒相關的性質，可大致分別為「自燃性」、「可燃性」、「不燃性」。

# 半導體工廠的「氫爆」
## ——核能發電廠與半導體工廠的相似處

### ▼半導體及原子爐氫爆之間的關係

福島第一核能發電廠所發生的氫爆，對多數人帶來了衝擊。當時的氫氣究竟是怎麼產生的呢？

在核能發電裡，使用鋯（Zr）合金作為低濃縮鈾燃料棒的包覆管。為了產生核子連鎖反應，選用這種對熱中子吸收量最少的金屬。然而在水冷式的原子爐內，若發生像福島核能發電廠因斷電等原因使得冷卻機能受損時，冷卻水及水蒸氣接觸到高溫的鋯合金，會產生氧化還原反應，而產生大量氫氣（$H_2$）。

$$Zr + 2H_2O \rightarrow ZrO_2 + 2H_2$$

此情況下產生的氫氣，當與氧氣等其他氣體混合時，將可能發生爆炸。

然而，在最具代表性的半導體積體電路MOS-IC（MOS電晶體）的製造過程中，稱為最終合金的400～450度C的熱處理中，使用了稱為「**形成氣體**」的氫氮混合氣體。這是為了在MOS電晶體的矽基板表面的閘極絕緣膜（二氧化矽$SiO_2$）界面上，將矽的懸空鍵與氫的終端形成鍵結，以達成界面導電性安定目的。

### ▼將危險的氫氣以氮氣稀釋

從原本的製程目的來說，使用純氫氣來做合金即可。然而考慮到純氫氣的易爆性可能造成危險，故以氮氣稀釋，除了可防止爆炸，亦能達成由氫氣結合懸空鍵的功能。

不過，在早期MOS電晶體的閘極電極上，是使用圖4-12-2的鋁（Al）而非圖4-12-1的多晶矽。在鋁閘極MOS電晶體的合金製程上，使用的是氮氣環境。這是因為合金製程本身就會產生大量氫氣，能夠直接與界面的懸空鍵結合，帶來介面安定化的效果。當MOS電晶體從鋁閘極改為矽閘極的當時，並不知道這件事。

在聽到福島核電廠的氫爆新聞的當下，我突然回想起半導體製程上的氫氣相關問題，歷歷在目。

▶鋯合金（Zircaloy）　添加了1.5%的錫，少許鐵（Fe）、鉻（Cr），在某些狀況下也會使用鎳（Ni）的鋯（Zr）合金。

## 圖 4-12-1　藉由形成氣體合金來達成的懸空鍵氫氣終端

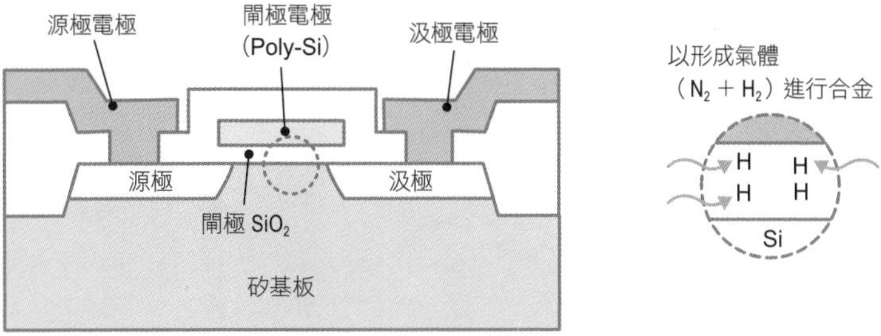


在 MOS 電晶體的閘極 $SiO_2$ 膜與矽基板表面間的界面上，存在有矽的懸空鍵，此為導電性不安定的原因。在製造工程最後的熱處理中，以形成氣體進行合金，使懸空鍵與氫氣結合（氫氣終端），達成導電性及可靠性的安定性。

## 圖 4-12-2　鋁閘極 MOS 電晶體在氮氣環境中進行的合金

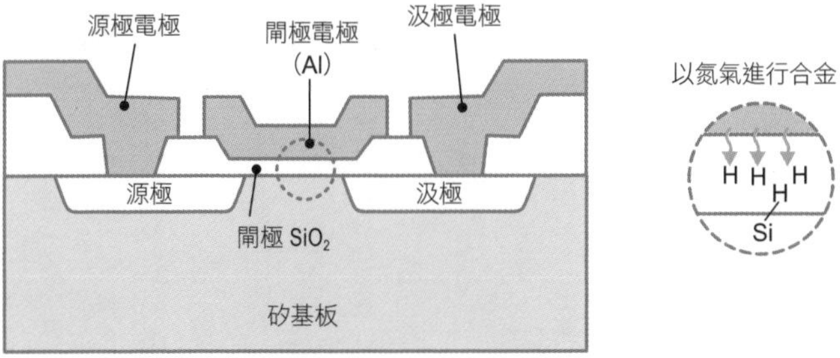


合金處理製程中發生的氫氣，與閘極 $SiO_2$ 及矽基板間的界面上存在的懸空鍵結合，形成氫氣終端，以確保鋁閘極 MOS 電晶體的導電性的安定性。

▶氫氣終端　為了使MOS電晶體的Si-$SiO_2$介面安定化，也有利用氯氣（$Cl_2$）來取代氫氣（$H_2$）的例子。

# 「曝光技術」高精密度核心
## ——圖案轉印的核心技術

半導體以高精密技術為中心發展至今。特別是光蝕刻技術，其中又以進行圖案轉印的**曝光技術**為核心技術。

現今，在生產水準的曝光技術的主角，是以氟化氬（ArF）的準分子雷射為光源的掃描機。一般而言，掃描機的運作原理，考量解析度（R）、光源的波長（λ）、鏡片的亮度（NA開口率）以及經驗常數（k），可以下述公式表達之。

$$R=\frac{k\lambda}{NA}$$

因此即使是相同的ArF掃瞄機，將k值縮小可望有助於提升解析度極限。這種技術稱為「**超解析技術**」。

由於氟化氬（ArF）準分子雷射光也是光的一種，當然也有光的「干涉」、「折射」等現象。讓我們來看看，反過來利用光線固有現象做為助力，有五種使k值縮小的代表性方法。

### ①變形照明法

如圖4-13-1所示，調整照明系統，可使實際有效光源的形狀產生變化，而讓k值縮小。相對於一般使用的圓形照明，實際所使用的變形照明法，包括甜甜圈狀的「輪帶照明」、將光源分割成四個小圓形的「四重極照明」等。

### ②相位偏移法

如圖4-13-2所示，對於利用掃描機將圖案縮小為四分之一投影的光罩（Rectile, Mask），也能使k值變小。一般的光罩為，在石英製的基板上，以實際圖案尺寸的四倍，形成鉻（Cr）薄膜圖案。

相對來說，在灰階（Half-tone）型光罩中，使遮光部具有數%的透光率，使遮光部透過光的相位，與透過石英部的光線相位，形成180度，進而強調圖案部份，並能夠使透過的光強度分部變窄。灰階（Half-tone）型主要使用在接觸式的圖案。

另外，在「雷文生型（Levenson）相移光罩」中，每隔一條線圖案便配置一條相移圖案。此相移圖案藉由將石英基板挖出溝槽的構造形成。藉由雷文生型的相移方法，可改善解析度，約為曝光

▶相位　波的特性「波長」、「振福」、「頻率」等其中一個特性，描述在一個週期內訊號波形變化的度量。

## 圖 4-13-1　變形照明法

在變形照明法中，即使圖案的間距很小，也能夠高效率地集光。

## 圖 4-13-2　相位偏移法

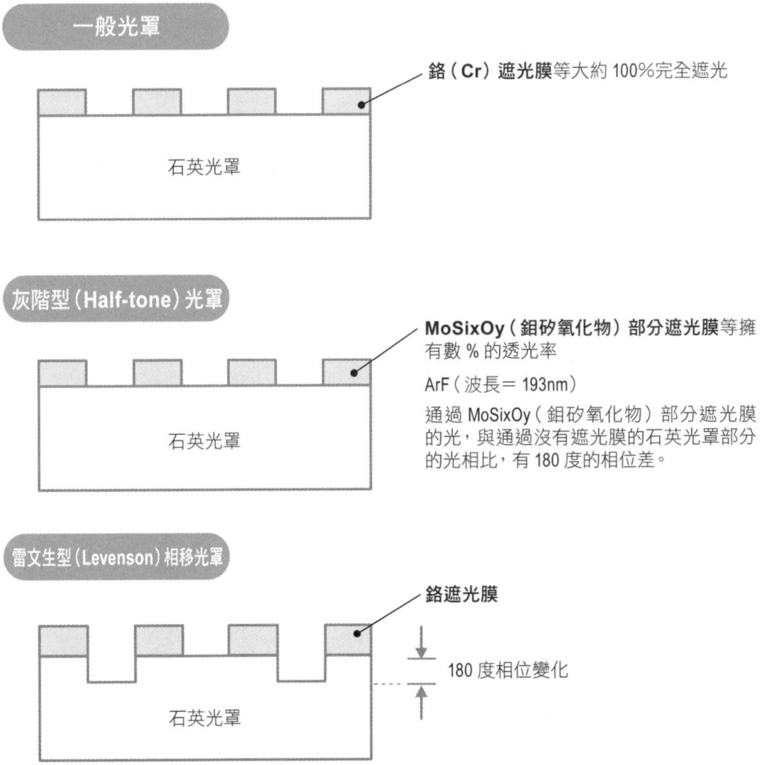




▶光罩（Reticle）　一般來說，使用於半導體圖案轉印時的光罩稱為Mask，而步進機（或是掃描機）的狀況下稱為Retical。

光源的一半左右。

### ③OPC法

對於曝光時，折射與干涉造成轉印圖案的變形（崩解）問題，可事先在光罩上製作補償機制，使得轉印圖案對設計圖案的忠實度提高，稱為**OPC**（Optical Proximity Correction：光學近似補償）法。

OPC有如圖4-13-3各種不同的做法。大致可分為，將圖案尺寸的一部分設定「偏量」的方法，以及追加「輔助圖案」使得轉印圖案能接近原來的圖案的方法，以及在凹凸部分追加「襯線」的方法等。

在實際的半導體設計上，究竟應該使用哪一種OPC，原本在光學上具有一般性的指導原則，但細節做法，則根據各個產品的差異，或者是根據各公司的know-how而有許多做法上的差異。

OPC面臨的最大的問題為，由於需要繪製如此複雜的圖案，其相對所需的電子束直描裝置（EB曝光機）的費用負擔也同步提高，使得光罩價格大幅增加。因此在製作最先進的半導體時，一套光罩的價格，有時甚至會超過一億日圓。

### ④多面貼附

在**步進機**上，需要將光罩圖案縮小，投影在晶圓上，透過步進、重複的動作，完成整面晶圓的掃描曝光動作。此時，為了正確轉印圖案，若能夠運用的鏡片區域越大，則曝光區域也越大，能夠同時對多個IC晶片圖案進行曝光，生產效率也能提升。

也就是說，若使用兩面貼附則能達到兩倍產出效率，三面貼附則能達到三倍產出效率。此種光罩稱為多面貼附。

### ⑤Pellicle

**Pellicle**為薄皮、薄膜的意思，指的是防止曝光問題而覆蓋在光罩上的防塵膜。如圖4-13-4所示，光罩經過精密洗淨後，在表面貼附一層薄薄的保護膜。貼附保護膜前後均需進行光罩上的異物檢驗。

Pellicle的作用在於防止異物附著在光罩表面，以及防止拿取搬送過程中對光罩可能產生的損傷。若有附著於光罩表面的微小異物，會造成無法對焦的問題，使得圖案無法轉印到晶圓上。

▶EB　ElectronBeam，電子束。「EB曝光」通常又稱為「電子線直描」。

## 圖 4-13-3　OPC 的代表範例

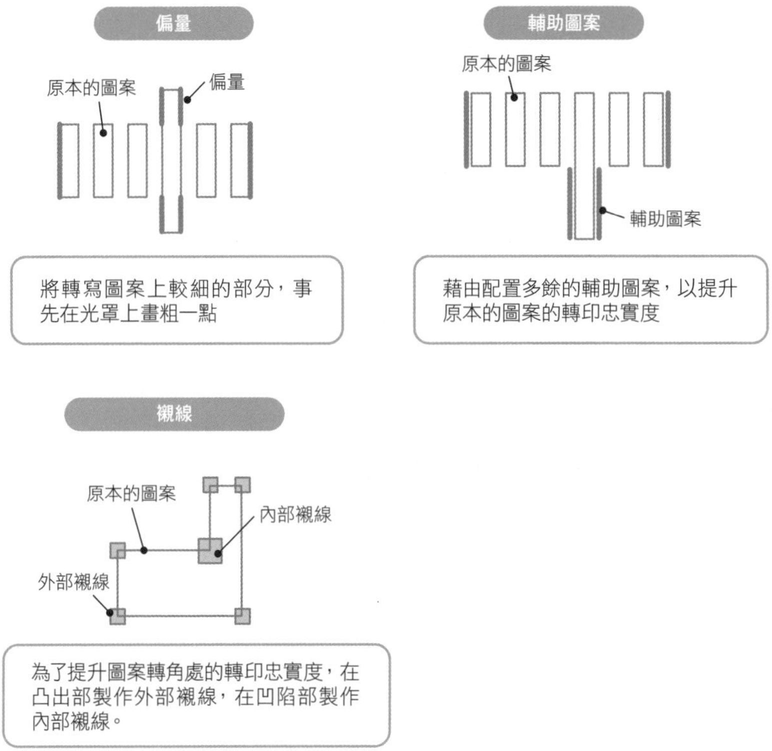


## 圖 4-13-4　Pellicle

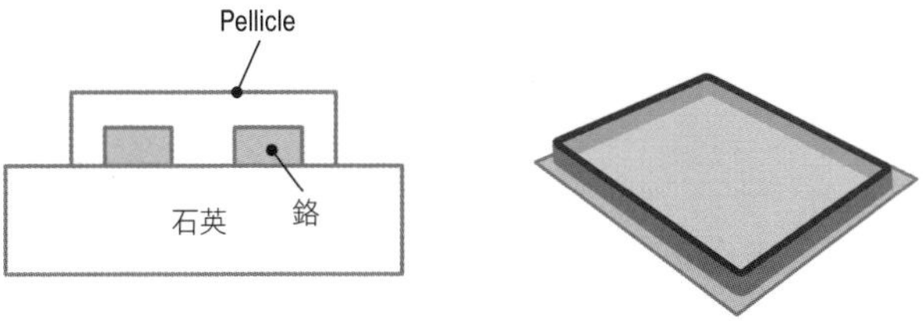






▶Pellicle　薄皮、皮膜、表皮、薄膜等意思。

# 從批量處理到單片處理

## ——有益於高精密度的單片處理

如圖4-14-1所示，半導體製造的前段製程中，可大致分別為兩種處理方式。其中一種稱為「**批量處理**」（batch processing），可同時處理多片晶圓。

另一種稱為「**單片處理**」（single wafer processing），是將矽晶圓一片一片處理的方法。裝置的稱呼，則分別稱為「批量裝置」、「單片裝置」。

### ▼逐漸增加的單片式

整體業界的方向而言，過去雖然以批量式為多，近年來單片式則有逐漸增加的趨勢。為什麼呢？

首先，隨著半導體元件的高精密度趨勢，使用的設計標準也越來越嚴格。故一次處理一片晶圓的單片處理方法，要比同時處理多片晶圓的批量處理法，要來得更能夠在晶圓上實現高精密的圖案。

另一個理由則是，使用的矽晶圓口徑越來越大的緣故。在大口徑下，單片處理方式更容易確保能將高精密的圖案均一地佈線在晶圓面內，同時盡可能減少晶圓間的差異。

### ▼單片處理的缺點

然而，單片處理也並不是完全沒有缺點的。舉例來說，從「產出量（throughput）」、也就是單位時間內某設備能夠處理的矽晶圓片數的觀點來看，一般來說均是批量式處理勝出。另外，以設備「佔據面積（foot-print）」也就是單位晶圓處理所需要的工廠面積來說，也通常是批量處理較為有利。

圖4-14-2顯示代表性製造設備於批量式及單片式的差異。成膜設備的熱氧化、CVD、濺鍍方面，是批量式及單片式混合使用。光蝕刻設備的光阻塗佈、曝光、顯影，則大多為單片式。

在蝕刻設備上，濕蝕刻及乾蝕刻均是批量式及單片式混合使用。在不純物添加裝置上，離子注入為單片式、擴散為批量式。CMP設備普遍為單片式。洗淨設備上，濕洗淨是批量式及單片式混合使用，乾洗淨則以單片式為主。

▶設計標準　半導體圖案設計上，需要遵從的元件尺寸的最小值，或是決定相對位置關係的規則。

## 圖 4-14-1　矽晶圓的批量處理及單片處理

**處理製程**
- 批量處理｜將多片晶圓同時處理
- 單片處理｜將晶圓一片一片分別處理

## 圖 4-14-2　代表性設備的批量式及單片式差異

| 製造設備 | 製程 | 批量式 | 單片式 |
|---|---|---|---|
| 成膜設備 | 熱氧化 | ○ | ○ |
| | CVD | ○ | ○ |
| | 濺鍍 | ○ | ○ |
| 光蝕刻設備 | 塗佈 | | ○ |
| | 曝光 | | ○ |
| | 顯影 | | ○ |
| 蝕刻 | 濕 | ○ | ○ |
| | 乾 | ○ | ○ |
| 不純物的添加 | 離子注入 | | ○ |
| | 擴散 | ○ | |
| CMP | | | ○ |
| 洗淨 | 濕 | ○ | ○ |
| | 乾 | | ○ |

CVD：Chemical Vapor Deposition　化學氣相沉積
CMP：Chemical Mechanical Polishing　化學機械研磨



▶佔據面積（foot-print）　足跡、佔據空間之意。

# 快速加熱處理
## ——短時間進行熱處理的需求

### ▼從爐管變成RTP

半導體的前段製程中，有許多必須一邊加熱一邊進行的製程（如圖4-15-1所示）。此段的加熱處理逐漸變成快速加熱處理。讓我們來了解背後的意義。

在離子注入後的「活性化處理」中，加熱目的在於使注入矽的導電型不純物質（磷、砷、硼等）達到電氣活性化的狀態，同時使扭曲的矽結晶恢復至正常狀態。因此，利用熱能搖動晶格，將晶格點一部份的矽原子置換為不純物質。

在「不純物的擴散」中，於高溫狀態下使矽暴露在導電性不純物質氣體環境，利用熱擴散現象使不純物擴散到矽中。

在「不純物添加後」，將矽透過離子注入或是擴散到矽的導電型不純物質，在惰性氣體（氮、氬）中進行高溫處理，利用擴散原理使不純物質更進一步導入到深處，並使之再分佈，以使輪廓產生變化。

在「再溶融」（re-flow）中，利用添加磷（P）或硼（B）或者兩者皆有的矽氧化膜玻璃（PSG、BSG、BPSG）所擁有的低融點特性，加熱使其溶融、流動，促使表面的平坦化。

在「合金」或「燒結」中，對矽與金屬佈線之間的接觸點加熱，以確保歐姆接面特性。

在過去，上述各種熱處理均使用**爐管**。然而將矽晶圓裝卸進入高溫達數百～1000度C的爐管過程中，為了避免熱應力誘發結晶缺陷的發生，升降溫均需耗費數分鐘至數十分鐘的時間。

然而，由於半導體元件高精密度的進展，熱處理的時間必須越來越短，而出現能夠取代爐管並進行**快速熱處理**的瞬間熱處理**RTP**（Rapid Thermal Processing）方法。

RTP使用的方法是，利用大量燈管同時對矽晶圓照射紅外線，或是利用雷射光進行掃描，使裝置能夠快速加熱。

使用RTP，能夠以秒為單位，完成數百～1000度C的高溫處理過程，使得極薄pn接面及極薄氧化膜（$SiO_2$）的形成變得可能。

▶晶格間不純物質（interstitial impurity）　添加在矽的導電型不純物質，存在於由矽原子結合而成的晶格之間。不具電氣上的活性。

## 圖 4-15-1　熱處理製程的代表範例

| 熱處理之製程名稱 | 製程內容 | 處理內容及目的 |
|---|---|---|
| 活性化 | 離子注入後 | 為了使注入到矽的導電型不純物質離子達到電氣活性化，利用熱能搖動晶格，將晶格點一部份的矽原子置換掉。 |
| 不純物的擴散 | 不純物添加後 | 將離子注入或是擴散到矽的導電型不純物，在惰性氣體（氮、氬）中進行高溫處理，將不純物導入並使之再分佈，以使輪廓產生變化。 |
| 再溶融 | 低溶點矽<br>玻璃成長後 | 利用添加磷（P）或硼（B）或者兩者皆有的矽氧化膜玻璃（PSG、BSG、BPSG）所擁有的低融點特性，加熱使其溶融、流動，促使表面的平坦化。 |
| 合金 | 金屬佈線形成後 | 加熱以確保矽與金屬佈線之間的歐姆接面。 |

## 圖 4-15-2　RTP（快速熱處理）的範例

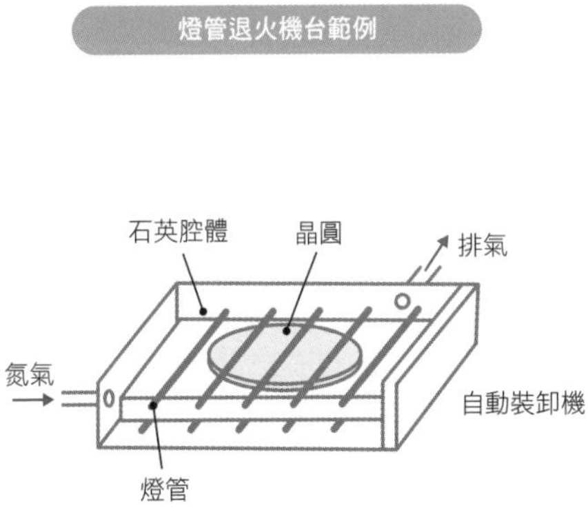


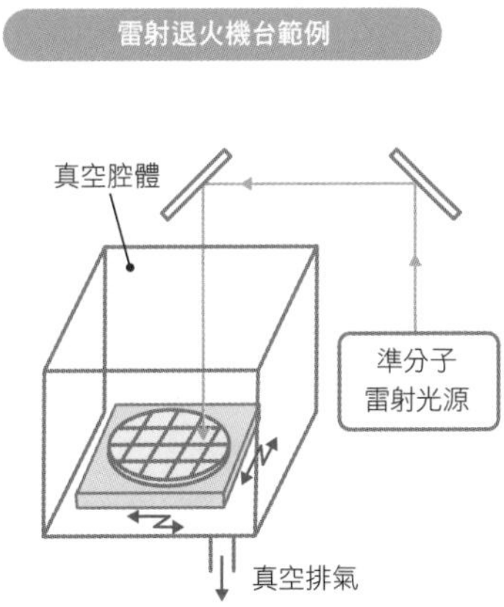






▶置換型不純物質（sustitutional impurity）　添加在矽的導電型不純物質，能夠將晶格點上的矽原子置換掉。具電氣活性。

專欄

# 超純水、光阻、光罩等主要製造商

在此對於半導體製造上的主要材料，包括超純水、光阻、光罩主要製造商進行介紹。

## ❶ 超純水製造商

超純水被使用在洗淨後的晶圓沖洗、藥液的稀釋、製造設備的冷卻水等各種不同的地方。超純水的主要製造商有，栗田工業、Organo Corporation、Nomura Micro Science Co., Ltd.等。

這些製造商提供能夠將工業用水、地下水、河水等來源的天然水轉換為超純水的製造系統。

## ❷ 光阻製造商

將光罩上的圖樣轉印到晶圓時，所需要的感光性樹脂（光阻）的主要製造商有，日本的JSR、東京應化工業、信越化學工業、住友化學、Fuji Film等。此外，海外製造商則包括，Dow Chemical（美國）、Kumbo Petrochemical（韓國）等。

同樣是光阻，亦有使用光源的ArF浸液、ArF、KrF、i線／g線等差異。

## ❸ 光罩製造商

在曝光機上將光罩圖樣進行轉印的光罩，其主要製造商有，凸版印刷、日本印刷（DNP）、HOYA等，此三家共占有世界市場的60%左右。海外製造商包括，Photronics, Inc.（美國）、DuPont（美國）、台灣光罩股份有限公司（台灣）等；部份半導體廠將光罩在內部自行生產，例如Intel（美國）、TSMC（台灣）、Samsung（韓國）等均自行生產製造光罩。

# 第 5 章

# 檢驗、篩選錯誤與出貨

Section 01

# 如何篩選不良品？

## ——檢驗為檢驗製程基本

在半導體的製造過程中，許多的製程階段均會完全進行檢驗，在此謹針對完成包裝之後的「**產品檢驗工程**」來進行了解。

後段製程完成後、並完成包裝的產品，為了確保可靠性，將進行高溫、高電壓的條件等驅動，使初期故障極早發生而除去之。這種測試方法稱為「**通電燒機**（burn-in）」，或稱為**BT**（Bias Temperature）**測試**。

### ▼動態、靜態測試兩者皆進行

在通電燒機系統中，如圖5-1-1所示，裝置有擁有高溫槽的燒機裝置、用來搭載包裝產品的燒機用基板、拿取用的包裝插拔機等。

通電燒機系統除了有能夠控制溫度的高溫槽，還有能夠放入數千個半導體產品並且將之驅動、監控用的測試機功能的數十枚的燒機用基板。燒機用基板有許多專用的接口，以稱為插拔機的自動拿取機器人來對包裝半導體進行插拔測試。

針對邏輯類半導體的燒機，僅以在高溫狀態下加以一DC直流電壓而不使其電路作動的「待機燒機」為普遍。

但針對記憶體類的半導體，則是在高溫狀態下除了加以一DC直流電壓外，還加一AC電壓訊號使其作動，進行「動態燒機」。此外，也有一種除了動態燒機之外，還發展成擁對輸入端子加以clock訊號，一邊使內部電路作動，一邊監控並判定輸出端子狀態的「監控燒機」。

再者，還有將監控機能進行發展，使能一邊加以電壓一邊分別在高溫與低溫下儲存一段時間後，進行簡單的特性測試，重覆多次以降低測試機的負荷的測試燒機。

圖5-1-2所示，為代表性的記憶體產品DRAM的包裝檢驗製程的範例。在此範例中，監控燒機及測試燒機的兩者均能適用，此後以高溫及低溫進行篩選，並依照產品規格進行入庫檢驗。

到此為止的檢驗均為**所有檢驗**。入庫後的產品在出貨之前進行抽樣檢驗的「出貨檢驗」中，損傷、髒汙，引線形狀、油墨印刷狀態等外觀檢驗外，還會進行**導電性測試**。

▶DC　Direct Current的簡寫。直流電。
▶AC　Alternating Current的簡寫。交流電。

### 圖 5-1-1　燒機系統的範例

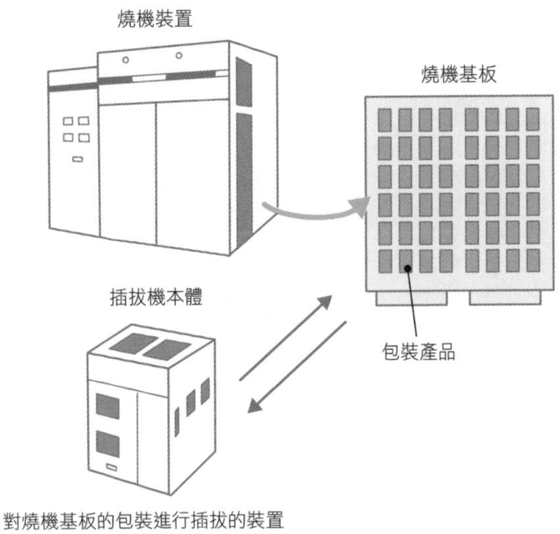


### 圖 5-1-2　DRAM 包裝檢驗製程的範例

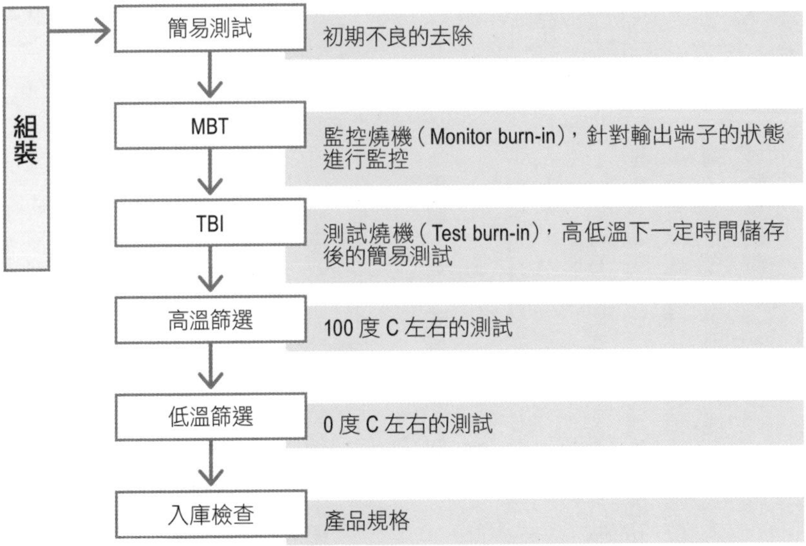




▶導電性測試　依照各別的產品規格進行，針對「輸入輸出電壓及電流」、「電路機能」、「消費電力」、「動作速度」等各種項目進行的電氣測試。

Section 02

# 包裝前出貨的KGD（良品晶粒）

## ——MCP所需要的裸晶

半導體通常需先收納，依產品規格接受各種檢驗，判定為良品者才能出貨。相對來說，**KGD**（Known Good Die，良品晶粒）如同其名，指的是具有品質保證的「**裸晶**（bare die）」。這是在包裝前的裸晶狀態，就已排除導電性及可靠性方面的不良，並被半導體廠商以良品出貨的半導體晶片。裸晶亦稱裸片。

KGD的供應，除了將半導體裸晶直接打件在印刷電路板上的裸實裝外，還有特別是在需要將多個半導體裸晶裝載在一個包裝內的狀況下，是不可或缺的。若各個晶粒未事先經過良品篩選，當所有半導體裸晶均裝載到包裝內，其中任一晶片的不良，將拖累其他良品，導致低良率、高成本的後果。

此類將多個半導體裸晶裝載在一個包裝內的包裝或該方法，稱為**MCP**（Multi Chip Package）。以下說明幾個具代表性的MCP範例。

**①平置型（side by side）**

圖5-2-1顯示其一例。此型MCP具有散熱性及可靠性上的優點，但在包裝的小型化，也就是在印刷電路板上的實裝密度觀點來看，較次項要說明的垂直式堆疊型來得差。

**②垂直式堆疊型（chip stack）**

圖5-2-2顯示其一例。在垂直式堆疊型中，多的晶片之間夾有墊片，形成三次元的積層構造，各晶片電極及包裝電極間以銲接連接之。此型的MCP於包裝小型化及實裝密度上具有優勢，但散熱性較平置型來得差。此外，為了抑制包裝的高度，以提升垂直方向的實裝密度，也必須同步抑制晶片的厚度。故需要在晶片的背面研磨工程中，研磨成數十微米以下的厚度。

**③平置、垂直式堆疊混合型**

在一個包裝中，同時混有平置型與垂直式堆疊型的MCP構造。

對KGD而言，需要在晶片狀態進行電氣測試，並將可靠性的初期不良問題剔除，故必須進行燒機測試。KGD專用的燒機測試，需要特殊的載具及接口。

▶MCP　相對於SOC（參考最終章）指的是完整的所有機能在一個晶片上實現，MCP指的是完整所有機能在一個包裝上實現。

## 圖 5-2-1　平置型 MCP 的範例

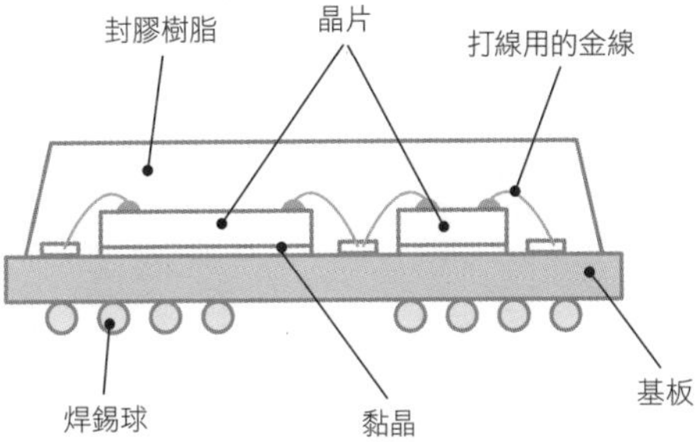


也有平置晶片（晶粒）在三個以上的狀況。例如 Dual Core（雙核心）或 Triple Core（三核心）的處理器等。

## 圖 5-2-2　垂直式堆疊型 MCP 的範例

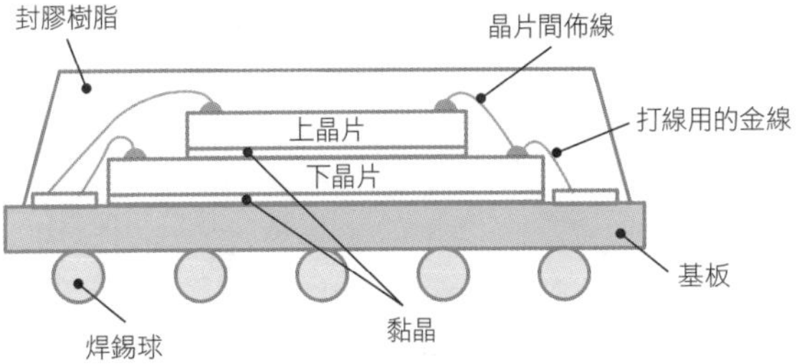


另有垂直式堆疊晶片在三個以上的狀況。例如 MPU 及記憶體、SRAM 及快閃記憶體等積層結構。

▶MPU、SRAM　MPU是電腦的心臟部分，可將CPU的功能在一個半導體上實現。SRAM是一種記憶體，比起DRAM較為昂貴，但因為不需要定期刷新，可以高速動作，故主要用在快取記憶體等。

# 半導體的樣品

## ——從開發階段到量產階段的樣品種類

半導體製造商供應使用者的半導體樣品，有幾種不同的種類（圖5-3-1）。如5-3-2所示，樣品可大致分別為開發時期跟量產時期兩種。

### ①開發時期的樣品

從半導體的設計、試作、量產化的期間，所作出的開發階段時期的樣品，可以分別為下述三種。

- **DS（Design Sample，設計樣品）**

指的是半導體導電性驗證尚未進行的階段的樣品。亦稱為最初的樣品（first sample）。若搭載不能作動的晶片，或是不搭載晶片僅供作實裝性的評估及檢討的狀況，亦可稱為**MS**（Mechanical Sample，機構樣品）。

- **ES（Engineering Sample，工程樣品）**

指的是功能評估用的樣品，能夠以此進行某一程度的操作確認，但在特性及可靠性方面可能會發生問題。

例如CPU的工程樣品，主要供機器製造商針對新開發的CPU進行搭配的電路設計為目的。也就是說，依新開發的CPU的供成樣品，進行電腦的主機板的設計，以完成產品。此時，工程樣品已包括了次世代的CPU的架構，使用者能夠將工程樣品做為先進技術的展示品。

此階段的CPU還有bug，機器製造商若發現bug可向半導體製造商回饋，促使CPU的進版。隨著改版的過程，新版的CPU會被配送到機器製造商手中。工程樣品有償及無償的提供方式。

- **CS（Commercial Sample，商業樣品）**

已經完成操作確認及可靠性評估的樣品，依此能夠進入量產。理所當然的，這個階段的樣品為有償樣品。

### ②量產時期的樣品

產品經量產化，根據使用者的需求，而由半導體製造商提供各種樣品。特別是使用者要拿來進行可靠性實驗的樣品，又稱為**QT**（Quality Test）**樣品**。

▶Bug　原本指「蟲」的意思。意指電腦程式的錯誤及缺陷。

圖 5-3-1　從設計到製造的開發流程的範例

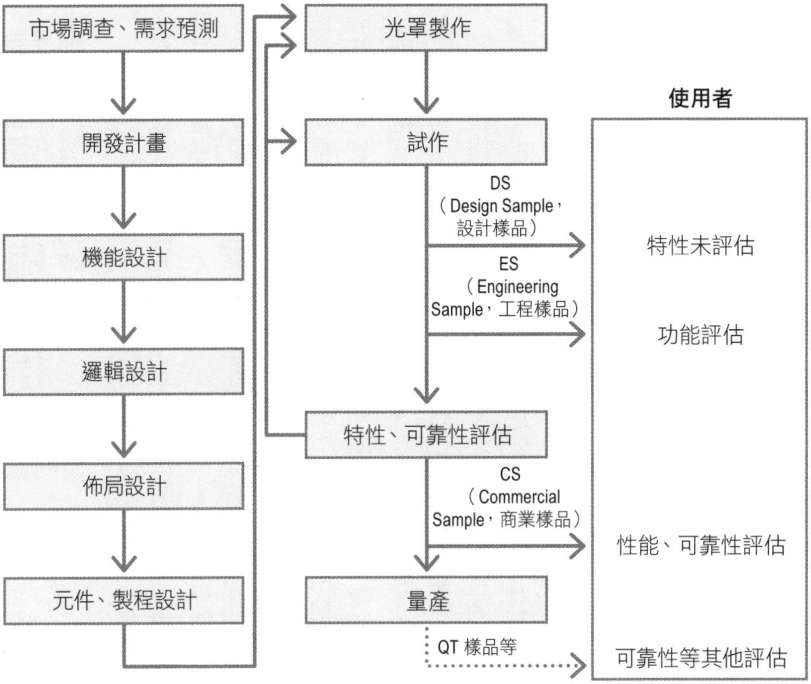


圖 5-3-2　半導體樣品的種類與主要的功用

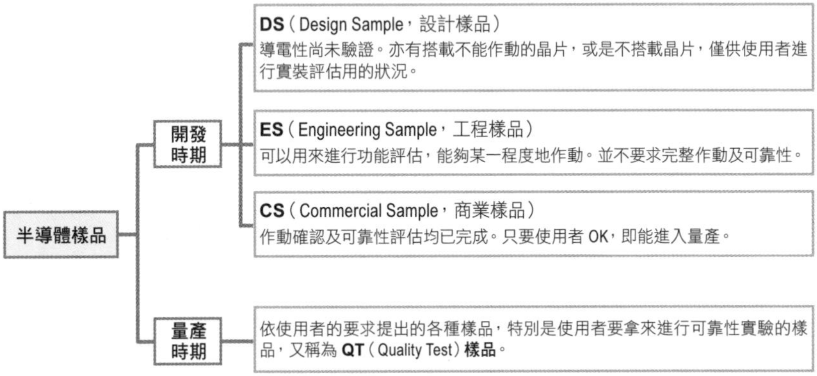




▶主機板（motherboard）　亦稱為主板（mainboard）。意指搭載了CPU及記憶體等主要半導體，為電腦心臟部位的板子（印刷電路板）。

Section 04

# 可靠性實驗與篩檢
## ——加速實驗可預測壽命

在半導體出貨前，必須完成各種可靠性實驗及篩檢。

**可靠性**（reliability）定義為，「部件或系統在使用條件下，在事先設定的期間中，能夠正確地發揮其機能的性質」。針對半導體（半導體）的可靠性的定量標準為「故障率：λ」。故障率（failure rate），「在某個時間點之前均正常操作的半導體，在之後的使用單位時間內發生故障的比例（**FIT**）」來表示之。此計算結果代表了單位時間內發生故障的機率，下式成立。

$$1FIT=1\times10^{-9}/小時$$

也就是說，1FIT為每10億小時發生一次的故障率。

### ▼操作時間及故障曲線之間的關係

圖5-4-1顯示的，是將半導體的故障率（λ）對操作時間做圖得到的「**故障曲線（浴缸曲線）**」。半導體一般的目標值為300FIT，常用故障率為100FIT左右，但在車載等特殊應用中則會有更嚴格的標準。

此圖的操作時間較短的區間「**初期故障**」，是為製造工程中潛在的缺陷，經由使用的壓力而發生劣化，隨著時間的經過而大幅減少。操作時間較長的區間「**磨耗故障**」是為因磨耗或者疲勞而到達半導體的壽命，故障率隨時間越長而快速增加。兩者之間的操作時間「**偶發故障**」是為剔除初期故障期間後，高品質的半導體能夠安定操作的期間。此期間發生的偶發性故障，會隨操作時間的增加而逐漸減少。此區間發生的故障除了初期故障的殘存部分，還包括了因突波或可改正錯誤所造成。

例如100FIT的故障率，100個相當於一萬小時（1.1年）發生一個、1000個則相當於1000小時（1.4個月）發生一個。這樣一來實驗數量及時間都過於龐大，成本也太高。

為了確保可靠性，必須將半導體以電壓、電流、溫度、濕度等相較於正常使用狀況下更為嚴格的加速條件，來進行加速實驗，用以預估壽命。

由此種加速實驗結果，推估實際使用條件下的可靠性，除了需要可靠性理論及統計手法，還需要大量數據來加以驗證。

▶突波（Surge）　電流或電壓瞬間增大的狀況，或是該瞬間增大的電流（電流突波）或電壓（電壓突波）本身。形成原因除了雷擊之外，還有充電電容發生短路等。

## 圖 5-4-1　故障曲線（浴缸曲線）

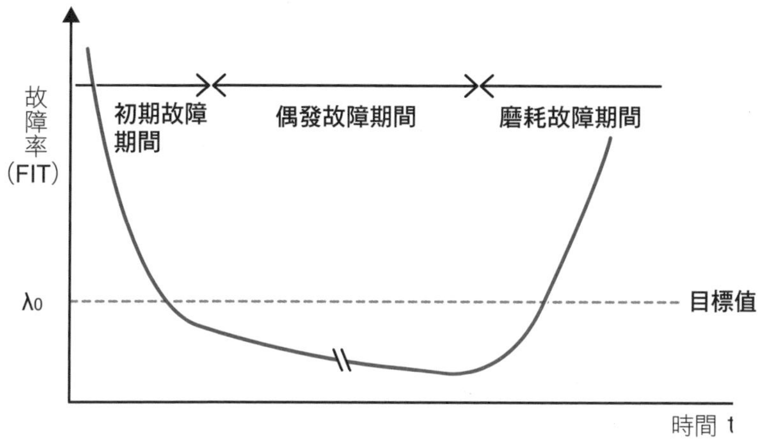


**初期故障期間**：初期潛在不良，隨著使用時間的增加而減少。

**偶發故障期間**：剔除初期故障期間後，高品質的半導體能夠安定操作的期間。此期間發生的偶發性故障，會隨操作時間的增加而逐漸減少。

**磨耗故障期間**：經歷過長時間的操作後，因磨耗與疲勞而發生的故障，隨著時間會急遽增加。

## 圖 5-4-2　可靠性實驗的主要內容以及具代表性的條件

| 實驗的種類 | 代表性的條件 |
|---|---|
| 高溫實驗<br>（BT: Burn in Test） | 溫度：125 度 C、150 度 C |
| 高溫儲存實驗<br>（HT: Hight Temperature） | 溫度：150 度 C、175 度 C |
| 高溫高濕實驗 | 溫度：85 度 C、濕度：85% |
| 壓力鍋實驗 | 溫度：125 度 C、濕度 100%、壓力：2.3 大氣壓 |
| 熱循環實驗 | 焊錫耐熱、溫度循環、熱衝擊 |
| 機械循環實驗 | 震動、衝擊、定加速度 |





▶可改正誤差（Soft Error）　在DRAM等記憶體內，因阿法射線或中子射線，而造成非破壞性記憶內容喪失的現象。

# 同樣規格的不同操作速度

## ——高規格積體電路以檢驗製程區分

相當於電腦心臟部分的「中央演算處理裝置」（**CPU**：Central Processing Unit），與顯示3D圖形必要的計算相關處理「圖形處理裝置」（**GPU**：Graphics Processing Unit）晶片，經常以操作速度的差異來進行**等級篩選**。操作速度越快者，可標示為高規格，並可以更高的價格來銷售。

此種速度分類，是對於同一種設計（同一個光罩）、由同一個製程生產出來的半導體，在檢驗製程處以操作速度篩選分別。

一般來說，CPU及GPU的LSI構造中，許多MOS電晶體以佈線連接起來，如表5-5-1所示，其操作速度則由佈線連接的狀況決定。

$$I_D=\frac{W}{L}\mu C_O\left\{(V_G-V_{TH})V_D-\frac{V_D^2}{2}\right\}$$

各符號分別代表的意義：

W：通道寬度　L：通道長度

μ：電子或電洞的遷移率

$C_O$：單位面積的閘極電容量

$I_D$：汲極電流　$V_D$：汲極電壓

$V_G$：閘極電壓　$V_{TH}$：閾值電壓

### ▼變異量導致操作速度的差異

由上述公式可知，即使使用同樣的光罩來生產，因W或L的尺寸或閘極絕緣膜的厚度不同，將造成$C_O$值在製造規格內產生變異，變異的結果將造成I－V（電流－電壓）特性的變異。

再者，佈線的寬度及尺寸大小甚至是厚度，也會在規格範圍變異，結果將導致佈線延遲量也產生變異。兩者效果相乘之下，導致CPU或GPU的產品也會有操作速度的差異。然而，這個問題牽扯非常多個MOS電晶體及所有佈線的整體問題，參數的組合對於操作速度會有明顯的影響，是非常微妙的問題，等於是一種「聽天由命」的狀況，故希望託付在篩選製程上。

經過等級篩選，則依速度區分，並進行印字，製程順序與一般半導體不同，必須將印字製程安排在篩選製程之後。

▶閾值電壓（$V_{TH}$）　MOS電晶體中，逐漸提高閘極的絕對電壓時，源極跟汲極之間電流開始流通時的閘極電壓值。

## 圖 5-5-1　LSI 的操作速度

**操作速度** ＝ **MOS電晶體的能力** ＋ **佈線的訊號延遲**

- **MOS電晶體的能力**：電晶體的趨動能力
電流（$I_D$）－電壓（$V_D$）特性
- **佈線的訊號延遲**：佈線的電阻（R）及電容（C）
延遲的時間常數 $\tau = R \times C$

## 圖 5-5-2　MOS 電晶體的構造以及「電流－電壓」特性

**n 通道 MOS 電晶體的構造**

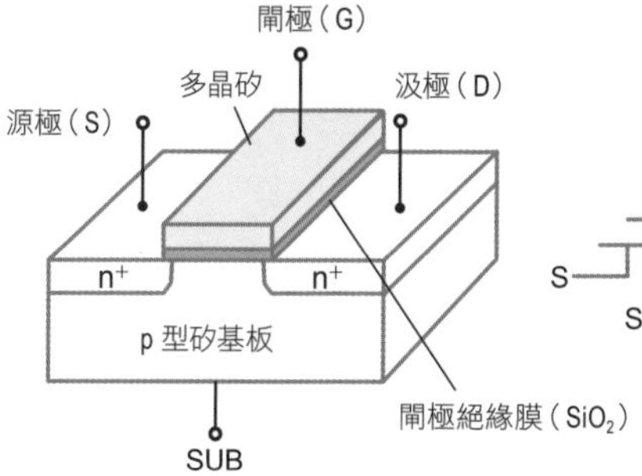


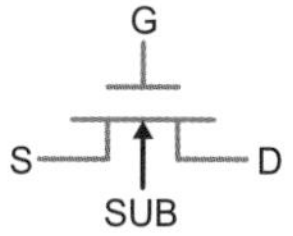


p 型矽基板的表面附近有 n 型的源極區域及汲極區域，兩者之間的基板表面上有一閘極絕緣膜，上面有多晶矽形成的閘極電極。

**n 通道 MOS 電晶體的「電流－電壓」特性**

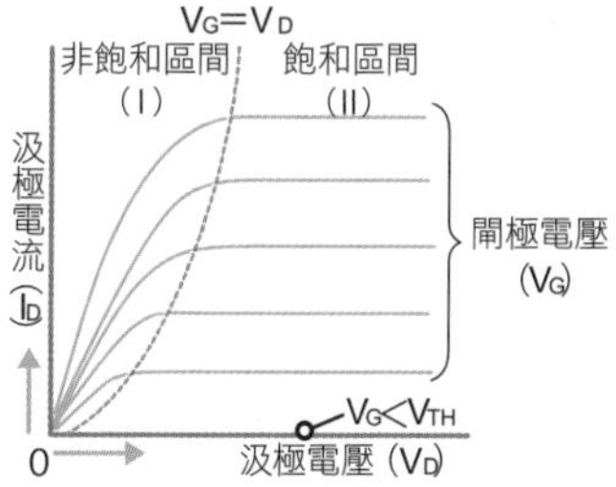


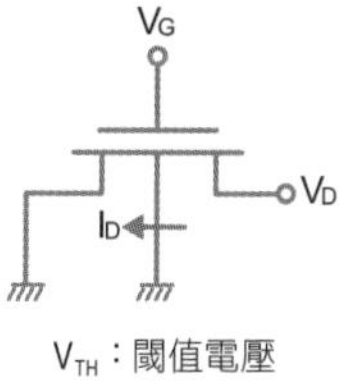


$V_{TH}$：閾值電壓

$$I_D=(W/L)\mu C_0\{(V_G-V_{TH})V_D-V_D{}^2/2\}$$

- W：通道（channel）長度
- L：通道（channel）寬度
- d：閘極 $SiO_2$ 膜厚
- μ：遷移率。電子遷移率（n- 通道 MOS）、電洞遷移率（p- 通道 MOS）。
- $C_0$：每單位面積的閘極電容量
- ε：$SiO_2$ 的介電常數
- $I_D$：汲極電流
- $V_D$：汲極電壓
- $V_G$：閘極電壓



▶變異量　在先進的MOS-ULSI中，尺寸大小的變異量通常被控制在±5%以內。

# 半導體出貨、包裝的注意事項

## ——出貨給客戶的三種收納盒

將半導體出貨給客戶時的**包裝**需要注意各種狀況。特別是，避免外來衝擊或震動而需求的機械強度、避免靜電破壞而需求的抗靜電對策、避免水氣入侵造成腐蝕而需求的防潮性等。

半導體的包裝方法視包裝型式的不同而有差異，故在此針對三種收納盒進行說明。

### ①彈匣型

多用於從包裝兩側長腳的半導體的收納上，如圖5-6-1所示，將半導體收納於細長型的彈匣中。彈匣及兩側的擋塊，均使用表面塗有抗靜電液的氯乙烯材質。將此彈匣收集後一起收納至內裝箱。

此外，對於濕度很敏感的表面實裝型包裝，必須將收集起來的彈匣用防潮包裝袋包起後，才能放入收納箱。

### ②盤型

多用於從包裝的四側及下側全面長出腳的樣式的半導體的收納上，如圖5-6-2所示，將半導體排列於具有導電性的塑膠製盤上，數片的盤之間夾入導電泡棉間隔材後，收納至內裝箱。

此外，在需要特別留意吸濕問題的狀況下，必須將收集起來的盤先用防潮包裝袋包起後，才能放入收納箱。

### ③凹凸膠帶型

多用於小型、薄型包裝的半導體的收納上，將半導體貼覆於纏繞在捲筒上、進行凹凸處理後的導電性膠帶上，並在其上貼附覆蓋用膠帶。將此膠帶放入內裝箱。

如上述這般，將收納了半導體的內裝箱，與放置於外裝紙箱時必須的填充材等一起裝入外箱，即可對客戶出貨。外裝箱上通常會標註「注意靜電處理」、「注意易碎品」、「注意漏水」、「請勿倒置」等標語。

再者，在特別考量惡劣的運送環境時，亦會使用真空包裝或密閉容器。

▶凸包（emboss） 在片狀物品上進行表面凹凸加工後的東西，或是其凹凸構造。

## 圖 5-6-1　彈匣型

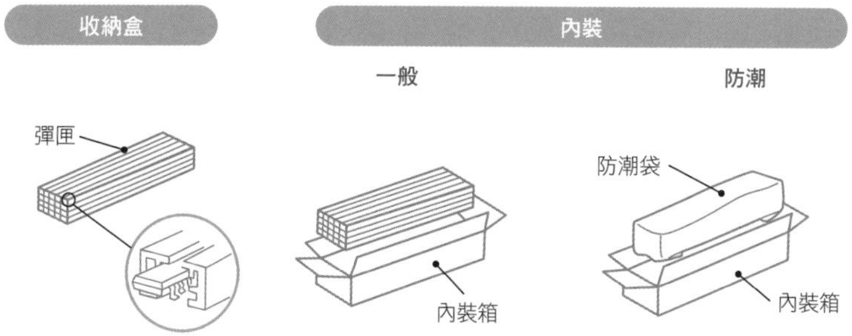


## 圖 5-6-2　盤型

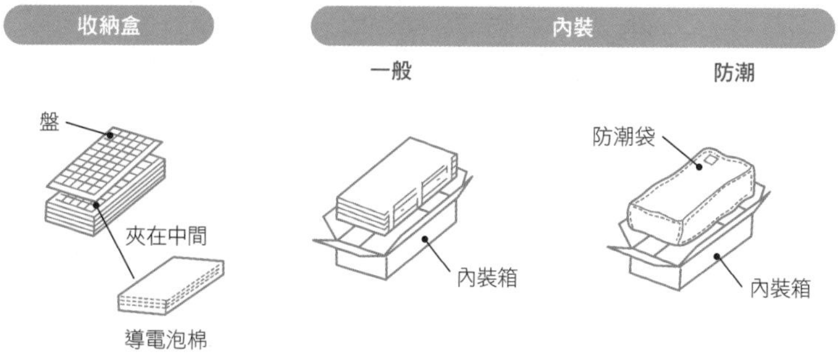


## 圖 5-6-3　凹凸膠帶型

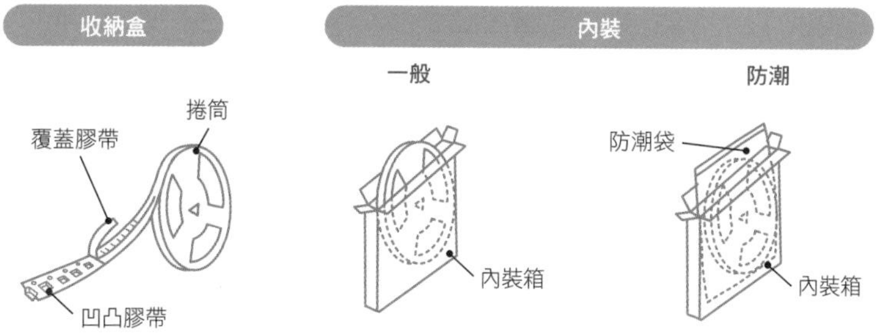




▶導電泡棉　由胺基甲酸酯或矽氧樹脂製程，有各種不同的種類。

# 透過半導體公司銷售與直接銷售

## ——半導體公司＝銷售代表＋配送商

半導體製造商所生產的半導體，是如何交到使用者手上的呢。

### ▼在美國，透過三個路徑銷售

在美國等國家通常有三種銷售路徑。「**直接銷售**」如同字面意思由製造商直接銷售給使用者，「**銷售代表**」指的是透過銷售代理人進行銷售，「**配送商**」指的是透過批發配送商業組織的銷售。

此處提及的「銷售代表」，為對製造商進行活動，代替其進行商品的銷售行為的獨立自營型銷售人員；而配送商（distributor）為擁有大量庫存並且進行批發銷售的商業模式，需求技能為高效率的物流。

### ▼日本式的「半導體公司」的定位

相對來說，日本的半導體銷售，以「**直接銷售**」及透過**半導體公司**這類的「**代理商**」兩種銷售路徑為主流。也就是說，日本的半導體公司，必須同時具有美國的業務代表及配送商的功能。

銷售代表必須具備的功能，為稱為**新產品導入**（Design-in）的設計階段對客戶的營業銷售活動，另外配送商則可以利用其所擁有的豐富的庫存及高效率的物流系統，來進行銷售活動。

因此，日本的半導體公司被要求同時具備能進行這兩種活動的功能，一方面為提升其身為銷售代表的功能，需加強其技術能力，另一方面為提升其身為配送商的功能，必須與擁有世界級的巨型網路的大型配送商競爭。

隨著半導體技術的進步，半導體公司具備系統化程度的高度知識，以能進行新產品導入活動，此部分人材的培養及確保，是一個重要的課題。此外，能夠代理日本製造商產品的半導體公司，通常為僅代理特定製造商的產品的特約店型式，故多為製造商的子公司或系列企業為主。

因此，半導體公司一方面具有能處於半導體製造商庇護下的優勢，另一方面也有因與製造商互為命運共同體而形成的劣勢。

▶物流（logistics）　在企業活動裡運用後勤學（見次頁註解），對於物資的流通等，進行高效率綜合管理的系統。

### 圖 5-7-1　美國的半導體銷售通路

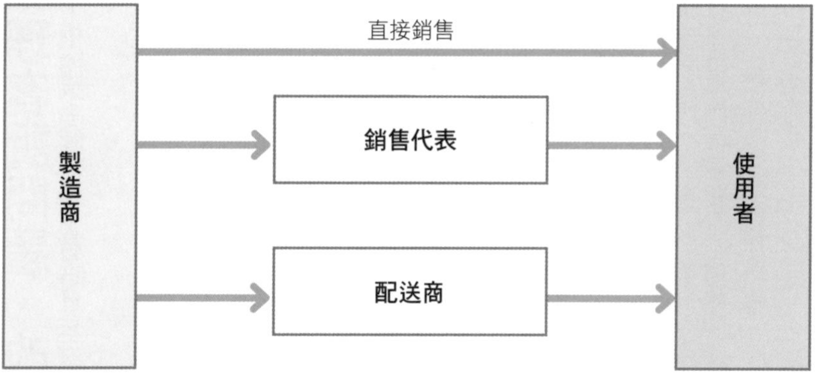


銷售代表（sales representative：Rep）為對製造商進行活動，代替其進行商品的銷售行為的獨立自營型銷售人員，新產品導入為其主要的功能。

配送商（distributor）為擁有大量庫存並且進行小批銷售的商業模式，需求技能為高效率的物流。

### 圖 5-7-2　日本的半導體銷售通路

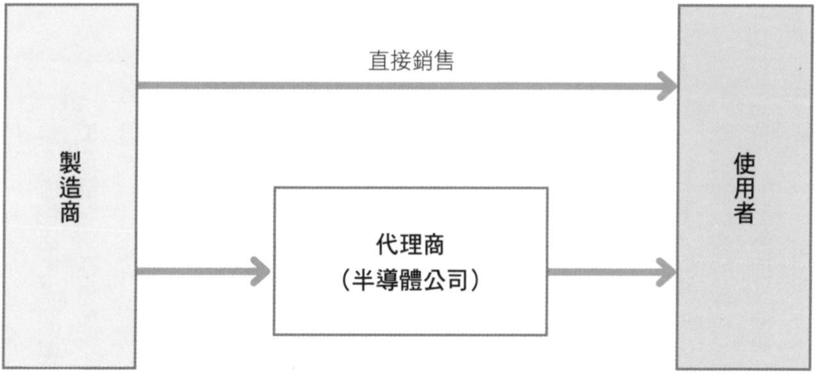


日本的半導體公司，具有美國的業務代表及配送商的功能。多以僅處理某特定製造商的產品這類，特約商店的形式為主流。





▶後勤學　在實際進行作戰的部隊後方，以高效率進行關於車輛、軍需品的運送、補給、修理的研究。

# 處理客訴問題，改善晶片

## ——根據不同狀況，有時甚至需要追溯製造履歷

半導體製造商依據自己公司的品質保證體系，將產品供應使用者。然而使用者在使用的過程中，依然難以避免發生某種機率的不良。因此如何因應此狀況，進行對策呢？

### ▼由品質保證部門對客訴進行調查

如圖5-8-1所示，一般而言，當不良在使用者端發生時，客訴經由半導體製造商的銷售部門進行回饋。銷售部門確認內容確認，將情報傳達給**品質保證部門**，然後接受客訴。

品質保證部門依視狀況，與銷售、技術、製造、採購等部門聯手，針對客訴內容進行詳細檢討。若有必要，亦需要前往使用者端，與對方的擔當者進行討論，以判斷是半導體本身造成的不良，還是使用者的拿取或使用方法造成的不良。

在判斷是半導體本身造成的不良後，或是懷疑是半導體本身造成的不良時，品質保證部門必須主導串連相關部門，進行原因究明、對策措施、預防處理等活動。

### ▼以電子顯微鏡等儀器進行原因分析

承上，由半導體的不良模式的解析，確定不良發生處、或是不良原因，必須快速地進行。

針對電性相關的不良，可以使用測試機等。另外，如圖5-8-2所示，解析、分析用的裝置、儀器，還包括電子顯微鏡（**SEM**、**TEM**）、聚焦離子束（**FIB**）等。

TEM（穿透式電子顯微鏡）可以用來觀察試料內部的形態、結晶構造、組成等；**SIMS**（二次離子質量分析法）可以藉由檢測質量的差異，進行成分定性及定量分析。

### ▼追朔製造履歷

與上述這些活動並行，還必須針對不良半導體的製造履歷進行追朔。藉由確認**印字記號**，可以得知該半導體何時在哪個工廠製造，屬於哪個製造批次等。

依製造履歷的調查結果，從該當製造批次的製造履歷（例如：何時、哪個製程、使用哪一台機台製造等），可將不良的原因範圍縮

▶電子顯微鏡　大致可以分別為，以電子射線打在試料表面，確認其反射像的SEM（掃描型），以及將試料加工薄化，從背面打入電子射線，確認其透過像的TEM（穿透型）兩種。

圖 5-8-1　對應客訴的品質保證體系的範例

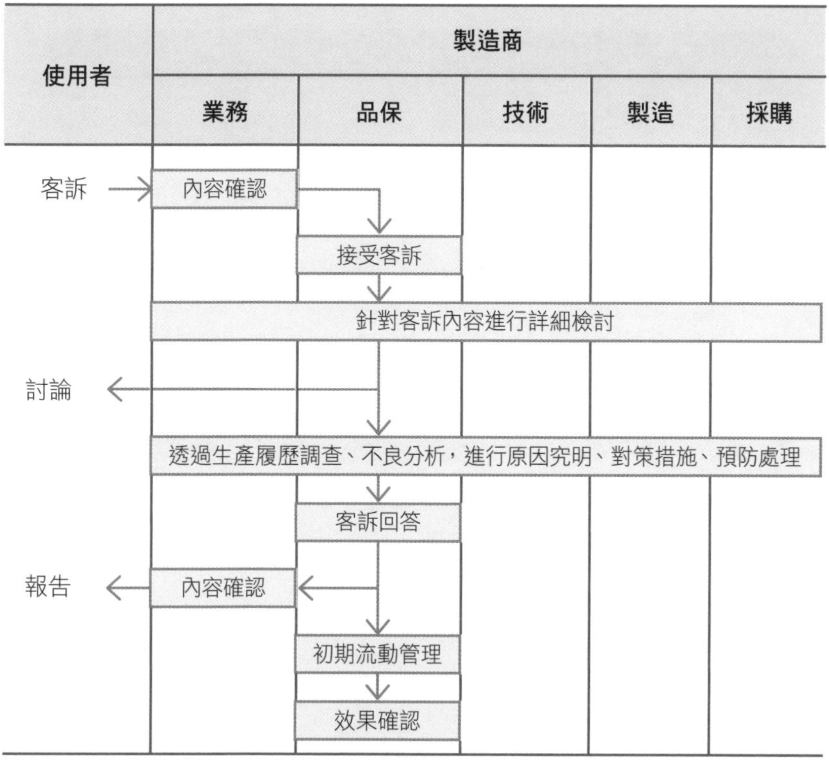


小，甚至可能推定原因。

無論如何，必須仔細確認同一製造批次或是同時期製造的其他批次是否有同樣的不良。若從不良的內容來判斷，可能性很高時，則必須通知同樣一顆半導體有出貨的其他使用者，若有必要則必須針對產品進行召回等對應措施。

當確定了不良原因之後，對使用者回答客訴問題，並實施再發防止對策。經由初期流動管理確認改善效果後，客訴處理便告一階段。這一連串的活動必須以文件記錄，作為案例保存。

半導體製造商不輸汽車製造商，日復一日都在進行改善活動。



▶初期流動管理　在正常恒定生產的產品之外，對於新產品及既定產品的變更，進行期間限定的製造品質特別控管的管理方法。

## 圖 5-8-2　解析、分析用的儀器

### TEM（Transmission Electron Microscopy，穿透式電子顯微鏡）

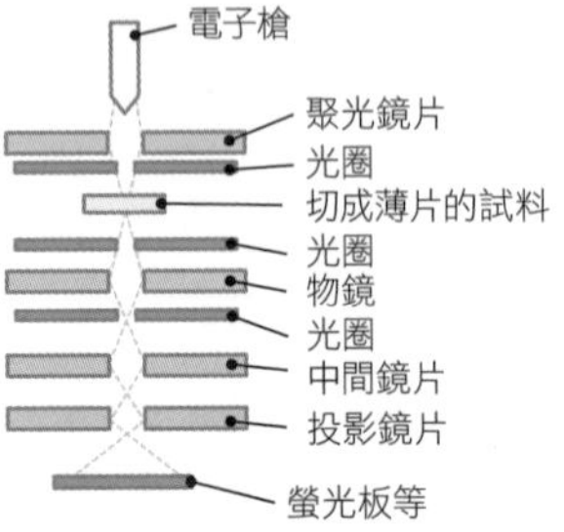


將試料加工薄化，以電子射線照射之，藉由透過電子及散亂電子以放大觀察之。可以了解試料內部的形態、結晶構造、組成等。

### FIB（Focused Ion Beam，聚焦離子束）

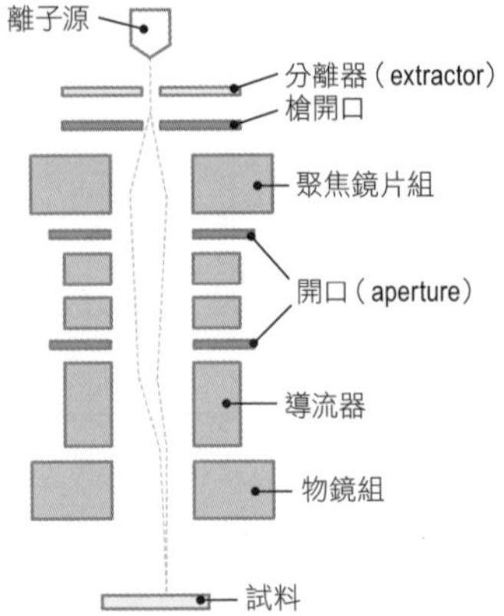


以聚焦至直徑數 nm ～數百 nm 的鎵離子束照射、掃描在試料上，對表面進行部分切削、或是在部分堆積鎢金屬。

### SIMS（Secondary Ion Mass Spectrometry，二次離子質量分析法）

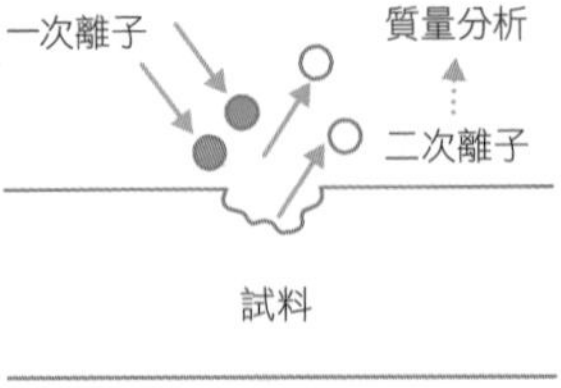


將離子打入試料表面，並檢測從表面反射出來的離子。檢測質量的差異，進行成分定性及定量分析。

▶分離器（Extractor）　將電子「分離」。
▶開口（aperture）　「開口」或「口徑」。

# 第 6 章

# 工廠「默契、原則」
# 與
# 潛規則

Section 01

# 半導體工廠輪班制度
## ——一年365天、24小時全時段稼動

半導體生產線，為了確保潔淨度，無塵室必須24小時全時段稼動。做為對應措施，作業員的勤務制度也調整成「交替制度」、「輪班制度」的特殊形態。

**輪班制度**，顧名思義，指的是勤務時間並不固定，而是每隔一段時間，勤務時間會變化的勤務型態。

依照日本勞基法「每週不得工作超過40小時，原則上每日不可工作超過8小時」規定，並考慮對人類不可或缺的睡眠及休息時間等，有幾種不同輪班制度。

基本上半導體工廠是一年365天、24小時全時段稼動，故輪班制度均從下述兩種方法中擇一實施。

**①四班三輪交替制**

將作業員分為四個班（A、B、C、D），將勤務時間分別為早上六點到下午兩點的「一輪」、下午兩點到晚上十點的「二輪」、晚上十點到隔日早上六點的「三輪」的三個時段。各班的作業員均工作三天休假一天。

圖6-1-1為四班三輪交替制的勤務狀況，例如A班的作業員從週一到週三負責「一輪」，週四休息，週五到週日負責「三輪」，次週的週一休息，週二到週四再負責「二輪」，依此類推循環。此種輪班型態中，假設每一個工作日有一小時的休息時間，則每週的總出勤時間為42小時，總勞動時間為36小時。

**②四班二輪交替制**

四個班依圖6-1-2所示，從早上七點到晚上七點、以及晚上七點到隔日早上七點的兩個時段，進行工作四天休假四天的輪流型態。與①的四班三輪制相較之下，勤務型態的變更較少，說輕鬆是比較輕鬆，但具有每日的勞動時間加長，對肉體上的負擔也較大的缺點。

我所經歷的工廠，實施①的四班三輪交替制。實際上與作業員談論，得到的感想是，雖然有平日能打高爾夫球的優勢，但也有人表示週六日不見得可以休假，與家人的時間經常不能配合，是這種輪班制的缺點。

▶輪　在輪班制裡面的一輪、二輪等，「輪」代表「輪班、當班」的意思。

## 圖 6-1-1　四班三輪交替制

| 時段 | 週一 | 週二 | 週三 | 週四 | 週五 | 週六 | 週日 | 週一 | 週二 | 週三 | 週四 | 週五 |
|---|---|---|---|---|---|---|---|---|---|---|---|---|
| 一輪<br>（6:00 ～ 14:00） | A | A | A | B | B | B | C | C | C | D | D | D |
| 二輪<br>（14:00 ～ 22:00） | B | B | C | C | C | D | D | D | A | A | A | B |
| 三輪<br>（22:00 ～ 6:00） | C | D | D | D | A | A | A | B | B | B | C | C |
| 休假 | D | C | B | A | D | C | B | A | D | C | B | A |

作業員分為四個班（A、B、C、D），勤務時間每日八小時，分別為「一輪」、「二輪」、「三輪」三個時段。各班的作業員均重複工作三天休假一天的工作形態。

## 圖 6-1-2　四班二輪交替制

| 時段 | 週一 | 週二 | 週三 | 週四 | 週五 | 週六 | 週日 | 週一 | 週二 | 週三 | 週四 | 週五 |
|---|---|---|---|---|---|---|---|---|---|---|---|---|
| 一輪<br>（7:00 ～ 19:00） | A | A | A | A | C | C | C | C | B | B | B | B |
| 二輪<br>（19:00 ～ 7:00） | B | B | B | B | D | D | D | D | A | A | A | A |
| 休假 | C,D | C,D | C,D | C,D | A,B | A,B | A,B | A,B | C,D | C,D | C,D | C,D |

作業員分為四個班（A、B、C、D），勤務時間每日十二小時，分別為「一輪」、「二輪」兩個時段。各班的作業員均重複工作四天休假四天的工作形態。



▶輪班制度　班交接需要前後班有重疊時間，在此段時間進行傳達事項、交接事項、聯絡事項的通知與發佈。

# 機器人與磁浮搬送設備
## ——排除人為疏失、提升效率

在半導體的生產線上，使用電腦控制工廠的自動化已經盛行多時。特別是在矽晶圓上做出多數的半導體的前段製程中，透過網路連接到電腦的製造裝置、測試儀器、自動搬送機及機器人等，發揮了很大的功用。

最大目的在於**節省人力**。由於製造半導體所需的複雜作業，是由人執行，不論管理、監控體制再怎麼完整，還是會有一定機率的人為疏失會發生。另外，整個生產線也會受到時間上的制約，將非常難以提升生產效率。再者，人員進行作業時，即使作業員穿著無塵服，還是會成為微量塵埃及不純物質的發生源。

### ▼採取最佳解答而行動

另外，同一產線內同時生產多品項半導體的**混流產線**中，什麼半導體應該製造多少比例的生產組合，以及產線中哪個品項、批次要以較快速較優先的順序去生產之類的優先決定、變更，均需要快速且有彈性的變更對應。

再者，必須能適應產線的各種狀況（包括稼動狀態），隨時摸索出最佳解答並作出選擇。這是為了符合生產量的極大化，以及生產工期極小化，節省成本，確保安全性等目的。

因此，製造裝置必須依循控制整體製程的電腦所下達指令來進行作業。測試結果等成果數據，也會被送到電腦裡，記錄並保存下來。

從晶圓倉庫到生產線的搬運、將半成品晶圓（批次單位）從無塵室內的某一製程搬送到另一個製程（製程間搬送）、或是同樣一個製程內對某一裝置的裝卸載等（製程內搬送）、甚至將完成的晶圓搬送到下一個晶圓檢驗製程等搬送作業，均由自動搬送機或機器人，以幾乎完全自動化的方式達成。

圖6-2-1為BAY方式無塵室內部搬送範例。製程間搬送因距離較長，必須在確保高速性的同時，盡量減少揚塵、震動、噪音等問題，因此以利用磁浮引擎的**天花板搬送系統**為主。至於製程內的地板搬送系統，則多使用**有軌機器人**（**AGV**: Auto Guided Vehicle）或無軌多關節機器人。

▶無軌機器人　無線控制的機器人。

圖 6-2-1　BAY 式無塵室內部搬送系統範例

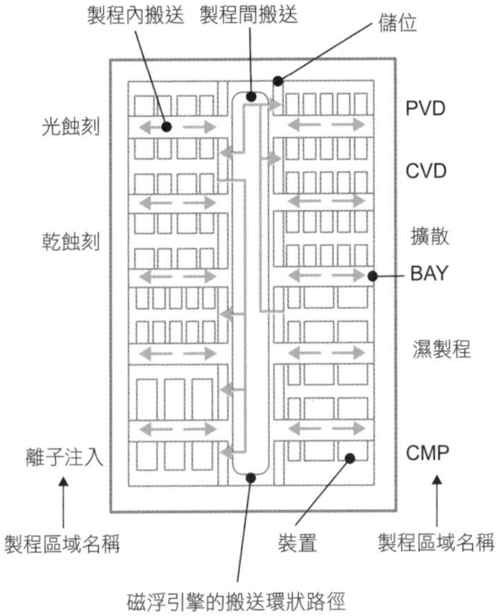


無塵室內部，因製程間搬送距離較長，製程內搬送距離較短，因此有不同的方式。
製程間搬送以「天花板搬送系統」磁浮引擎；製程內搬送則是利用升降機與機器人。

圖 6-2-2　製程內使用的搬送系統

有軌機器人（AGV）

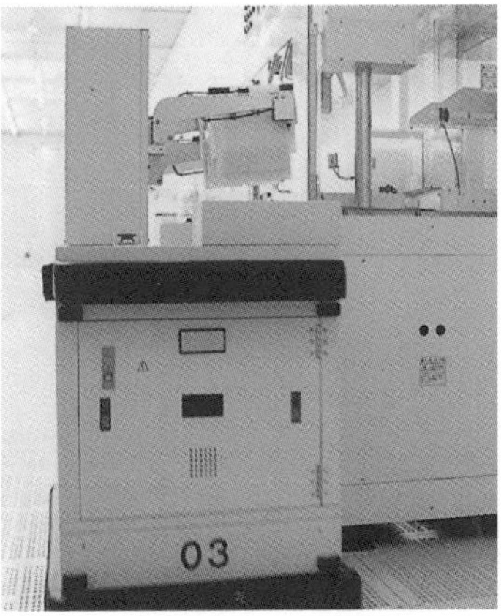


無軌多關節機器人

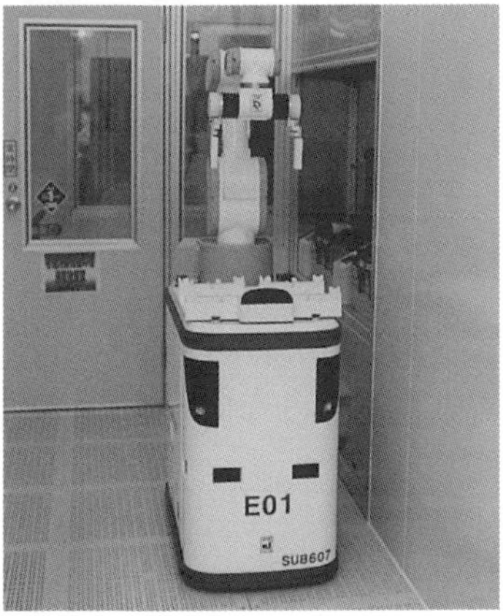






▶儲位（stocker）　暫時儲存保管。無塵室內，在進入下一個製程前，暫時存放半成品晶圓的地方。

# 機台編號指定、群管理

## ——精密機械所產生的個體差異

半導體由各種材料薄膜堆疊好幾層所製成，過程中不斷重複「形成材料薄膜、在光蝕刻製程中藉由光阻將圖案轉印、以該圖案為光罩對材料薄膜進行蝕刻、形成形狀、再度在上面形成材料薄膜、在光蝕刻製程中藉由光阻將圖案轉印等」的製程。

### ▼對位的智慧

在上層材料薄膜塗佈光阻並進行圖案轉印時，相對於下層已經完成形狀加工的材料薄膜圖案，必須進行「**對準**（registration）」。如圖6-3-1所示，下層材料層所形成的對位標誌，與在上層進行光阻塗佈及圖案轉印時的光罩對位標誌之間，必須進行光學對準。

然而，對光阻形成圖案的最新曝光機，具有數十nm水準的高精度，故進行對準時，必須達到數分之一以下的精確度。

面對這種超高精確度的需求，在半導體的生產線上就無法把多台（一般為十台以上）曝光機進行任意組合。當曝光機本身的精確性越高，則因機台不同造成的**個體差異**（**機台編號間差異**）即會發生。舉例來說，當颱風來臨前，氣壓變低，該氣壓變化將造成高精確度機台的光學系統產生伸縮，而導致特性上的變化。

在半導體的生產過程中，通常需要至少二十次以上的曝光作業，而當第一次曝光使用的機台決定了之後，第二次曝光以降，能夠使用的曝光機台編號即一起受限。當然，若從頭到尾都用同一編號的機台進行曝光的「**機台編號指定**」，對準精確度也能達到最高，但這種作法會對曝光機配置產生很大的限制，造成生產率下降。

作為妥協的對策為，可在某條生產線上的所有曝光機，將機台分群為機差較少的幾個群組，在生產某一半導體時僅使用同一個群組裡的曝光機。這種管理方法，經常被使用。這就是所謂的「**群管理**」。

▶曝光機　曝光機中分為步進機及掃描機。nm是$10^{-9}$m、μm為$10^{-6}$m、pm為$10^{-12}$m。

## 圖 6-3-1　步進式曝光機的對準（registration）範例

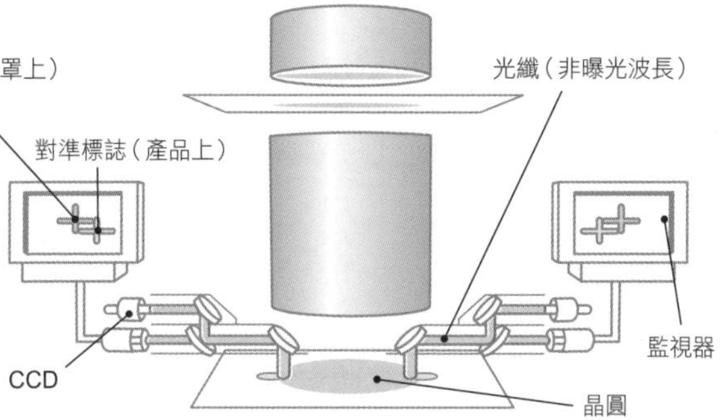


在步進機上進行曝光時，對準下層已經完成形狀加工的材料薄膜圖案上的對準標誌，將光罩上的對準標誌進行「對準（registration）」的動作。

## 圖 6-3-2　步進機的群管理

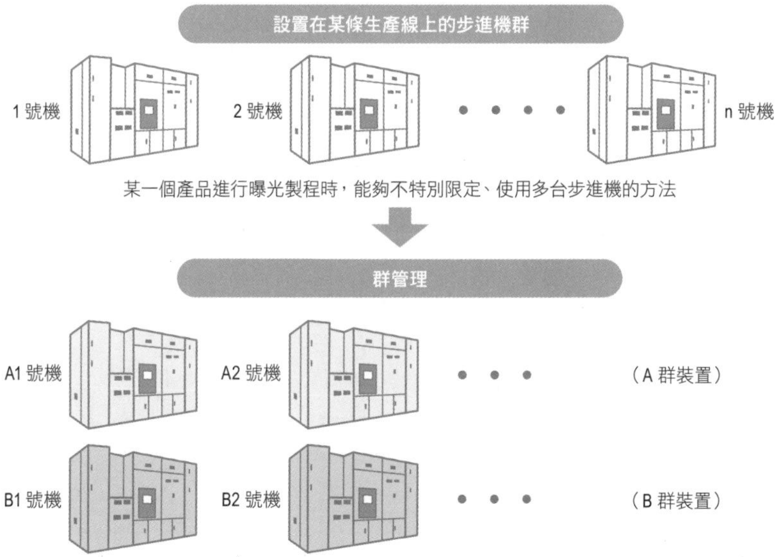


生產某一產品時，僅使用屬於同一個群組、機台間機差較少的步進機的方法。





▶對準　在此指以曝光裝置進行「對準」。將晶圓上的對位標誌與光罩上的對準標誌合在一起進行。此時的精度稱為「對準精度」。

Section 04

# 微粒子扼殺半導體

## ——微塵大小造成的問題

### ▼病毒也會變成殺手級的微粒子

半導體的生產過程使用高精密度的加工技術，故即使是微小的**微粒子**也是良率及可靠性提升的極大障礙。那麼，究竟微塵大小會造成問題嗎。

在半導體設計中使用的最小尺寸，稱為「設計尺寸」或「特徵尺寸」，此尺寸隨著半導體世代的演進而越來越小。其結果是最先進的半導體上，設計尺寸僅有數十nm（圖6-4-1）。

一般而言，微粒子對於構成半導體的元件及佈線要造成影響，只要設計尺寸幾分之一以上的大小，即能造成致命的缺陷。圖6-4-2所要表示的範例，為一將線寬的最小尺寸設計為L、線距的最小尺寸設計為S。

也就是說，與設計尺寸具有同樣大小水準的微粒子，將造成佈線的偏細問題（包括斷線）、以及佈線間的短路問題，造成良率下降，或是初期操作時的可靠性下降的原因。此種尺寸以上的微粒子，又稱為「**殺手級微粒子**」。而在最先進的半導體上，其殺手級微粒子的粒徑僅有10nm以下。

圖6-4-3表列了一般存在於空氣的粒子的大小。由表中可知，除了水分子之外，其他所有的粒子不管有多小，一旦落到半導體上均會變成殺手級微粒子。

也因此在無塵室中，將空氣以**HEPA濾網**或**ULPA濾網**進行空氣過濾清潔。又，HEPA濾網規定必須對於粒徑在0.3μm以上的粒子具有99.97%的清除率。HEPA濾網的濾紙使用直徑1～10μm的玻璃纖維，其充填率約10%左右，構造上形成的空隙大小約在10μm左右。而更高能效的ULPA濾網，則是規定必須對於粒徑在0.15μm以上的粒子具有99.9995%的清除率。

因此，香煙的煙、沙子、杉樹花粉等雖然不會對半導體造成良率或是可靠性的影響，卻會變成無塵室的空氣濾網阻塞的兇手。

### 圖 6-4-1　半導體設計尺寸的變遷

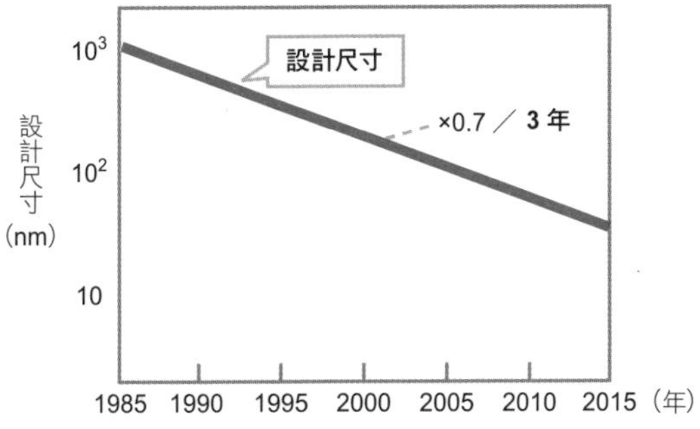


高精密度並非連續性的變化，而是約每三年發生一次，故每三年稱為「元件世代」。因此每個世代變成前一個世代的 7 成大小。

### 圖 6-4-2　佈線尺寸與微粒子尺寸之間的關係

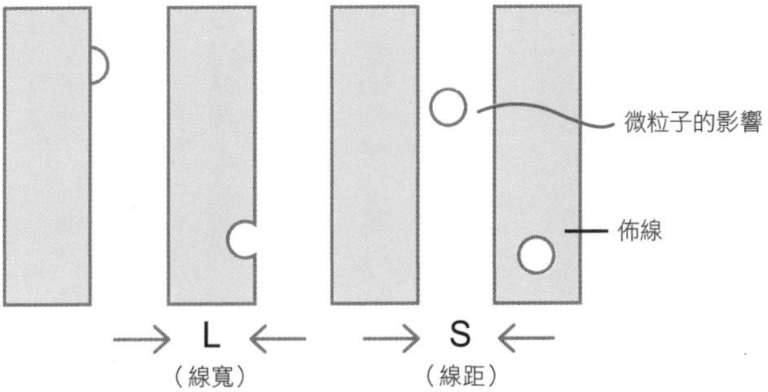


### 圖 6-4-3　空氣中各種粒子的大小

| 粒子（微粒子） | 大小（粒徑） |
|---|---|
| 香煙的煙 | 10nm ～ μm |
| 沙子 | 4 ～ 8μm |
| 杉樹花粉 | 30 ～ 40μm |
| 細菌 | 100nm ～ 80μm |
| 病毒 | 50 ～ 200nm |
| 水分子 | 10Å |

μ：micro（μ）$10^{-6}$
**n**：nano（奈）$10^{-9}$
**Å**：angstrom（埃）$10^{-10}$m





▶殺手級　意指「致命的」。殺手級微粒子，亦指會對半導體產生致命性的影響的粒子。

# CIM的三大作用
## ——實現半導體生產效率與品質提升

**CIM**（電腦整合生產：Computer Integrated Manufactureing）指的是，利用電腦系統，以提升半導體的生產效率及品質的系統。

在半導體的製造過程中，因同樣的製程不斷被重複，且使用在同一製程上的裝置及設備有很多機台等狀況，造成製程的流程非常複雜。此外，在同一生產線上經常有不同製程的產品同時被製造。

因此，產品本身的管理，以及製造裝置、設備相關的管理項目都非常龐大，若不使用CIM進行管理，甚至連半導體本身的生產都無法進行。CIM系統的功能主要可以分成以下三種。

### ①生產控制

將產品批次，從稱為儲位的半成品儲存櫃裡，利用自動搬送機送到下一製程作業的設備處。

在該生產線上流動的半導體所有製程相關的作業條件，均透過電腦以及網路，能夠下載到各個生產設備上，當產品半成品完成，設備將自動根據條件指示預設動作。當作業完成後，設備會將結果報告上傳到電腦中。

接著，產品批次也被搬送到下一個儲位，進行暫時保管。

### ②生產管理

生產管理包括，關於產品的生產計畫及作業計畫的日程管理、在生產線上流動的產品批次作業相關的**優先程度**決定（特急、急行、普通車等批次分別）及進度管理、各製程的半成品的狀況管理、設備管理（稼動、條件設定、試產、點檢、維修、故障）等。

### ③品質管理

日常需持續管理的所有項目，包括統計製程管理、藉由數據的變化來進行預防保全的傾向管理、以及針對技術數據的統計解析等工作。

下一節將針對管理詳細說明。

將製造工程的每一個確認站點所收集的龐大數據，利用電腦進行統計上的處理、判斷，檢驗異常並對應之，同時針對異常原因進行究明並迅速地執行對策，以達到確保高良率及安定品質的作用。

▶CIM　導入某生產線內的各種製造裝置及檢驗裝置，必須全部連接到CIM，故需要介面的標準化。

### 圖 6-5-1　半導體工廠的 CIM 概念

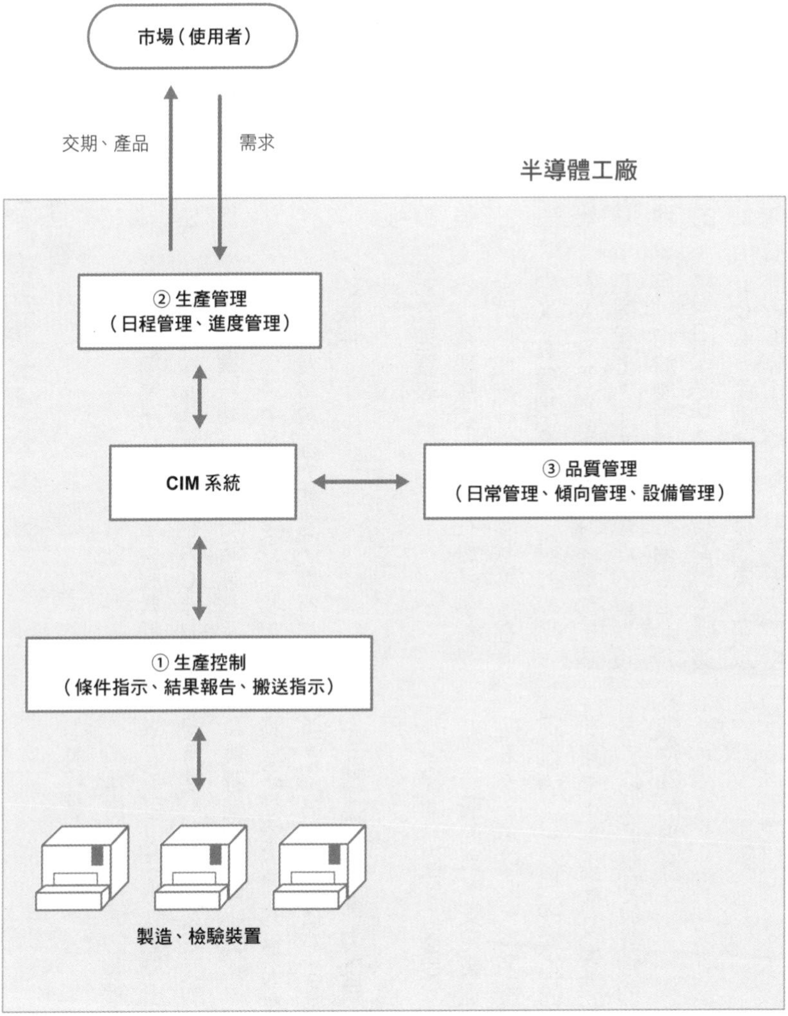




▶進度管理、日程管理　近年來已經出現部分可以由使用者的終端系統看到自己公司產品進度的半導體工廠。

Section 06

# 工程管理的統計數據支持

## ——安定產品實現並造就品質

### ▼統計上的製程管理SPC

**統計上的製程管理方法**（**SPC**：Statistical Process Control）指的是，利用統計方法，從設計階段到製造階段，實現安定的產品及品質的造就。

為了達到安定的產品特性，必須考量製造階段的變異量，並從設計上下一些功夫。此種設計稱為**強韌的設計**（robust design）。

另一方面在製造上，必須將主要製程上的製程變異進行監控並管制在依定範圍，並回饋到改善活動裡。為此，在管理上必須恆常性地利用管理圖表，來監控製造製程的變異及漂移，以及基於製程能力指數的製造安定性。

如前節所述，這些製程數據及設備數據必須被一併納入CIM系統內，進行統計上的分析處理。以下針對SPC的具體手法，以及管理圖表及製程能力指數，進行具體的說明。

**①管理圖表**

管理圖表目的，在確認製程是否仍然在統計中的管理狀態，在此舉**X-R管理圖**為例，進行說明。在X-R管理圖中，在某產品的主要製程上，所有必須管理的重點項目，均繪製有規格中心值CL、規格上限值UCL、規格下限值LCL。由數據的推移傾向，可以及早發現規格不符、甚至是製程本身的變化狀況。

**②製程能力指數**

藉由某一期間的製程數據及規格值，可以在統計上算出該製程的安定度。顯示此安定度的指標，稱為**製程能力指數**（**Cp**）。設某一期間某管理項目的最大量測值為Xmax、最小量測值為Xmin、標準差sigma，則製程能力Cp可由下式表示。

$$Cp = (X_{max} - X_{min}) / 6\sigma$$

一般而言，安定製程的Cp必須在1．33以上。為了達到製程安定目的，針對Cp較小的製程，需要藉由生產設備及製造條件等改良，以及回饋到設計端的動作，來進行Cp的提升。

▶UCL　並非指某產品的允許上限值，而是指為了管理該製程的管理上限值，故容許上限值≧管理上限值是理所當然的。

## 圖 6-6-1　管理圖表（X-R）的範例

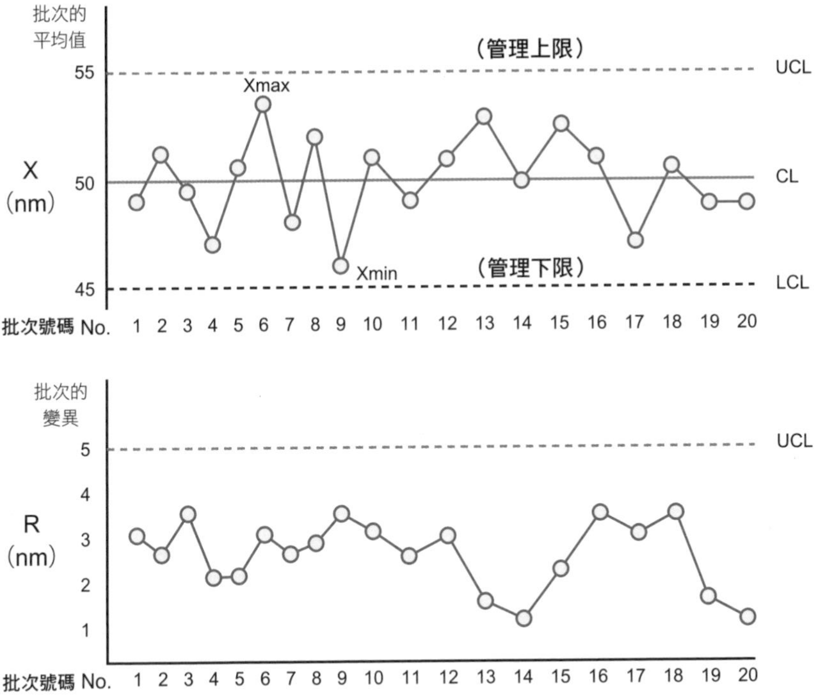


UCL（Upper Control Limit，管理上限）、LCL（Lower Control Limit，管理下限）

## 圖 6-6-2　製程能力（Cp）的計算

由 6-6-1 的數據中，針對 20 個批次的 X，最大值為 Xmax、最小值為 Xmin，標準差為 σ，則製程能力指數 Cp 可由下式求得。

$$Cp = \frac{(Xmax-Xmin)}{6\sigma}$$

Cp ＞ 1.33 時，可有安定的生產。





▶LCL　容許下限值≦管理下限值。

Section 07

# 透過傾向管理，揪出異常徵兆
## ——SPC管制法

前一節，就統計上的製程管理（SPC）進行了圖表說明。在SPC中，如圖6-7-1所示，當某管理項目的量測值，超出**管理界限**（上限、下限），必須立即停止該批次的生產，並釐清原因。

若該製程能夠以重做（re-work）解決，則該批次將被送去重做。若無法以重做解決，該批次（或是部分危險批的晶圓）則必須進行報廢處理。同時，為了找出該管理項目有影響的製程及裝置、設備，必須透過處理該產品批次的裝置、設備的機號層別，進行生產履歷的調查與分析。

若調查結果發現，特定裝置、設備有不良情形，則必須停止使用該裝置，並進行改善及修復。

### ▼即使在管理界限內，也能看出徵兆

SPC除了上述的界限管理外，也有預測、預防的管理方法。一般稱此種管理方法為「**傾向管理**」，主要透過管理圖表上即使是在管理界限內的數據，也能依其漂移傾向，借助電腦，來進行統計上的數據處理及判斷。

此時，針對什麼樣的狀況下，必須視為異常徵兆，而發出警示，可透過軟體自由設定變更。例如下述這些判斷標準經常被使用。

- 相對於中心值，整體呈現向上或向下的偏移
- 數據持續增加、或持續下降（例如連續七次出現同一傾向變化）
- 數據上下變動很激烈
- 數據的漂移傾向具有時間規則性

雖沒有發現特定異常，但相較於前一段期間數據（例如一週前、一個月前），變化量較大。

上述這些統計傾向，均可以視為「發生異常徵兆」，或表示相關的裝置、設備其性能上產生了變動。接收到警示的負責技術人員，藉由釐清原因並進行必要的對策，則能夠快速的提出改善。

傾向管理，對於產品或裝置、設備的不良，具有預測、預防的功用，對於安性的生產及品質的維持及改善，具有貢獻。

▶層別　在統計上，將母集團分割成數個部份集團（層）。

## 圖 6-7-1　在 SPC 上超出管理界限的範例

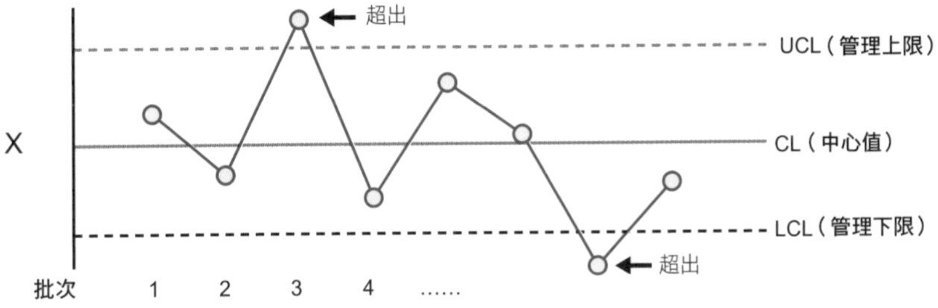


**〈超出管理界限時的對應方法〉**

- 能夠重做的狀況→重做／不能重做的狀況→報廢
- 針對不良管理項目的相關製程、裝置、設備，找出有問題的機台號碼
- 其他批次的影響調查
- 將該裝置、設備進行停止及修理、改善

## 圖 6-7-2　藉由 SPC 進行傾向管理的範例

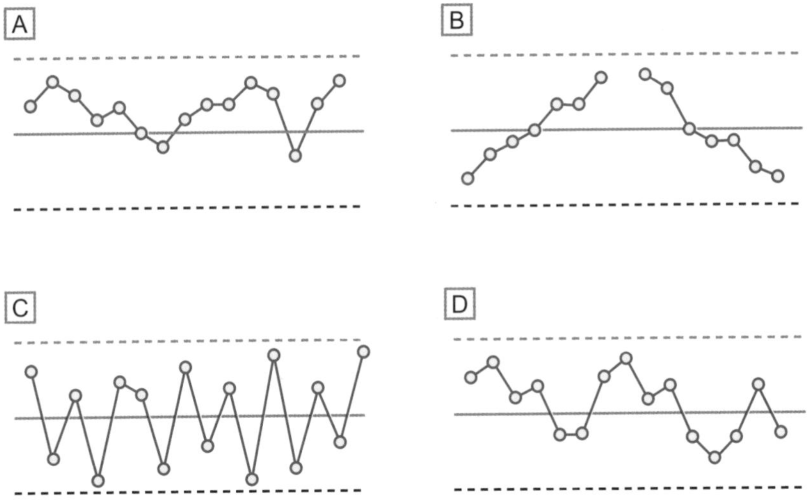


**〈傾向的判斷標準範例〉**

A…… 相對中心值的偏移　　B…… 持續增加或減少（連續七次）
C…… 數據上下變動很激烈　　D…… 時間的規則性



▶傾向管理　在傾向管裡中，當發生異常，電腦會自動進行裝置、產品批次的停止，並且發出警告。

Section 08

# 廢棄物處理業者違法棄置，公司的連帶責任
## ——毀損企業形象

雖然在半導體的製程中，已經進行了非常多的不良確認，但還是會發生一定程度的**不良品**。這些不良品的處置，必須注意以下事項。

### ▼委託可以信賴的業者

首先，不良品必須經由回收業者等，進行確實的處置。

在此說說我在過去服務的公司所發生的實際案例。有一次，公司裡面來了很像是黑道份子的人，拿出一堆理應早就已經進行報廢的、印有本公司商標的半導體，說：「這個你們想用多少錢買？」公司方面表示拒絕的態度，對方立即威脅：「這樣啊，那就代表這些東西即使經由該有的途徑出到市場上也沒有關係吧？」這就是沒有確實妥善進行報廢處理的典型案例。

若遇到沒有確實進行報廢、而違法棄置的狀況，使得公司的名稱被外人知道，則會造成企業形象的嚴重毀損。又如果，因為使用在回收的藥品的任意棄置而引發環境汙染問題，亦可能會被攻擊。同樣是回收業者，針對不同對象物品也有專業與否的差異，另外在進行到最終階段的處理前，亦可能與許多業者有關聯，很難確保不會出現黑心的業者。

其次，是必須針對地球資源進行最大可能的有效再利用。特別是像缺乏天然資源的國家，半導體這種先進產業，更是切身的問題。

隨著日本平成12年制定的「循環型社會形成推進基本法」，對於需依循廢棄物、回收政策而進行的相關具體措施進行要求。特別在半導體中，包括硼（B）、鈦（Ti）、鈷（Co）、鎳（Ni）、鉿（Hf）、鉭（Ta）、鎢（W）等所謂的「**稀有金屬**」，更肩負者「都市礦山」的一部分責任。因此，這類有用資源均需強制進行回收與有效再利用。

根據以上幾點，半導體工廠，針對篩選分別後的不良品的數量必須進行確實清點，並在管理者列席的狀況下，放入破碎機種進行處理後，販賣給可以信賴的回收業者，同時亦必須持續監控直到最終階段，處理所有過程完畢。

▶都市礦山　將從半導體等工業產品的廢棄物中所含有的具有價值的金屬，視為礦山資源並進行回收之。日本擁有世界屈指可數的都市礦山。

## 圖 6-8-1　使用在矽半導體的稀有金屬的範例

稀有金屬指的是，擁有高度的產業價值，但天然界的存在量較少、不易進行高品位化、成本亦高的非鐵金屬。下表中顯示使用在矽半導體的稀有金屬、以及其分別的主要用途。

| 稀有金屬 | 主要用途 |
|---|---|
| 硼（B） | 代表性的 p 型導電性不純物質 |
| 鈦（Ti） | 以單體或是氮鈦（TiN）的形式、形成銅（Cu）佈線等積層構造 |
| 鈷（Co） | 在 MOS 電晶體的矽化物構造上，形成矽化鈷（$CoSi_2$） |
| 鎳（Ni） | 在 MOS 電晶體的矽化物構造上，形成鎳化鈷（$NiSi_2$） |
| 鉿（Hf） | 形成氧化鉿（$HfO_2$）等，作為高 k 值閘極絕緣膜 |
| 鉭（Ta） | 以氧化鉭（$Ta_2O_2$）或氮化鉭（$Ta_2N_2$）的形式，與銅（Cu）佈線等形成積層構造，作為 DRAM 的高導電率電容膜 |
| 鎢（W） | 以鎢塞（W-plug）的形式做為嵌入式接觸點，以單體或矽化鎢（$WSi_2$）的形式，形成佈線材料；另外，也以氮化鎢（WN）的形式，與銅（Cu）佈線等形成積層構造 |

## 圖 6-8-2　不良品（半導體）的報廢系統

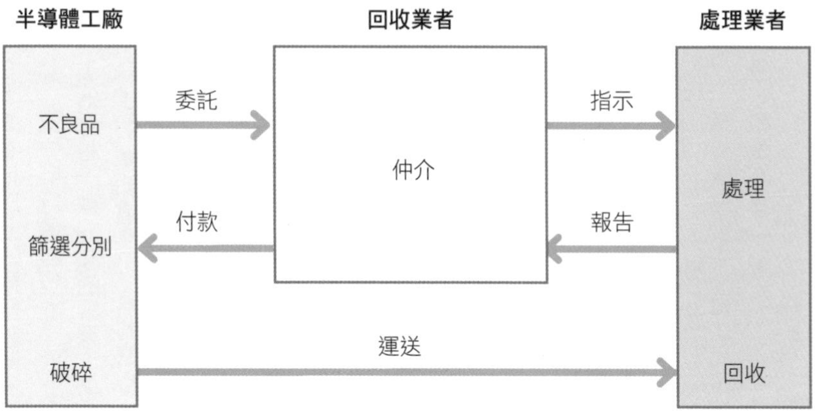




▶稀有金屬（rare metal）　類似的名詞還有rare earth，但這是指週期表中第三族的元素，亦稱為「稀土類」。

# 無塵室潔淨度
## ——JIS規格「第1~9級」

在半導體生產線的無塵室中，如字面所示，為一乾淨的空間，然而實際上有多麼乾淨呢？視其中生產的半導體的精細化程度，而對於無塵室亦有不同潔淨度的要求。

這是因為，當採用在半導體上的元件尺寸越小，則能夠造成半導體不良的微粒子的尺寸也越小的緣故。

### ▼代表潔淨度的「等級」標示

無塵室潔淨度，依無塵室中單位體積的懸浮微粒子數區分「等級」。圖6-9-1以圖示顯示潔淨度等級。一般而言，此等級標示為無塵室完工當下的數值，並非實際產品在生產時的稼動中等級。當然，稼動的等級一定較完工當時的等級為低。

無塵室的等級標示，又以JIS規格、USA規格、ISO規格三種規格定義之。

**•JIS規格（日本工業規格）**

一立方公尺中，粒子直徑0.1μm以上的微粒子數，以10的乘冪呈現時的指數數值，來表示等級。可分成等級1~9。

**•USA規格（美國聯邦規格）**

基於英制單位（ft＝英呎，1ft＝約30cm）的情況下，以0.5μm以上的粒徑為標準，計算一立方英呎的粒徑0.5μm以上的微粒子數。另一方面，基於公制單位（公尺）的情況下，以0.5μm以上的粒徑為標準，計算一立方英呎的粒徑0.5μm以上的微粒子數的10的乘冪。另外，為了明確知道是以公制單位（公尺）為標準，在M之外追加等級M（X）來表示。X表示等級。

**•ISO規格（國際標準化機構）**

作為包括日本、美國、歐洲為中心，全世界統一標準的規格。在ISO表示法中，標準粒子的粒徑為0.1μm，標準體積為一立方公尺，也就是採用與JIS同樣的方式。

在JIS及ISO的等級分類表中，佔有狀態（使用狀態）可從施工完成時間點、製造裝置設置時間點、生產運作時間點，此三個選項中選取。

關於潔淨度各種規格的代表等級，如圖6-9-2所示。

▶USA規格（美國聯邦規格） USA規格有兩種，一是以英制（碼、磅）為標準，另一是以公制（公尺）為標準。

## 圖 6-9-1 圖示潔淨度等級

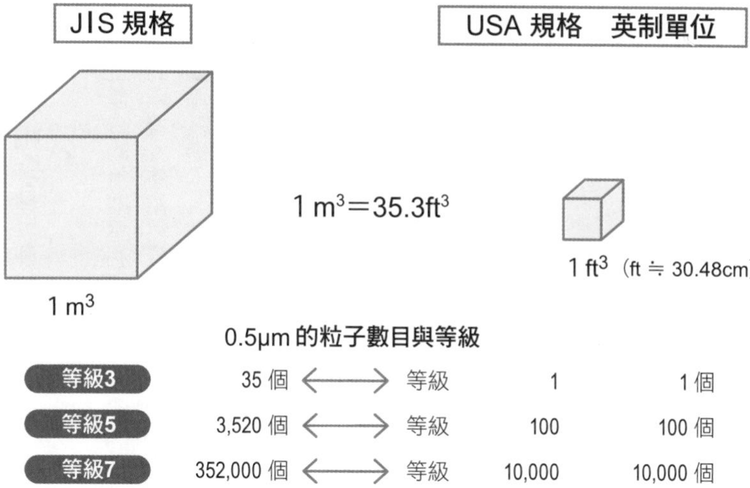


## 圖 6-9-2 潔淨度各種規格代表的等級

| ISO 規格的等級 | USA 規格的等級 | 較對象粒徑為大的可容許粒子的濃度（個／立方公尺） | | | | | |
|---|---|---|---|---|---|---|---|
| | | 0.1μm | 0.2μm | 0.3μm | 0.5μm | μm | 5μm |
| 1 | | 10 | | | — | — | — |
| 2 | | 100 | 24 | 10 | 4 | — | — |
| 3 | | 1,000 | 237 | 102 | 35 | 8 | — |
| 4 | | 10,000 | 2,370 | 1,020 | 352 | 83 | — |
| 5 | 100 | 100,000 | 23,700 | 10,200 | 3,520 | 832 | 29 |
| 6 | 1,000 | 1,000,000 | 237,000 | 102,000 | 35,200 | 8,320 | 293 |
| 7 | 10,000 | — | — | — | 352,000 | 83,200 | 2,930 |
| 8 | 100.000 | — | — | — | 3,520,000 | 832,000 | 29,300 |
| 9 | 1,000,000 | — | — | — | 35,200,000 | 8,320,000 | 293,000 |

（—）表示不在範圍內



▶粒子　一般而言粒徑越小的粒子存在的數量越多，但某個粒徑以下因凝聚力的減少，反而數量減少。

Section 10

# 進入無塵室前的慣例
## ——雙手輕拍全身，身體轉圈2～3次

半導體生產線的無塵室必須維持極為潔淨的環境。想當然爾，不能穿著一般的服裝進入。這是因為人體會產生各種粒子及不純物，包括從衣著上掉落的塵埃、呼吸所含有的水霧、汗水所含有的離子、女性化妝品的剝落等。

因此，進入無塵室，必須進行一定的準備與手續。此手續視生產線的潔淨度不同而有出入，在此就一般標準性的進入無塵室的範例，讓各位進行模擬體驗。

首先必須在無塵室所附屬的更衣室，脱去室內服、上衣、毛線外套等。特別注意上衣及毛線外套是因為考量靜電的發生。

其次，在更衣室中，穿上完成洗淨的特殊材質的**無塵服**。圖6-10-1顯示了代表性的無塵服。在此，（a）指能夠對應等級1～10的屏蔽頭盔型、（b）指對應等級10～100的高等級型。

### ▼像科幻小說中的無塵室的世界

首先戴上口罩，並從頭整個套上僅露出臉部的風斗狀的帽子。接著，將袖口及褲管以鬆緊帶束緊的一件式無塵服，從身體部分附有的拉鍊處拉開，將兩腳、身體、兩手依序穿入，並拉上拉鍊。此時需注意將帽子的邊緣收進無塵服的領子內，並以附著的魔鬼氈固定。接著，將開口部束有鬆緊帶的足套與無塵服重疊後，穿上經過抗靜電處理的導電鞋。

接下來，在自動洗手機依序以純水、洗劑、純水將手沖乾淨，以空氣烘乾機乾燥之。將手洗乾淨以後，套上經過特殊抗靜電處理的防塵手套。到此為止更衣結束。

接著進入通往無塵室的空氣淋浴室。進入的人數有限制。按下開關門即開啟，進入後門即關閉。有點像科幻世界。

空氣淋浴從天花板及兩側噴出，但雙手輕拍全身，身體轉圈2～3次，為使粉屑、灰塵能夠有效地掉落的秘訣。掉落後的異物由地面排出。接受一定時間的空氣淋浴後，淋浴將自動停止，打開門即是無塵室。

▶吸菸者　針對吸菸者有一規則為，當吸菸者進入無塵室時，必須先去飲水機含一口水。

## 圖 6-10-1　無塵服的範例

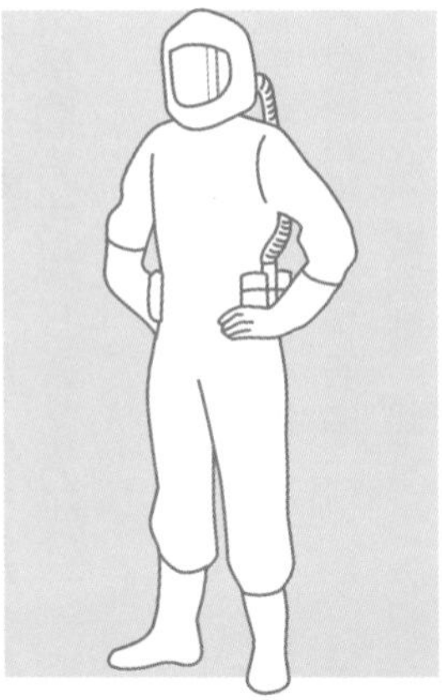

(a) 屏蔽頭盔型

對應等級 1 ～ 10 的超高級用無塵服。像太空人服一般，頭部擁有頭盔構造，空氣經由 HEPA 濾網過濾後才排出。

(b) 高等級型

對應等級 10 ～ 100 的高等級型。等級較（a）的屏蔽頭盔型來得低。

## 圖 6-10-2　空氣淋浴室的範例

左圖為進入無塵室前需通過的空氣淋浴室。走出無塵室時是從另一端出來。空氣淋浴室裡，從天花板及兩個側面噴出乾燥空氣，將粉屑、灰塵吹落。





▶家庭糾紛　在某工廠內，進入無塵室必須將全身衣物脫光並淋浴後，再穿上公司提供的內衣及無塵服。有一笑話是有員工下班後將公司提供的內衣穿回家，而引發家庭糾紛。

# 無塵室構造與使用規範

## ——大房間方式與BAY方式

在生產半導體用的無塵室中，為了維持環境的潔淨度，潔淨的空氣**層流**向著具導電性的地板表面，以向下氣流的方式不斷流動。此氣流將透過設置於天花板，稱為**FFU**（Fan Filter Unit）的具有風扇的濾網進行潔淨。圖6-11-1顯示了無塵室的基本構造及空氣的流動。

裝載在FFU內的**ULPA濾網**，對於粒徑在0.15μm以上的粒子具有99.9995%以上的清除率。向下氣流的流速一般來說在每秒1～2m左右，可以感受到某種程度的風。

無塵室中設有製造裝置、清洗、乾燥裝置、搬送機、機器人、半成品的暫時保存架的儲位等。

### ▼無塵室的溫度為23±3度C

無塵室的使用方法，可以大致分別為「大房間方式」及「BAY方式」兩種。一般經常使用的為BAY（海灣）方式。

在**大房間方式**中，無塵室不作任何區隔的方式。為了提高整個大房間的潔淨度，非常不經濟，一般作法為在區域性進行潔淨化，並且在晶圓的搬送上使用特別的機器人。大房間方式的詳細說明請參見次節。

**BAY方式**，如圖6-11-2所顯示的範例之一，分別成各個製程裝置群各個作業區域相對於中央走廊，配置成ㄈ字型配置方式。作業區域可分別為光蝕刻製程、成膜製程（熱氧化、CVD）、蝕刻製程、離子注入製程等，視製程的不同甚至有10台以上的機器，號碼並肩而列。在BAY方式中，因為同類的裝置集中設置於相同的地方，一方面當某裝置故障時很容易以其他裝置取代，但另一方面，必須在各作業區域間不斷往復來回。

在製程間的晶圓批次搬送中，遠距離的情況下多使用吊掛在天花板的磁浮引擎，在近距離的情況下則多使用地面搬送車或機器人。

無塵室控制溫度23±3度C、濕度45±15%的環境，並透過中央管理室進行恆常的監控。舒適的溫濕度，並不是為了人類，而是為了「半導體」呢！

▶大房間方式　相當於英語中ballroom，代表舞廳的意思。

## 圖 6-11-1　無塵室的基本構造及空氣的流動

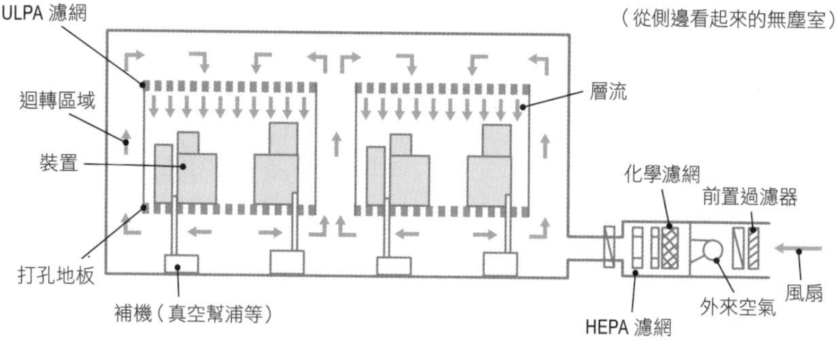


HEPA 濾網（High Efficiency Particulate Air Filter）對於粒徑在 0.3μm 以上的粒子具有 99.97% 以上的清除率，填充了 10% 左右以直徑 10um 以下的玻璃纖維製成的濾紙的濾網。
化學濾網為將空氣的微量汙染物質進行過濾去除的濾網

## 圖 6-11-2　BAY 方式的無塵室使用方法

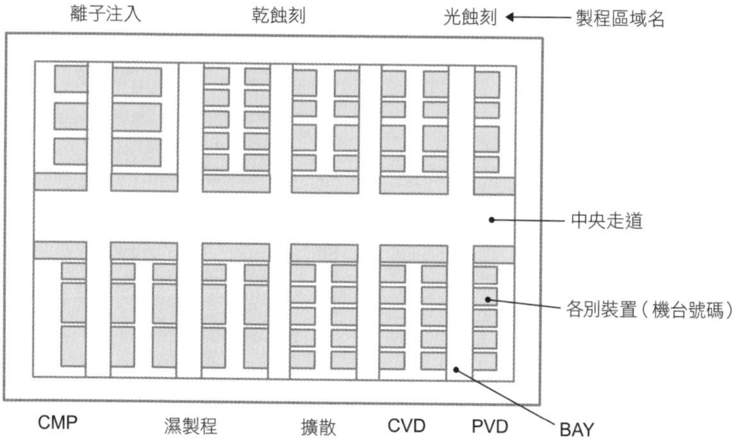






▶BAY方式　來自英文的港灣（BAY）之意，通常稱為finger wall。各個作業區域相對於中央走廊，配置成ㄈ字型配置方式。

Section 12

# 「局部潔淨化」策略

## ——降低無塵室成本的智慧

隨著半導體設計吋法的精細化，能夠以高良率且安定地生產半導體的無塵室，亦被要求具有更高的潔淨度。因此，考量更高度的無塵室技術能帶來更高度的積體電路，進行「超高潔淨技術」的推動。

另一方面，為了提高潔淨度而無塵室的建設成本提高的問題，造成營運成本的大幅增加，造成生產性，說難聽一點也就是商業性受到壓縮。

為了對應這個問題，利用收納多晶圓形成批次的「密閉型卡匣」來維持無塵室整體的潔淨度，與只有在晶圓受到外部空氣影響的裝置周圍，進行提高潔淨度動作的「微環境」，兩者雙管齊下，而達成「**局部潔淨化**」的技術，逐漸被採用。局部潔淨化指的是，基於如圖6-12-1所示概念的無塵室技術，也就是「局部潔淨化＝密閉型卡匣＋微環境」。下述針對密閉型卡匣及微環境進行說明。

### ▼密閉型卡匣

目的在將半導體晶圓放入密閉的箱子裡，並確保內部為特別潔淨的環境，最初稱為SMIF（Standard Mechanical Interface）的**密閉型卡匣**僅停留在構想階段，並留下了一個名稱為：200mm晶圓用搬送箱。此構想最後被正式實現，則是如圖6-12-2所示的300mm晶圓用的搬送容器FOUP（Front Opening Unified Pod）。

### ▼微環境

為了避免將收納於密閉型卡匣內的晶圓，對製造裝置進行裝卸時造成汙染，而在裝置前方設置具有極高潔淨度的移載室的構想。如圖6-12-3所示，移載室週邊的潔淨環境稱為**微環境**。

藉由採用局部潔淨化技術，可以避免晶圓直接接觸無塵室環境，而能有高潔淨度的處理過程，相較於將整個無塵室進行潔淨化的舊方法，來得低成本、省能源。

▶卡匣（cassette） 原本為「小型箱子」的意思。

## 圖 6-12-1　局部潔淨化的概念

**局部潔淨化＝密閉型卡匣＋微環境**

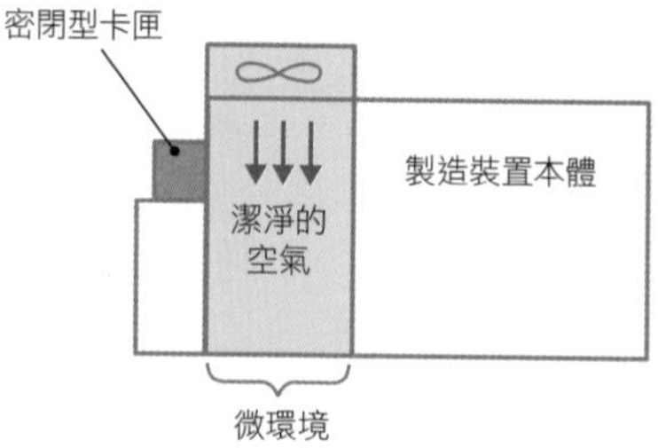


設置在裝置前方的移載室，擁有極高的潔淨度。

## 圖 6-12-2　300mm 晶圓用 FOUP 的範例

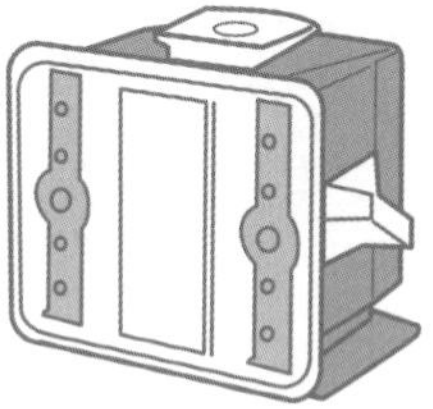

FOUP 為 300mm 晶圓用的搬送容器。其潔淨度接近微環境。

## 圖 6-12-3　微環境

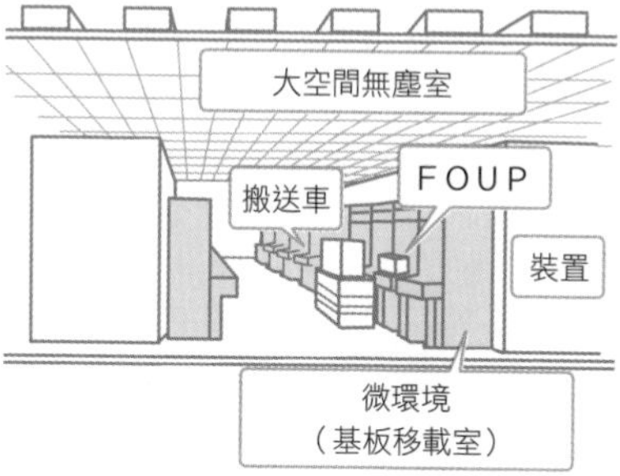


以搬送車移動的 FOUP，在基板移載室被打開，並裝卸到裝置裡面。

▶微環境　來自英文的mini-environment。

Section 13

# 無塵室是宇宙實驗室？
## ——黃色照明、特殊筆記用具

此節對於本書曾提過的其他無塵室主題，進行介紹。

### ▼黃色照明區域

將精細的圖樣進行轉印的光蝕刻區域中，使用了稱為光阻的感光材料，故此區的照明，必須除去能對光阻造成損害的500mm以下的光及紫外線，一般使用光色螢光燈管。近年來，考量LED的高輝度、低耗電、長壽命等優點，黃色LED（發光二極體）也逐漸被使用。

### ▼鹼性禁止的區域

設計尺寸在0．25μm以下的超級LSI的光蝕刻製程中，使用準分子激發雷射光（KrF或ArF）來進行圖案轉印。又在光阻方面，則使用對這類光源擁有高感度的「化學增大型光阻」。

如圖6-13-1所示，此光阻類型由作為光酸發生劑的感光劑、擁有鹼性不溶保護基的聚合物樹脂、及有機溶劑形成。曝光時，感光劑由於具有化學活性而產生「酸」，接著利用此酸作為觸媒，產生光阻的連鎖反應，使聚合物轉變成鹼性可溶性。

因此，在鹼性離子禁止的區域，光蝕刻區域多使用化學濾網，同時，針對牆壁等建材的選擇亦必須相當的用心。

### ▼能夠攜帶進入無塵室的特殊紙張

若需在無塵室內作筆記，一般的筆記本（紙）因為會產生粉屑，是無法攜入的。在無塵室裡面能使用的紙張為具有特殊導電性機能的無塵紙，及原子筆。

### ▼鹽分傷害及火山灰的影響

當半導體工廠距離海岸或火山較近時，鹽分及火山灰可能帶來重大的影響。例如，當颱風來臨時，帶有大量鹽分的風雨或火山灰，可能汙染或阻塞用來過濾無塵室空氣的濾網，而對無塵室造成損害。遇到這種狀況時，必須將生產線停止，對濾網進行清洗或更換，才能重新復線。

▶鹽分傷害　筆者自身曾有過經驗，是NEC山口工廠在颱風時受到的鹽分傷害（富含鹽水的風造成無塵室濾網的阻塞）。

## 圖 6-13-1　化學增大型光阻的原理

### 光阻材料的組成範例

**感光劑** … 光酸發生劑 PAG（Photoacid generator）

＋

**樹脂** … 聚合物 PHS（polyhydroxystyrene）

＋

**溶劑** … 有機溶劑 PGMA（z-methoxy-l-methylethyl acetate）

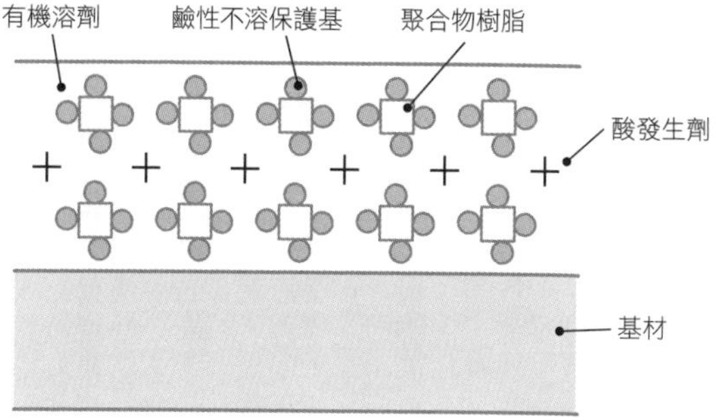


聚合物含有鹼性不溶保護基

### 光化學反應

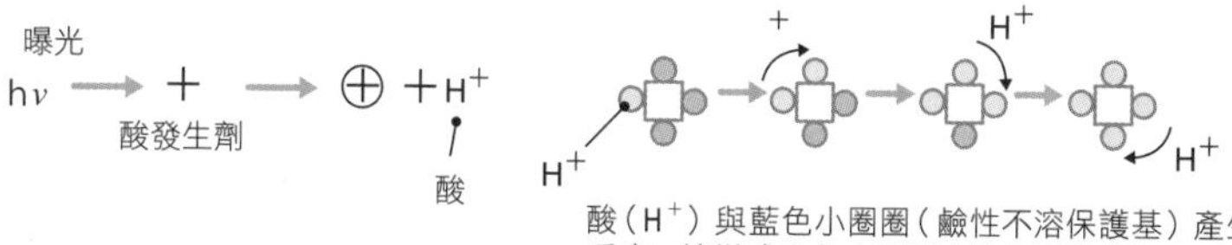


酸（$H^+$）與藍色小圈圈（鹼性不溶保護基）產生反應，轉變成白色小圈圈（鹼性可溶性）而形成連鎖反應，使得附著在聚合物樹脂上的所有的鹼性不溶保護基（藍色小圈圈）逐漸轉換成鹼性可溶性（白色小圈圈）。

曝光時，當光（hν）接觸到酸發生劑，則產生酸（$H^+$），此酸會與聚合物的鹼性不溶保護基產生反應，轉變成可溶性。因為這是酸觸媒反應，加熱時反應將更加劇烈地進行。



▶火山灰　日本在雲仙岳噴發時，索尼（SONY）的長崎工廠曾經受到影響。

Section 14

# 特急、急行、普通電車同時在產線上

## ——同時生產許多商品，但製造工期相異

在半導體的前段製程中，會使用「特急電車」「急行電車」「普通電車」等詞彙。這當然不是在說真正的電車。這是用來區分從矽晶圓投入到前段製程（擴散製程）完成之間，產品批次的**製造工期**（**TAT**: Turn Around Time）長短的管理用語。

前面曾說明過，在半導體生產的前段製程中，從原材料的矽晶圓開始，歷經數百次的製程步驟，在晶圓上做出多個半導體。在此假設某產品批次等待時間為零的狀態進行處理。也就是說，沒有等待時間，以最短的時間進行下一個處理製程，稱為「**理論TAT**」。

### ▼特急電車及普通電車相差兩倍的工期

在實際的生產線上，通常有不同品項的半導體，或是同樣品項有許多的批次同時進行，若沒有將其他產品或批次全部退開，僅對某一批次給予優先權的情況下，是無法以理論TAT生產的。

例如，某個半導體的理論TAT為25天，則實際上平均來說需要其數值的2・5倍，也就是兩個月左右的工期來生產。此批次稱為「**普通批次**」。相對來說，以理論TAT1・8倍的一個半月左右的工期生產批次，稱為「**急行批次**」。另一方面，以理論TAT1・3倍的一個月左右工期生產的批次，稱為「**特急批次**」。當然，上述這些數字僅為預估，並非絕對的數字（參考圖6-14-1）。

急行批次或特急批次，視使用者的特別需求而進行設定。然而，當增加急行批次或特急批次的數量時，當然會對普通批次的工期造成影響，而使得生產線整體的生產量降低，進而導致生產效率下降。如圖6-14-2所示，某一生產線的生產量，受到半成品WIP（Work In Process）及TAT決定。

生產線的半成品晶圓總數與工期的關係，以及普通、急行、特急批次的比例對平均TAT及生產量的關係，可以用CIM系統，以及專用軟體進行模擬。CIM系統在這種用途也具有表現的餘地。

▶QTAT　為了縮短TAT而下了許多功夫，或者下了許多功夫後的TAT，稱為QTAT（Quick Turn Around Time）。

## 圖 6-14-1　理論 TAT 以及「特急電車、急行電車、普通電車」批次

「理論 TAT」指的是，在某生產線上流動的半導體產品批次，從矽晶圓投入到前段製程（擴散製程）完成，在理論上最短製造工期。換句話說，所有的設備都做好準備，以進行各個製程的處理，等待時間為零的製造工期。

例

| 批次的種類 | TAT（理論 TAT 的倍數） |
| --- | --- |
| 普通電車 | ×2.5　→　2 個月 |
| 急行電車 | ×1.8　→　1.5 個月 |
| 特急電車 | ×1.3　→　一個月 |

假設理論 TAT ＝ 25 天

## 圖 6-14-2　生產量與 WIP、TAT 之間的關係（示意圖）

生產線上的半成品（總晶圓片數）稱為 WIP（Work In Process）。

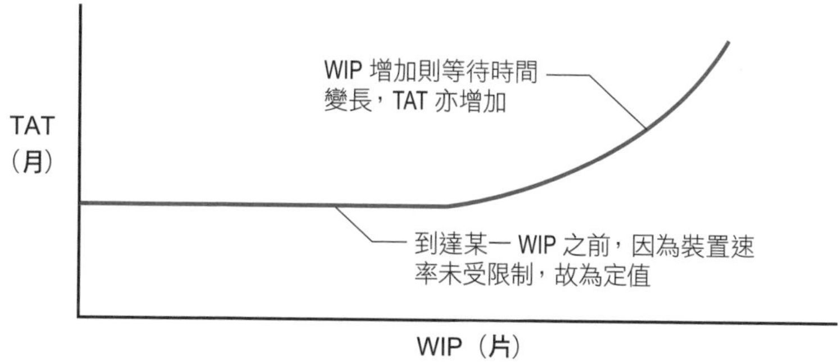
TAT
（月）
WIP 增加則等待時間變長，TAT 亦增加
到達某一 WIP 之前，因為裝置速率未受限制，故為定值
WIP（片）

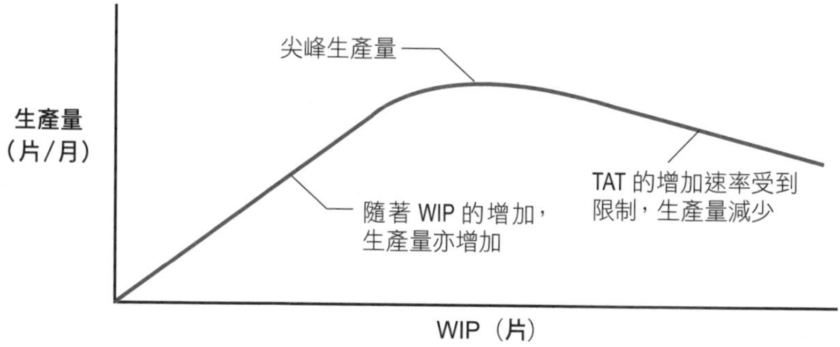
生產量
（片/月）
尖峰生產量
隨著 WIP 的增加，生產量亦增加
TAT 的增加速率受到限制，生產量減少
WIP（片）

▶模擬　以電腦程式模擬產線的半成品、生產量、TAT等關係。

專欄

# 無塵室關係企業

在此專欄中，針對日本半導體生產線上的「無塵室」，從設計至施工階段相關的代表性企業，作一簡單介紹。

無塵室的建造，通常由大型總承包商，以及總承包商的下包商，負責部分土木、建築工程的業者一起合作進行。總承包商（General Constructor）為日式英文，從半導體廠商那裡取得各種一系列工程，並對於從設計至製造的工程全體，進行總承包的工作。

總承包商的範例如下所示，另有稱為「大型總承包商」的超級大型企業等。

| 〈大型總承包商〉 | 〈總承包商〉 |
|---|---|
| 鹿島建設 | 長谷工公司 |
| 清水建設 | 戶田建設 |
| 大成建設 | 西松建設 |
| 竹中工務店 | 奧村組 |
| 大林組 | 安藤建設 |
| ⋮ | ⋮ |

另一方面，下包商又分為，負責某特定工程的「專業工程業者」，以及從總承包商取得部分工程的「下包業者」，後者又稱為「分包商」。如下所示，下包業者又因其負責工程的種類而有分別。

**高空作業工程……向井建設等**
**電氣設備工程……關電工、中電工、近電、九電工等。**
**空調設備工程……高砂熱學、三機工業、新日本空調等。**
**衛生設備工程……日立PLANT、東芝PLANT、須賀工業等。**
**消防設備工程……HOCHIKI CORPORATION、NITTAN CO., LTD.等。**

# 第 7 章

## 工廠員工真正的想法
## —— 工廠因人而存在！

# 蘊釀新想法的吸煙室
## ——獨特氛圍的異次元空間

在禁煙已經很普遍的現代，似乎無法想像，但在過去，在職場的角落是設有「吸煙室」的。在附近部門工作的人，或者是剛好來到該處的人，想要吸煙時，都會進去享受一下。對於嗜煙如命的筆者來說，是非常幸福的一刻。

### ▼半導體工廠的「都市傳說」？

說實在的，這個吸煙室有優秀的功用。這是因為吸煙室是能夠暫時脫離進行業務的場所的異次元空間，使得員工能一時間從工作上的壓力中解放，並擁有放鬆的心情。

再者，該處聚集了各種職位及部門的人們，可以在愜意的氛圍中，如圖7-1-1所示，引起各種討論，並且自由地交換意見。

當然，以吸煙室本身的特性而言，無法久待並且持續進行討論。但是，一起返回職場後仍繼續討論，或是回到各自的職場後再以電話聯絡等，這類熱絡的狀況也很常見。

像吸煙室這樣的空間，與一般的「報告、聯絡、相談」或正式會議不同，提供了獨特氛圍的異次元空間。

像我自己本身，在吸煙室裡，能夠與其他部門、職位的人們自由地交換真正的想法，故能得到許多表面上或真實的訊息，並受到與自己不同的思考、發想、著眼點的啟發。

另外，還能得到新的主意與靈感，或是更進一步得到專利的主題，針對手頭上棘手的問題得到提示等，有很多在辦公室空間裡無法得到的經驗。

### ▼吸煙室的正面作用

撇開吸煙的「罪惡」部分不談，我希望能用一些不同的形式，將上述這樣的吸煙室的「功勞」部分，留存下來。

我的理想是，一個讓員工暫時離開日常的業務模式，在生理放鬆的狀況下，能夠真心交談的氛圍與場所。我提出了像圖7-1-1所顯示的具體範例，不知道各位讀者怎麼想呢？

▶寵物　有些公司會允許帶寵物。

## 圖 7-1-1　公司內部交流的空間

| | |
|---|---|
| **名稱** | 轉換心情的空間、<br>交流樓層、<br>咖啡廳、休息室、社交室、<br>合作空間等  |
| **目的** | 排除壓力的放鬆、<br>與平時的職場不大一樣的交流、<br>創造力與想像力的發揮、知識生產性的提升等 |
| **成員** | 各種職場、職位，各種不同的年齡層、男女都有等 |
| **話題** | 與業務內容相關的非正式題與數據、其他公司及市場相關題、個人的嗜好及家人、公司人事相關訊息（異動、升遷、降職、退休）、社會問題及主題等 |
| **具體的範例** | 咖啡廳、公司內圖書館、撞球室、<br>桌球檯、飛鏢、卡拉 OK 室、<br>有氧腳踏車、健身器具、玩具、<br>冰淇淋／點心／營養飲料等  |

▶茶室　有些公司會在職場的角落設置茶室，作為溝通交流空間。

# 對於外界參觀工廠，原則上「拒絕」

## ——進入生產線必簽署「保密協定」

### ▼如何保護半導體工廠的秘密

現在很流行「**工廠參觀**」。像是啤酒工廠、食品工廠、汽車工廠等，甚至有為了參觀者而設置專門招待人員的狀況。

半導體工廠也會有各種人來訪問，但與上述工廠不同的是，半導體的工廠屬於「秘境」，再者，製作的又是對於粉塵極度厭惡的產品。故對於「只是想要參觀」的需求，是難以接受的，但考量在可能的範圍保持公開，是公司的責任之一，也有會接受外界訪問的狀況。

那麼，會前來半導體工廠訪問的人員，如圖7-2-1所示，分為產業界、官學界、以及其他三種。

①**產業界**：為了避免最新技術相關的機密事項及know-how的洩漏，基本上不可能接受同為半導體業界競爭對手的拜訪。這是因為，即使是從裝置製造商及機台的數量等訊息，也能夠得到許多情報。

當來訪者為半導體使用商，是以生產線稽核的方式來接待。在這種狀況下，必須先行簽定**保密協定**（**NDA**：Non Disclosure Agreement），並基於對方所購入的產品QA系統（品質保證體系），進行進入無塵室的對應，以及相關訊息的提供。

偶爾也會有相關業界的經營管理階層人士來訪問。此種狀況下，進入無塵室是很稀有的，多為從窗外參觀產線，而以進行公司的說明及與區域社會之間的關聯為主。通常對於「產線有什麼樣的裝置」抱持關心的經營管理階層人士少之又少。

②**官、學界**：工廠所在位置的縣長、市長、鄉鎮長等訪問為主。對於此種狀況，在一般的公司說明之外，也會從窗外參觀產線。通常不會提出太多涉及機密的問題。

另外，還有接受當地大學、高中訪問者的例子。大部分的狀況下，都是由教授或老師帶領的，數人~10人左右的團體。在這個情況下，除了一般的公司說明，也會從窗外參觀產線。但是因為教授對業界比較清楚，或是來訪問的學生是進行半導體研究，若對方有特別進入半導體產線參觀的需求，則在簽定NDA的前提下，可以安排進入無塵室參觀。

③**其他**：報社等為了撰寫新聞

▶從窗外參觀　沿著特別的走廊，透過玻璃窗進行參觀的行程。類似window shopping的印象。

稿而前來採訪。在這個情況下，公司會對於對方事先提出的問題進行準備，並且在許可範圍允許攝影。

此時是指在從窗外參觀的路徑上進行攝影。若需將相機攜入無塵室的限定範圍，而在此狀況下必須考量潔淨度。

另外，大約是一年一度的頻率，會邀請員工眷屬（夫、妻、小孩）前來工廠參觀。大約是安排在窗外參觀，並盡可能快樂且簡單地進行說明，讓對方能夠對半導體工廠產生興趣，讓員工的眷屬對於在此工作的員工感到驕傲與認同感。



**圖 7-2-1　半導體工廠的訪問者**

| 訪問者的種類 | | 對應方式（範例） | 從窗外參觀 | 進入無塵室 |
|---|---|---|---|---|
| 產業界 | 同業 | 一般不接受 | | |
| | 使用者 | 需要簽署 NDA、稽核、QA（品質保證）系統 | | ○ |
| | 相關業界 | 一般性的說明、與地區的關係等 | ○ | |
| 官學界 | 縣長／市長等 | 一般性的說明 | | |
| | 大學、高中 | 公司介紹、半導體技術說明 | ○ | |
| | 專業（教授／學生） | 公司介紹、半導體技術說明、NDA | ○ | ○ |
| 其他 | 媒體 | 採訪對應 | ○ | ○ |
| | 員工家屬 | 每年一次的招待、公司、工作內容的介紹 | ○ | |

QA：Quality Assurance（品質保證）
NDA：Non Disclosure Agreement（保密協定）



▶進入無塵室　讓外部人員進入無塵室時，必須事先詢問其鞋子的尺寸（cm）及無塵服的尺寸（S、M、L），並準備好尺寸符合的鞋子跟衣服。

# 半導體工廠的「改善」
## ——審查提案、決定等級

提到「改善」，豐田汽車在日本業界最為有名，但筆者過去服務的半導體公司（工廠），也有關於改善、改良的提案制度（圖7-3-1）。一般來說，不拘職務制度，提案由個人或是數人團體提出。並由公司（工廠）內部相關部門的部長及課長等級，設置「評審委員會」，以一定的頻率召開會議，並在會議中對這些提案進行審查及等級的決定。

### ▼改善提案制度及獎金

原則上一個月一次，在公司幹部及評審委員會的成員，再加上受獎者主管出席的場合中，召開表揚儀式，進行獎狀及獎金的授與。獎金的額度隨提案的等級不同而有不同，平均來說大約在一萬日幣左右。

### ▼不可為無法實現的構想

此提案制度的原意是，位於第一線現場工作員工，從下而上（bottom-up）汲取創意，藉由將其實現，對實際的業務改善、改良形成助益，進一步形成鼓勵其進行改善、改良的誘因。

因此，無法實現的構想，不能作為表揚對象。必須限定在，可換算成實際數字的明確效果，或是能夠確實預料的項目。所以，評審委員會亦視此處提及的效果大小，來進行等級判定。

站在公司（工廠）立場來說，應該是非常歡迎公司員工活用提案制度，提出更多的提案，但相對來說也會因此而產生多餘的問題。

換句話說，大部分的提案內容均與員工的責任業務有關，但是到哪裡為止屬於其平日的業務，不見得都很明確。關於這點，若評價委員會的審查條件過嚴，將降低提案意願，若審查條件過鬆，將造成低品質的大量提案，甚至還有對日常業務形成障礙的例子。

筆者本身也擔任過評審委員，故考量這個部分的背景，對於提案進行採用與否以及等級判定的決定，對提案者進行說明，盡可能得到其理解。基本上來說，在獎金預算的範圍，還是希望能夠盡可能採用更多的提案。

▶誘因（incentive） 意指刺激、鼓勵、誘因、報酬等。

## 圖 7-3-1　改善、改良的提案制度

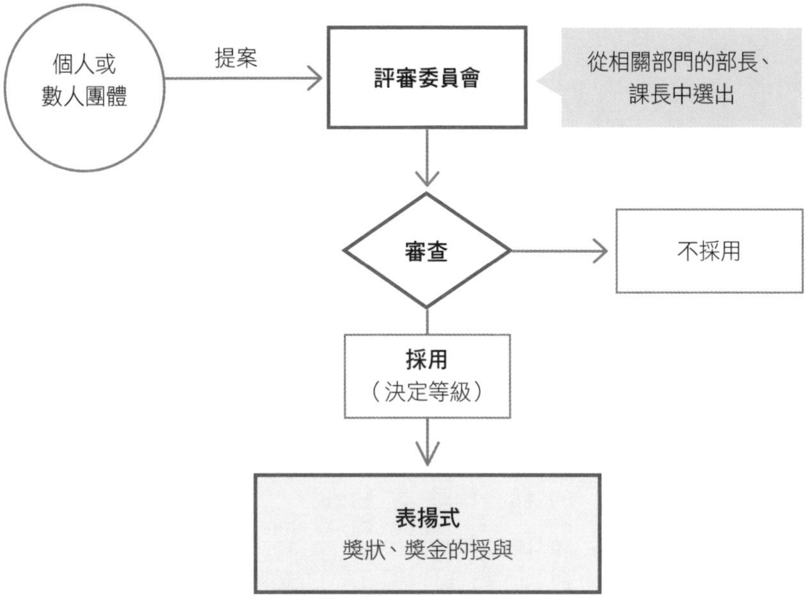


## 圖 7-3-2　提案制度目的、問題

| | |
|---|---|
| **目的** | • 從下而上（bottom-up）汲取創意<br>• 強化參與意識、使職場活性化 |
| **內容** | • 自動自發的主題<br>• 多與所負責的業務相關 |
| **問題** | • 如何與日常業務切割與分別<br>• 審查條件過鬆，造成低品質粗糙的大量提案，對日常業務形成障礙<br>• 審查條件過嚴，將降低提案意願 |



▶表揚的透明性及公平性　**根據筆者自身的經驗，期望在表揚的場合中，對於「提案內容的概略」、「判定該等級的理由」進行說明。**

# 非正式員工的工作
## ——特殊約聘員工為高技術人才途徑

在半導體生產線上工作的作業員（作業者），除了從半導體公司獲得薪水的正式員工，有時也包括了稱為「非正式員工」的雇用型態。需要非正式員工的原因，可大致分為下述兩個。

### ▼為了應付矽世代

其一是在技術激烈地分秒必爭的半導體產業裡，面對高度且複雜的製造運作，在公司內部培養並確保所有充分技術的作業員，當人員出缺時自行補充，是十分不容易的事。對於資方來說，還不如從外部雇用具有經驗及技術的人才。

另一原因是，針對稱為「矽世代」的市場景氣循環，在勞動力的調整彈性上，與其在自己公司內部擁有充分的作業員，還不如彈性地利用外部人力資源，來得有利。

不過，同樣是在半導體工廠工作的非正式員工，也有幾種不同的形態。「**約聘員工**」指的是透過人力派遣公司與半導體製造商（派遣前往的公司）簽訂雇用契約，從所屬的派遣公司獲得薪水，到派遣前往的半導體工廠工作。

此處的約聘員工，也分成「一般約聘員工」及「特殊約聘員工」兩種。一般約聘員工在限定的期間內進行業務，當期間終止後，與派遣前往的公司（半導體工廠）及派遣公司（人才派遣公司）雙方間的雇用契約均同時結束。另一方面，特殊約聘員工與派遣公司簽定雇用契約，並在派遣前往的公司工作，隨著派遣前往公司的契約終止，隨即可以前往下一個派遣公司工作。

一般來說，特殊約聘員工的雇用安定性較高，派遣公司也較容易進行人才的確保及教育，故也較容易獲得高技術性的作業員。

除了這些個人單位的約聘，也有具組織命令、指揮系統的技術集團所進行的外包，進行製造業務的一次性外包。此外，除了光刻、蝕刻等整體製程的運作，還包括裝置的安裝、調整、維護、保全等大範圍的業務委託案例。

圖7-4-2中顯示半導體製造中，各種非正式員工及其負責業務的範例。

▶矽世代　約每四年循環一次的半導體業界的循環，人們認為是由產品的世代交替帶來的供需不平衡所造成。

## 圖 7-4-1　半導體生產線需要非正式員工的理由

**1**

半導體領域的技術革新速度快，需求高度且複雜的製造運作。針對這個狀況，與其完全在自己公司內部培養具充分技術的作業員，當人員出缺時自己進行補充，還不如從外部雇用部分已經具有一定程度經驗及技術的人才，更加有效率。

**2**

針對稱為「矽世代」的市場景氣循環，在勞動力的調整彈性上，與其在自己公司內部經常維持充足的作業員，還不如彈性利用外部人力資源，更加有利。

## 圖 7-4-2　非正式員工的種類與負責業務範例

**約聘員工**

- **一般約聘員工**

  期間限定的業務。當期間終止後，其與派遣前往的公司（半導體工廠）及派遣公司（人才派遣公司）雙方間的雇用契約均同時消滅。

- **特殊約聘員工**

  與派遣公司簽定雇用契約，根據派遣前往其他公司工作，隨著派遣前往的公司契約終止，隨即可以前往下一個公司工作。

**製造業務的一次性下包**

具組織命令、指揮系統的技術集團，進行的下包。不只是光刻、蝕刻等整體的製程運作，還包括裝置的安裝、調整、維護、保全等。



▶非正式員工　**不能否認，就資方的立場來說，非正式員工的存在是為了達到雇用上的彈性，並能同時降低人事成本目的。**

Section 05

# 確認、確認再確認
## ——應用於汽車、醫療器材等，必須嚴格執行

### ▼以隨線監控為主

在半導體的生產線中，到最後將能夠出貨的產品入庫前的製程中，事實上存在各種確認動作。

在前述的章節中已經提過，對於完成前段製程的矽晶圓，就晶片進行良品與否判斷的「晶圓檢驗製程」，以及收納包裝後的半導體，進行判定的「篩選、檢驗製程」，除此之外還有各種確認。

在前段製程中，會對電晶體等元件或佈線的立體構造相關的各部份尺寸及形狀，或是互相之間的位置關係進行的確認動作。亦有針對元件的電阻值及電容值、電晶體特性等導電性進行的確認動作。此外，還有根據上述確認結果，針對導電型不純物質的濃度分佈，及各種薄膜的膜質（導電率、微小漏電、絕緣耐壓等）等物性數值進行的詳細確認。當然，也有針對微粒子、損傷、髒汙等確認。

在實際的量產批次上，上述這些確認項目將以批次為單位、或依晶圓為單位，儲存在電腦裡面。此種隨著產品批次進行的確認，及其數據之收集，稱為「**隨線監控**」，將該批次的製造履歷記錄並保存下來，作為該半導體的性能、良率、可靠性的背景參考數據。

接著，在半導體收納到包裝之後，也有針對外型、外觀、損傷、髒汙、引腳的尺寸及形狀、銲錫狀態、異物附著的有無、蓋印狀態等確認。針對這些包裝的各種確認，可分為以自動外觀檢查裝置等機器來進行的確認，以及利用作業員等人員目視或顯微鏡來進行確認。

其中，利用機器進行的確認中，針對圖案的形狀及尺寸進行測量，並與設計值比較，或針對一個晶圓內的分佈狀況進行測量及標示。另一方面，藉由作業員人工進行的確認，則以限度樣本的**主觀確認**為主。

上述這些隨線監控之外，也會視需要，針對晶圓或對照組的晶圓進行抽檢確認（SEM、TEM等）。

在半導體工廠製作的產品，需使用在汽車、醫療器材等，因此必須要以確認、確認再確認的態度，嚴格執行。

▶自動外觀檢驗裝置　圖案的形狀檢驗、尺寸量測、相互位置關係量測、缺陷檢出、圖案比較等，具有檢查各種機能的裝置。

圖 7-5-1　前段製程中所進行的隨線監控範例

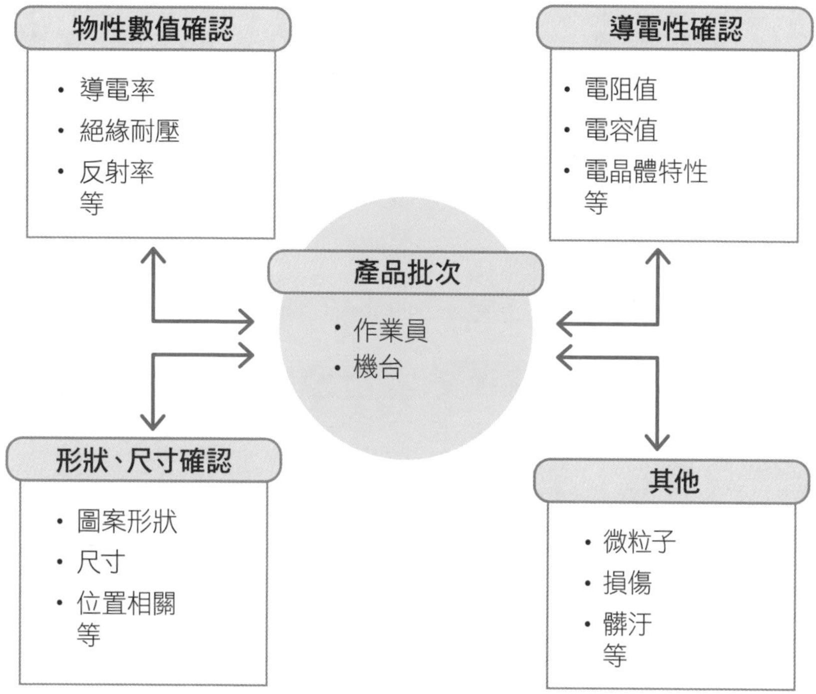


圖 7-5-2　具體的確認範例

G/W 的目視確認

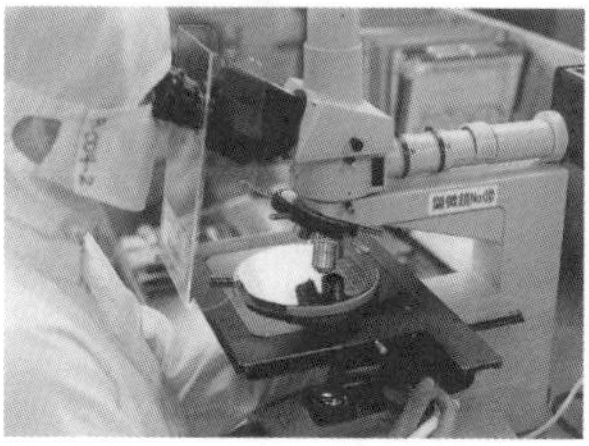

以顯微鏡進行圖案確認

圖案的尺寸確認

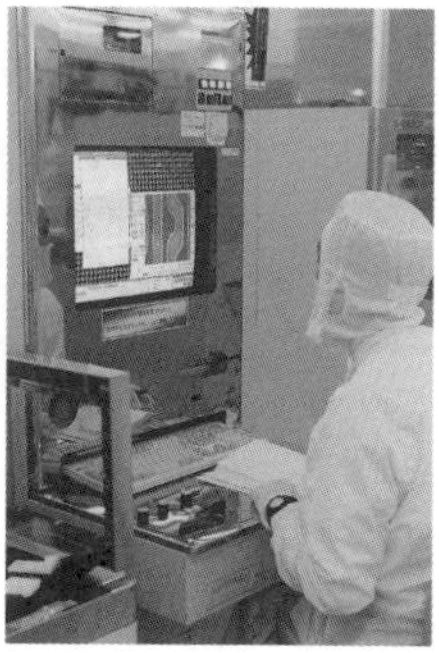



▶G/W　Good die per Wafer的縮寫。完成前段製程的晶圓，上面的良品晶片數。

# 必要資格與證照

## ——電氣處理、堆高機、溶劑、防火等

在日本，為了使半導體工廠能夠運作，勢必需要一些具有特殊資格的人。這些資格，可以分為法律上規定絕對必要的資格，以及進階資格兩種。

### ①在工廠中，法律規定絕對必要的資格

圖7-6-1列舉出日本半導體工廠所必要的法規資格，分別列出其名稱、內容概要、以及相關法規。在此進行簡單的說明。

與作業相關的有「**荷重作業**」。這個指的是包括從使用繩索將重物吊起的準備，到將重物解下為止的一系列作業。唯有完成荷重技能講習的人才有資格進行。

此外，接受過「**產業用機器人特別教育講習會**」之後，針對事業者，會收到關於教育、檢察等業務關聯的特別教育完成通知書，針對受講者，會收到修了證書。

「**低壓電氣處理者**」為處理電氣相關業務時、或是鋪設低壓充電線路相關業務時，所需要的特殊教育，完成教育的人可以被授予該資格。

「**起重機操作**（5噸以下）特別教育」為針對該當業務的安全性而舉行的特別教育。「**叉車操作**」為完成叉車操作技能講習或操作特別教育的人能取得，安全帽上可貼叉車貼紙。叉車操作看起來好像很容易，但因與重物的起降有關，並且需在狹窄的空間裡前進後退，是非常具有危險性的操作。

溶劑類相關者，則有「**有機溶劑作業主任者**」的國家資格，為從完成有機溶劑作業主任者技能講習會的人員中，由事業者選拔出。而「**特定化學物質及四烷基鉛等作業主任**」資格，則授予給完成特定化學物質及四烷基鉛等作業主任者技能講習的人員。

一定規模以上的事業所，必須設有從擁有衛生管理者執照、醫生、勞動衛生顧問執照、資格的人員中選拔出來的「**第一種類衛生管理者**」。「**防火責任者**」則必須對消防局提出申請。

### ②進階資格

圖7-6-2列舉在日本法規沒有強制要求，但對於業務上的進展等方面有助益的資格，分別列出其

▶有機溶劑　使用在半導體裡的有機溶劑有三氯乙烯、四氯乙烯等。

## 圖 7-6-1　在日本必要的法律資格

| 名　稱 | 內　容 | 法　規 |
|---|---|---|
| 荷重作業 | 進行荷重作業時必要的資格 | 勞動安全衛生法<br>第 61 條、76 條 |
| 產業用機器人特別教育 | 產業用機器人特別教育 | 勞動安全衛生法第 59 條，<br>同規則第 36 條 |
| 低壓電氣處理者 | 600V 以下的交流電、750V 以下的直流電 | 勞動安全衛生法第 59 條，<br>同規則第 36 條 |
| 起重機操作（5 噸以下）特別教育 | 起重 5 噸以下重量的操作業務 | 勞動安全衛生法第 59 條，<br>同規則第 36 條 |
| 有機溶劑作業主任者 | 指揮、監督有機溶劑的使用，防止造成身體上的損害 | 勞動安全衛生法施行令第 6 條、同施行令別表第 6 之 2 |
| 特定化學物質及四烷基鉛等作業主任 | 對於在業務上處理特定化學物質及四烷基鉛的勞動者進行指揮 | 勞動安全衛生法第 14 條、同施行令第 6 條，特化則第 27 條、四烷基則第 14 條 |
| 叉車操作 | 完成叉車操作技能講習、或是操作特別教育的人 | 勞動安全衛生法<br>第 61 條、第 76 條、第 59 條 |
| 第一種類衛生管理者 | 負責勞動條件、勞動環境的衛生改善及疾病預防處置、擁有管理事業場所全體衛生問題的國家資格者 | 勞動安全衛生法 |
| 防火責任者 | 完成防火相關的講習會過程，並且擁有一定的資格，針對防火對象物進行防火上的管理 | 消防法 |





▶烷基（alkyl）　從甲烷（$CH_4$）類碳水化合物移除一個氫原子後的原子團的統稱。

## 圖 7-6-2　進階資格

| 名稱 | 內容 | 法規 |
|---|---|---|
| 特定高壓氣體處理主任者 | 管理特定高壓氣體保安相關業務的人 | 高壓氣體保安法 |
| 危險物處理者（乙種 4 類） | 處理危險物，或是危險物處理時在場人員需要的國家資格 | 消防法 |
| 缺氧危險作業主任者 | 完成缺氧危險作業主任者技能講習會，或是完成缺氧、硫化氫危險作業主任者技能講習會的國家資格者 | 勞動安全衛生法 |
| Eco 檢定 | 正式名稱為「環境社會檢定考試」，需要具備廣泛的環境問題相關的知識 | 東京商工會議所召開 |
| 一般毒物劇物處理者考試 | 處理所有的毒物劇物時所需要的國家資格 | 毒物及劇物取締法 |
| X 光作業主任者 | 身為國家資格者要擔任 X 光作業主任者，必須從具有執照的人中選出 | 勞動安全衛生法 |
| 高壓電氣處理者 | 處理超過 600V 但在 7000V 以下的交流電、超過 750V 但在 7000V 以下的直流電業務的特別教育 | 勞動安全衛生法<br>第 59 條、同規則第 36 條 |

名稱、內容概要、以及相關法規。在此進行簡單的說明。

在此，「**特定高壓氣體處理主任者**」資格的特定高壓氣體，指的是：砷化氫、乙硅烷、乙硼烷、硒化氫、磷化氫、甲鍺烷、甲矽烷等七種氣體。「危險物處理者（乙種4類）」資格的乙種4類指的是：汽油、煤油、柴油、乙醇等具有易燃性的液體。「**缺氧危險作業主任者**」需由事業者來進行選任。

不論哪個產業型態，均需要各種資格，但在半導體工廠，需要的是從物理上的裝置到化學藥品的處理、甚至到防火等，大範圍擁有各種資格的人員。

▶毒物、劇物：
毒物：氟酸、砷化合物（砷化氫 $AsH_3$ 等）、三氯化硼（$BCl_3$）等。劇物：鹽酸（HCl）、硫酸（$H_2SO_4$）、硝酸（$H_2PO_3$）、氫氧化鈉（NaOH）、氨（$NH_3$）、過氧化氫（$H_2O_2$）等。

# 第 8 章

# 半導體工廠的秘密

Section 01

# 以「垂直式爐」為主流
## ——占有面積、晶圓的支持、移載的容易程度

前面已經說明過，用來將多片的矽晶圓進行一次性的熱處理，或是利用熱擴散現象將不純物質添加進產品的裝置，稱為「**爐管**（furnace）」。半導體工廠的爐，一般慣稱為「**擴散爐**」，並分為「垂直式爐」及「水平式爐」兩種。

### ▼兩種擴散爐管

所謂的垂直式爐管如圖8-1-1所示，將以石英等材質製成的爐管以垂直式配置，並將以水平方向承載著晶圓的石英板放入後，將氣體流入由外部加熱氣加熱的爐管，以對晶圓進行處理。

此時的矽晶圓藉由插在石英板三根支柱上的溝槽支撐。

另一方面，所謂的**水平式爐**如圖8-1-2所示，爐管水平配置，並將以垂直方向承載晶圓的水平石英板放入，以對晶圓進行處理。此時矽晶圓藉由插在石英板三根支柱上的溝槽支撐。

最近的爐管大多已經從水平式切換為垂直式，理由究竟是什麼呢？如圖8-1-3所示，分成三大理由。

第一，是裝置的「**佔有地面空間**（footprint）」。佔有地面空間原本指的是足跡或腳型，在半導體工廠中則指的是「裝置所佔有的地面空間」。也就是說，當無塵室的高度足夠時，垂直爐管較水平爐管來說，佔有地面空間來得小，因而更能有效利用無塵室的樓板面積。這是第一個理由。

第二，是因晶圓支撐方式的差異，造成加熱時加諸於晶圓上的熱應力，在垂直式爐管上比較平均的關係。因為在垂直式爐管上的熱不均一性較少，故能使晶圓的變型量及結晶缺陷的危險性減少。

第三，是因為以垂直爐管來說，移載到承載晶圓的石英板上較容易。以水平爐管來說，移載用的機械手臂是在晶圓站立的狀態下進行移載，而垂直爐管，則是在晶圓維持水平的狀態下進行移載，故較為容易。

▶擴散爐　原本擴散爐指的是利用擴散現象對矽進行導電型不純物質添加的爐，但熱處理用的爐也經常慣稱為擴散爐。

## 圖 8-1-1　垂直式爐管圖示

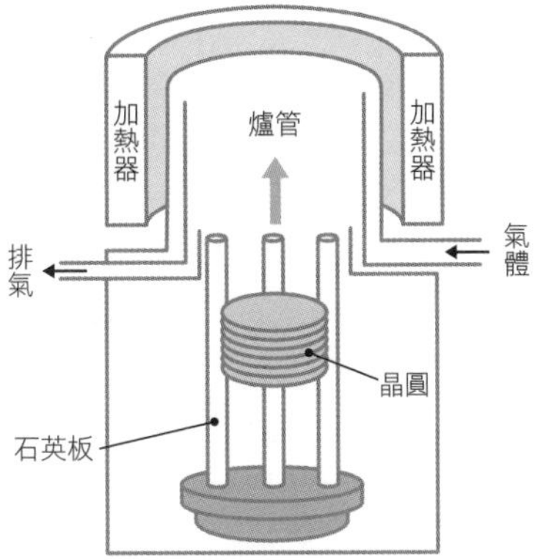


## 圖 8-1-2　水平式爐管圖示

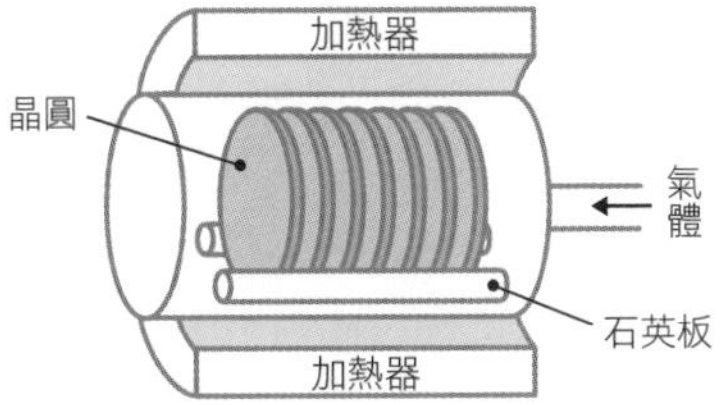


## 圖 8-1-3　垂直式爐管與水平式爐管的比較

| 項目 | 垂直爐管 | 水平爐管 |
|---|---|---|
| 裝置的佔有地面空間 | 少 | 多 |
| 裝置的高度 | 高 | 低 |
| 熱應力 | 平均化 | 容易集中在某一區域 |
| 晶圓的機械手臂移載 | 容易 | 困難 |

**近年來，垂直爐管的比例已經非常高。特別在對於大口徑的晶圓處理上，垂直爐管非常具有優勢。**





▶爐管　一般是以石英作為爐管的材料，但高溫處理爐，也有使用碳化矽（SiC）製成的爐管。

# 濕洗淨之外的洗淨方法
## ——根據目的、用途而選擇

在第三章中已經說明過將矽晶圓進行清潔的洗淨法，以使用酸等藥液進行的濕式洗淨。除此之外還有各種不同的洗淨方法，可根據不同目的，選用不同的方式。此節將說明幾個範例。

### ▼視目的不同而有不同的洗淨方式

**・乾式洗淨**

藉由電漿激發的氧氣（$O_2$）、或藉由紫外線或雷射光產生的臭氧（$O_3$），將不純物化學鍵結切斷，氧化分解後揮發去除的洗淨方式。適合使用在乾式洗淨之後的表面有機物去除。

**・刷子洗淨（擦洗）**

以超純水沖洗，並使用旋轉的刷子加壓，以物理方式去除表面異物，如圖8-2-1，刷子分為圓筒型及圓盤型，材質也有各種不同的選擇。亦有與超音波淋浴組合，以提升洗淨效率的方式。此種物理性的擦洗，適合使用在各種成膜之後，亦或CMP製程後，能夠用來去除顆粒較大的異物。此洗淨法除了使用在晶圓洗淨外，也可使用在光罩洗淨上。

**・低溫空氣槍洗淨**

如圖8-2-2所示，將冷卻後的氬氣（$Ar_2$）、氮氣（$N_2$）、二氧化碳（$CO_2$）等惰性氣體噴射到低壓chamber內結冰，並將結冰的粒子吹送到放置在腔體內的晶圓表面，以物理方式將表面異物去除。這些結冰的粒子在常溫下即恢復成氣體，故此種洗淨方式不需要特別的乾燥裝置。

**・超臨界洗淨**

如圖8-2-3所示，利用在臨界溫度及臨界壓力下「介於氣體與液體間」性質的二氧化碳（$CO_2$）等氣體的超臨界流體來進行。因其低黏性及高擴散速度的特性，能夠快速使異物溶解或剝離。

**・機能水洗淨**

屬於濕式洗淨，但因洗淨過程不使用酸鹼液體，改使用臭氧水或電解離子水等機能水，故不需要廢液處理，環境負荷較小。

上述這些洗淨法，因隨著元件的高精密度形成的深開口、或是溝槽的底部洗淨、狹高型圖案的洗淨，或是使新興材料能在不造成損傷的狀況下進行洗淨，著實受到期待。

▶超音速洗淨　利用超音波進行的精密洗淨。

## 圖 8-2-1　刷子洗淨（擦洗）

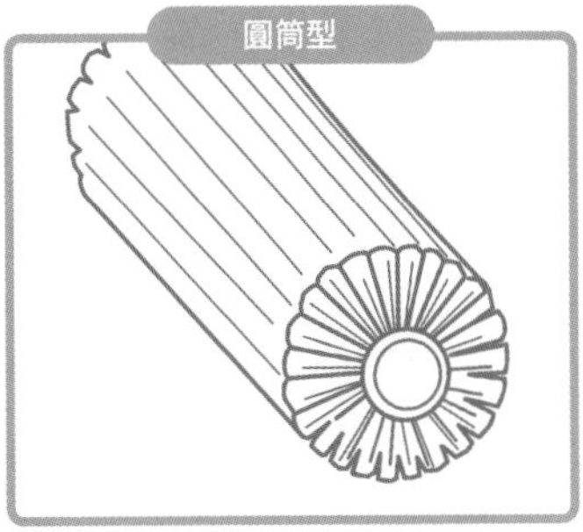


刷子的材質、刷毛的硬度、長度、密度均不同。亦可藉由調整洗淨時的迴轉數及下壓力等，來設定最適條件。



## 圖 8-2-2　低溫空氣槍洗淨裝置

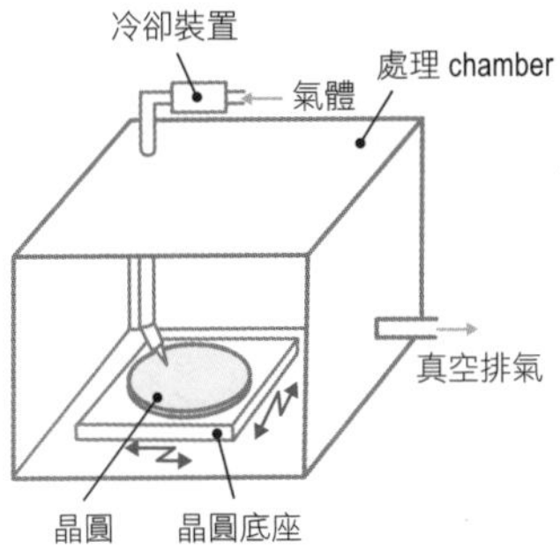


將 $Ar_2$、$N_2$、$CO_2$ 等惰性氣體噴射到低壓 chamber 內使之結冰，並吹送到晶圓表面。

## 圖 8-2-3　二氧化碳的狀態圖

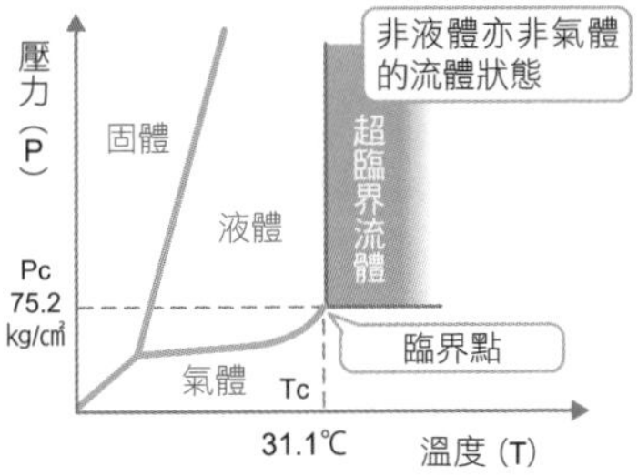


在臨界溫度（Tc）以下、臨界壓力（Pc）以上的條件，二氧化碳呈現介於液體與氣體之間的超臨界狀態。因其低黏性及高擴散速度的特性，能夠快速使異物溶解或剝離。



▶狹高型圖案　半導體寬度窄、高度高的圖案，容易受到洗淨外力而損壞，故選擇適當的洗淨方式極為重要。

# 「良率」是什麼？
## ——一片晶圓可取得的良品晶片數量

不論在什麼樣的工廠中，生產出來的產品中必定含有一定比例的不良品。去除這些不良品後，良品的比例稱為「**良率**（yield）」。因為良率會提高生產成本，故為企業收益相關的最重要指標之一。

### ▼晶圓檢驗良率很重要

對於半導體工廠來說，良率這個概念比其他業種還來得具有特別的含意。為什麼呢？

如圖8-3-1所示，半導體生產的良率通常可分別為各個種類，其隨著構成半導體的製程，也就是在矽晶圓上把多數的半導體製作上去的「前段製程」，以及針對晶圓上的半導體晶片進行良品與否判定的「晶圓檢驗製程」，加上將晶圓分割成一個一個晶片，並收納到包裝後進行檢查的「組裝、檢驗製程」，性質及方法均有大幅差異。

前段製程（擴散製程）的良率，也就是投入生產線的矽晶圓中，完成前段製程的晶圓的比例，即稱為「**前段製程良率**」。另外，在投入組裝製程的IC晶片總數中，能夠通過最終檢驗並入庫的合格晶片的比例，稱為「**後段製程良率**」。

當然上述這些良率也很重要，但更重要的是，「從每一片完成前段製程的晶圓中，可以取得多少良品晶片」，這也稱為「**晶圓檢驗良率**」，具有特殊的意義。

此處的良率（Y），可以一片晶圓上擁有的有效晶片數（N）及良品機率（P），表示為以下公式。

$$Y = N \times P$$

此處的有效晶片N的計算，多用於高精細的設計標準且大口徑的晶圓。

另外，良品機率P，則因微塵、損傷、髒汙、及製程導致的缺陷密度（每單位晶圓面積上具有的致命缺陷數）決定之。其結果如圖8-3-2所示，良率Y（＝G／W）不但直接反應了半導體的製造成本，也成為設計、製造上的製程、材料、裝置、管理等綜合指標。

▶製程導致的缺陷　在半導體製程中，起因於機械力量、熱應力、或是微塵顆粒的發生而產生的缺陷。

## 圖 8-3-1　半導體的生產良率

| | | |
|---|---|---|
| 前段製程良率<br>（擴散良率） | ＝ | $\dfrac{\text{經過前段製程後完成的總晶圓數}}{\text{投入生產線的總晶圓數}}$ |
| 晶圓檢驗良率<br>（G/W 良率） | ＝ | 每一片晶圓上的良品晶片數<br>（G/W ＝ Good die/Wafer） |
| 後段製程良率<br>（組裝、檢驗良率） | ＝ | $\dfrac{\text{經過組裝、檢驗的最終良品 IC}}{\text{投入組裝製程的總晶片數}}$ |

**總良率＝前段製程良率×晶圓檢驗良率×後段製程良率**

## 圖 8-3-2　G/W 良率

**Y＝N×P**

Y：G/W 良率等半導體成本的主要影響因素。亦為設計、製造、管理的綜合指標。
N：有效晶片數等收納在總晶圓裡面的晶片總數。晶圓的口徑越大，此數字也越大。
P：晶片成為良品的機率。等級越高的生產線，此數字也越高。產品技術越先進（高精密度等），此數字也越低。

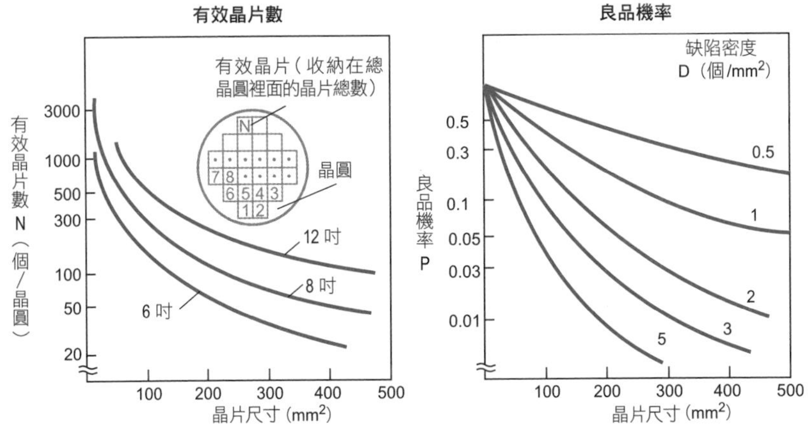




▶有效晶片　除晶圓週邊的除外領域（exclusion）之外，位在內側的所有晶片。

# 批次的大小，對生產的影響

## ——小批次的cycle time較短嗎？

在半導體的前段製程中，是將許多片的矽晶圓集合起來一次投入各段製程，依序產出。

收納在同一個晶圓載具的晶圓，如圖8-4-1所示，必須在某個製程處理裝置的加載、降載板上，等待所有晶圓的處理均完成後，才能就整個載具的單位，再運送到下一個製程。

例如300mm晶圓的生產線上，晶圓載具的最大收納量為25片，故每個批次的晶圓片數均設定不超過此上限。

批次的大小，也因為生產線上製造的半導體種類、也就是說實驗品、試作品、SOC（System On Chip）、邏輯元件、記憶體的差異而有不同。記憶體類產品多以大量生產同一產品為主，故多將每批次的片數使用到滿片的25片，但SOC或是邏輯元件，則多以小批次的單位來投產。

### ▼批次的大小與製程時間

如圖8-4-2所示，呈現SOC所需要的晶圓片數分佈，及批次內片數的分佈。

圖8-4-3則顯示了製造裝置的**cycle time**（也就是處理每個批次所需要的平均處理時間），隨批次大小不同的變化。

一般可能會認為，當批次越小，cycle time也越短吧！但因為從載具將晶圓加載、降載到裝置的時間、準備時間、等待時間等，這些必須的時間，並不會因為批次的大小而有不同，故批次越小，反而cycle time有越長的傾向。

這是因為小批次的裝置有效稼動率，也就是裝置使用在實際處理的時間相對變少，故生產效率降低的緣故。

另外，若要在保持總產量不變的狀況下，進行多種類少量生產，勢必小批次的數量變多，並因應載具數量的增加，總搬送量也相對增加，這也會帶來生產效率的下降。

因此，若將用來生產SOC或邏輯元件半導體的生產線，以及記憶體用的生產線混合在同一條生產線上，則必須在充分考量批次大小影響的前提下，思考產線的設計及生產設備的選擇，以及對生產管理方法加以強化。

▶SOC　一個晶片上搭載一個完整的系統機能的積體電路。或者是指這樣的設計。

## 圖 8-4-1　製造裝置中，依批次單位進行的製程處理

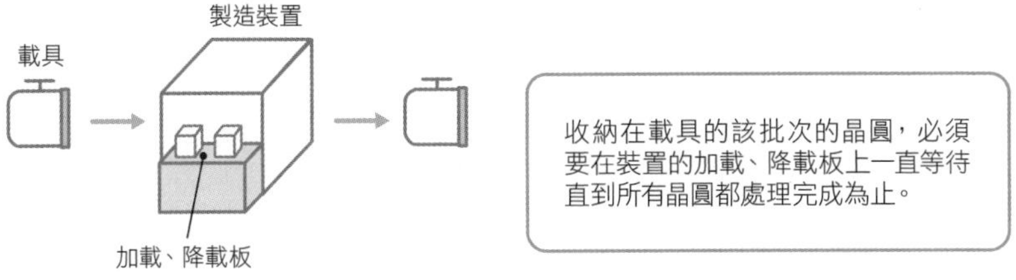


## 圖 8-4-2　SOC 所需要的晶圓及批次大小的比例

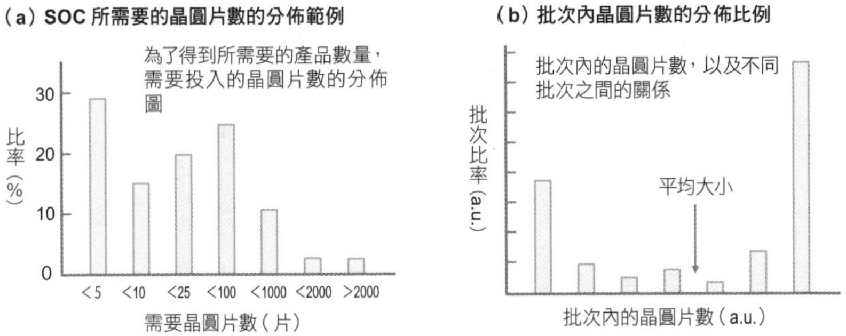


a.u.：「任意單位」指沒有特別的丈量單位。

## 圖 8-4-3　每個批次所需要的平均處理時間（cycle time）的範例

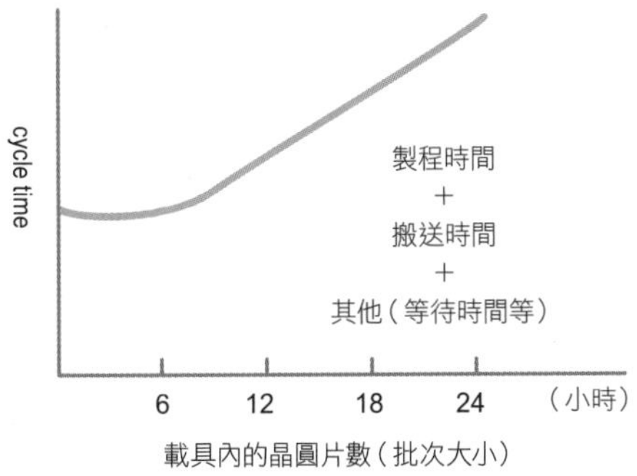


批次越小，cycle time 反而越長





▶加載、降載板　製造裝置及處理批次（搭載著晶圓的卡匣）的連接處

▶Cycle time　雖然處理時間與晶圓片數成正比，但其他的搬送時間及等待時間等，因此晶圓片數越少，反而每片晶圓分配到的時間越長。

Section 05

# 無塵服的顏色區別

## ——快速辨認

在前面的章節中曾經說明過，在半導體生產線的無塵室中，必須穿著**無塵服**。

### ▼藉由鮮豔的顏色辨認對方

然而，在無塵室中，經常可以看見人們穿著各種不同顏色的無塵服。

一般來說，無塵服的基本顏色為白色，但視情況不同，也有穿著粉紅色、淺藍色、綠色等各種色彩的無塵服的人們，在無塵室裡工作。

像這樣的無塵服的顏色區別，又是因為何種理由，以何種型式進行呢？

在無塵室裡工作的員工，如圖8-5-1所示，包括了直接從事生產活動的負責製造的作業員、進行實驗、討論、改善等活動的技術相關人員、針對裝置進行設置及修理、改造的裝置製造商的人員、無塵室的參觀者等。故顏色的區別，是為了「能夠快速辨認」。

如圖8-5-2的範例所示，製造相關人員以白色、技術人員以淺藍色、製造廠商人員以綠色、參觀者以粉紅色區別之。由於無塵服的基本顏色為白色，故不論在哪個產線上，製造相關人員均穿著白色的無塵服。

以顏色區別的另一個好處，在於容易在無塵室內對機密事項達到守密的功能。

那麼，是否在所有無塵室內均實施無塵服的顏色分別呢？答案是否定的。也就是說，就以顏色分別這個措施的必然性及效果而言，其實並沒有確實的理由。在半導體工廠中，很多人會有「這些事情想必是有一定的道理」的印象，實際上並不然。

不過，就筆者個人的感覺而言，先不論顏色具體的效用如何，待在無塵室內，看著清一色白色的無塵服，反而看到穿著各種顏色的無塵服員工工作的模樣，更能感到心情的平靜呢。

▶無塵服的顏色區別　也有不以全身的衣服，僅以帽子的顏色進行分別的例子。

## 圖 8-5-1　在無塵室工作的員工

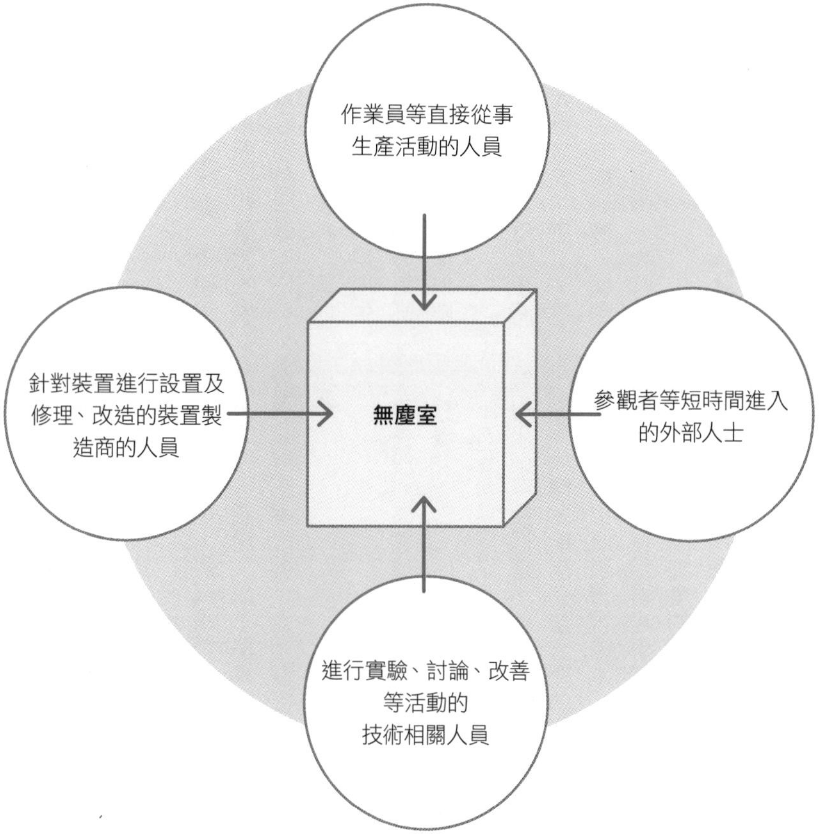


## 圖 8-5-2　無塵服的顏色區別

| | | |
|---|---|---|
| 製造相關人員等 | …… | 白色 |
| 技術人員等 | …… | 淺藍色 |
| 裝置製造商的人員等 | …… | 綠色 |
| 參觀者等 | …… | 粉紅色 |

**區別無塵服顏色的理由**

- 為了辨認無塵室裡的人員及工作
- 為了保護 know-how 等機密事項



▶守密　即使是在無塵室當中，當然也區別有外部人員可以進入及不可進入的區域。

Section 06

# 氣體鋼瓶室的設置細節

## ——為什麼刻意將天花板的耐壓弱化？

### ▼四種氣體供應方法

在半導體的生產線上，會使用各種不同的氣體，而這些氣體的供應方法，可大致分別為四種。

第一種是，利用設置在工廠內附近位置的**現場氣體裝置**（現場生產氣體的設備），從空氣中分離高純度的氮氣，經由配管供應至無塵室內的使用站點。

第二種是，業者使用氣罐車將工廠內需要的大量氮氣、氧氣、氬氣、氫氣等氣體（液態氣體）送到稱為**氣體儲存槽**的設施中，進行氣體供應。

第三種是，將用量相對大的各種特殊氣體，以氣體鋼瓶購入，收納在鋼瓶箱內，保管於鋼瓶室，進行氣體供應。

第四種是，將偶爾會使用的用量小的特殊氣體，以小型氣體鋼瓶放置在無塵室附近，進行直接氣體供應。

### ▼事先設想氣體爆炸情況所設計的建築物

如圖8-6-1所示，氣體鋼瓶為用來儲存及搬運、使用液態氣體或壓縮氣體，能夠完全密閉的鋼製耐壓容器，出氣位置視需求，裝置有氣閥。又因使用再半導體的氣體鋼瓶中多裝有高純度的氣體，故使用的鋼瓶為在內壁施予研磨加工的**潔淨鋼瓶**。

氣體用的鋼瓶，根據「容器保安規則」，視氣體種類的不同，在鋼瓶上塗裝的顏色也有一定的規定。歸屬於「其他氣體」者，使用灰色鋼瓶，必須將氣體的名稱以文字標示。再者，當氣體屬於劇物、毒物、可燃物，必須於鋼瓶上追加記載資訊，以及氣體的所有者。

而保管儲存這類氣體鋼瓶的鋼瓶室，特別需要注意氣體的洩漏，故在集中管理室裡必須常態性地進行監控。當有洩漏發生，亦設有稱為「**關閉太郎**」、能夠自動關閉氣閥的裝置。

此外，做最壞的考量，當發生氣爆等事件時，必須將該能量釋放方向引導朝向天花板，進而降低橫向力道的影響，即「防爆系統」，例如將天花板的耐壓故意設計得比四周牆壁來得低。

▶容器保安規則　根據高壓氣體處理法（西元1951年日本法律第204號），以及為了施行此項法律而制定的規則。

## 圖 8-6-1　以鋼瓶塗裝顏色區分高壓氣體鋼瓶的氣體種類

| 氣體種類 | 鋼瓶的塗裝顏色 |
| --- | --- |
| 氧氣（$O_2$） | 黑色 |
| 氫氣（$H_2$） | 紅色 |
| 二氧化碳（$CO_2$） | 綠色 |
| 氯氣（$Cl_2$） | 黃色 |
| 氨（$NH_3$） | 白色 |
| 乙炔（$C_2H_2$） | 褐色 |
| 其他氣體 * | 灰色（老鼠色） |

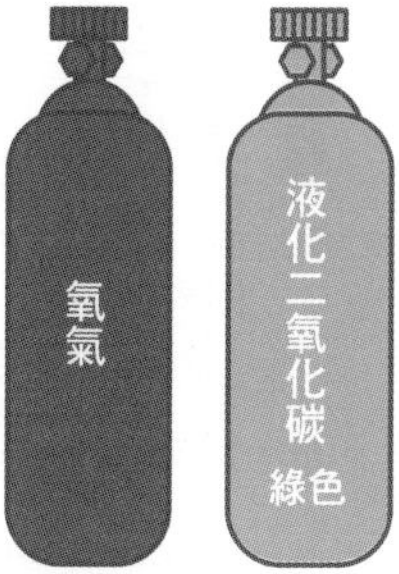


* 鋼瓶容器上必須標示氣體名稱

## 圖 8-6-2　用來收納氣體鋼瓶的鋼瓶櫃範例

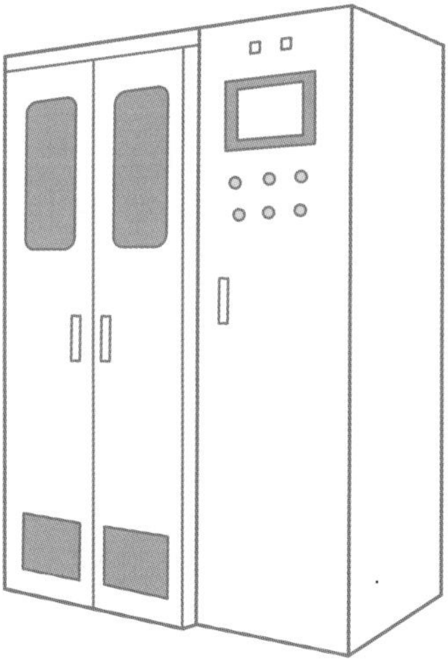

**氣體鋼瓶室的鋼瓶櫃**

- 自動進行，並進行洩漏確認
- 利用觸控面板來操作
- 利用漏氣感應器，將洩漏濃度於圖表上進行監控

內部收納箱，可裝一罐至數罐氣體鋼瓶





▶可燃性氣體　包括乙炔、砷化氫、氨、乙烯、乙矽烷、乙硼烷、氫、磷、單矽烷、丙烯、甲烷等。

Section 07

# 靜電處理對策

## ——將二氧化碳溶入水裡？

### ▼靜電是半導體工廠的大敵

在製造半導體時，需要特別的**靜電對策**。特別是使用在內部元件上的極薄的絕緣膜，很容易因為靜電的放電（ESD: Electro Static Discharge）而遭受破壞，故在製程中也下了許多相關的功夫。在此介紹幾種代表性的對策。

**①無塵室相關對策**

在無塵室的建材上，特別是人員走動、物品移動的地面材料上，使用金屬等導電材料製成，防止帶電的產生。另外，無塵室裡的濕度亦考量帶電問題，而設定在50％左右。再者，進入無塵室時所需穿著的無塵服、手套、鞋子等，也都使用了具有導電性的材質。

**②超純水相關對策**

使用在製程洗淨等站點的超純水（UPW: Ultra Pure Water），為具有高比阻18MΩ・cm絕緣物質。為了避免在製程的矽晶圓洗淨（包括刷洗及噴射洗淨）、光罩的洗淨、背面研磨及切割時的靜電破壞問題，特地在超純水中溶入二氧化碳（$CO_2$），提升導電度，防止超純水帶電。

圖8-7-1顯示了超純水的比阻對二氧化碳濃度的關係圖，一般使用比阻介於0.5～1MΩ・cm的範圍。

**③製造裝置相關對策**

將經過加速的導電型不純物質（磷、砷、硼等）的離子注入到矽晶圓表面時，若晶圓表面因正離子而產生帶電，使得元件的絕緣膜受到靜電的破壞。故如圖8-7-2所示，在離子到達晶圓表面前，先使離子通過電子淋浴（electron shower）呈中性，作為避免到達晶圓表面時帶電問題的對策。

另外，針對洗淨後的晶圓，在使用超純水沖洗之後，使用旋轉乾燥器（S/D旋轉乾燥器）藉由離心力使晶圓乾燥時，若晶圓表面接觸到乾燥的空氣亦會產生帶電而發生因靜電引起的絕緣層破壞問題。故會在旋轉乾燥的同時加以電子淋浴，用以避免帶電。

由上述可知，半導體工廠是一座靜電對策的知識寶庫。

▶電子淋浴（Electronshower）　亦稱為EFG（Electron flat gun）。EFG提供低速的電子。

## 圖 8-7-1　超純水的比阻，及二氧化碳濃度的關係

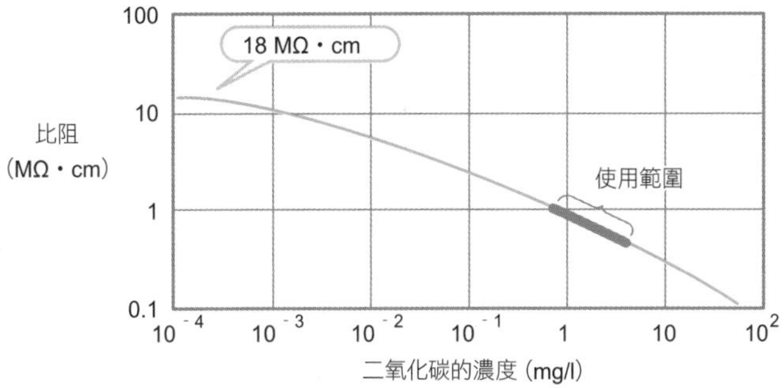


不含有二氧化碳（$CO_2$）超純水的比阻為 18MΩ・cm，隨著二氧化碳溶解濃度增加，比阻隨著下降。



## 圖 8-7-2　藉由電子淋浴，使注入離子中性化

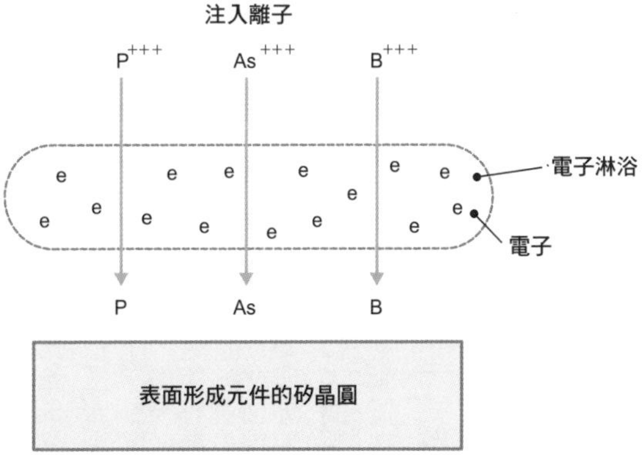


加速後的注入離子（$P^{+++}$、$As^{+++}$、$B^{+++}$），在進入晶圓之前先通過電子淋浴，變為中性，進而避免離子到達晶圓表面，產生帶電問題。



▶離子（Ion）　一般元素M的離子標示為$M^{+n}$，±n稱為「離子價數」。

# 輕鬆參觀無塵室

## ——事前準備可幫助了解工廠各種特色

### ▼特別寒冷的地方，有風從旁邊橫向吹來的地方等

若各位讀者有機會進入半導體生產線的無塵室，可試著觀察下述的幾個點。

在前述的章節中曾經提過，在無塵室內，為了維持環境的潔淨度，有空氣層流從天花板向著地板表面，以**向下氣流**（秒速1～2m）的方式不斷流動。

當你走在無塵室中，應該會發現某些地方感到比別處來得寒冷。該處就是進行光蝕刻的區域，因其要求的潔淨度較其他區域來得高，向下氣流的速度也較他處來得快，藉以提升潔淨度。就是因為風速的不同，使人感覺到寒冷。

另外也請特別注意有「從旁邊橫向吹來的氣流」的地方。在出入口附近設有隔間的地方，通常一邊是正壓，一邊是負壓，而正壓的那邊其設定的潔淨度也較高。

上述這些無塵室內的氣流設定，是為維持環境潔淨度的重要管理項目之一，均會進行定期點檢。

### ▼裸露的晶圓具有感應器的功用

在無塵室的一角，各位會發現有矽晶圓被裸露地放置著，這是什麼原因呢？

清潔的矽晶圓表面具有排斥水的特性（疏水性），能將水完全排開。然而，當矽晶圓表面殘留著有機物等不純物或氧化物，會變成親水性，出現水沾黏在表面的狀況。藉由觀察此裸露晶圓表面的變化，可達到偵測漂浮在無塵室內的微量不純物質的功用。也就是說，裸露的晶圓是感應器的功用。

此外，在工廠周圍繞一圈，讀著會發現特別是在工廠後方設置各種藥液槽附近所鋪裝的水泥地面，都設計成稍微傾向某個方向。這是為了因應若藥液外洩，可以利用大量水進行稀釋，而暫時儲存此稀釋水的儲藏槽就設置在路面較低側的地下，刻意做了這樣的傾斜設計。

▶層流　流動的方向雖然一致，但相對「亂流」而言，流速非常的緩慢。

## 圖 8-8-1　無塵室內的空氣流動：正壓與負壓

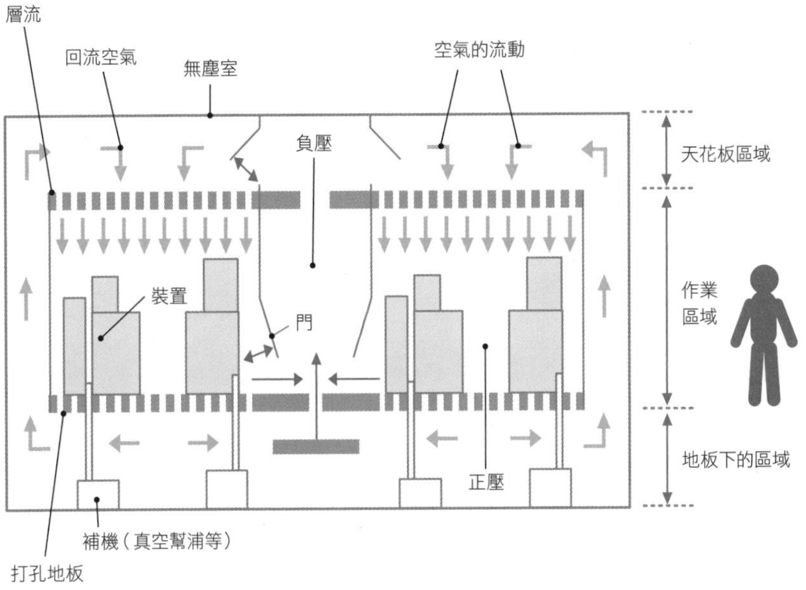


## 圖 8-8-2　矽晶圓的疏水性及親水性

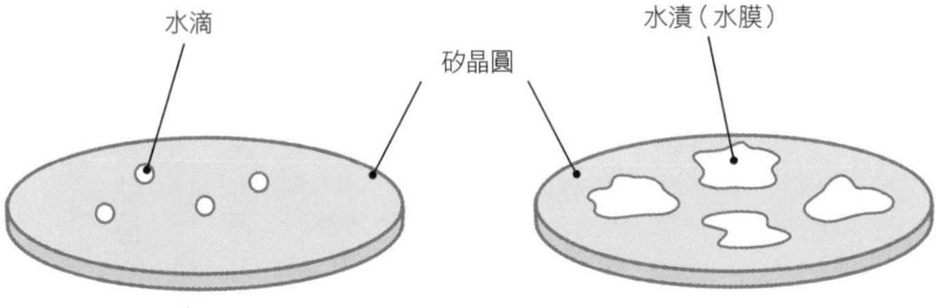


清潔的矽晶圓表面具有排斥水的特性（疏水性）

當矽晶圓表面殘留著有機物等不純物質，或者氧化物時，將無法對水產生排斥（親水性）。





▶親水性　當矽晶圓表面受到氧化，形成二氧化矽（$SiO_2$）膜，亦具有親水性。

# 定期點檢是在確認什麼
## ——日常點檢、每月點檢、六個月點檢等

為了維持設置在生產線上的各種裝置的機能，需要進行**定期檢查**。定期點檢的內容及頻率視裝置而有所不同，在此以「乾蝕刻裝置」做為代表性的範例，來看看包括點檢事項的管理項目。

### ▼定期點檢的種類及點檢項目

定期點檢除了每天進行一次的「日常點檢」外，還有「每月點檢」、「每六個月點檢」、「每十二個月點檢」等頻率。

圖8-9-1顯示了**日常點檢**的內容。日常點檢中，針對RF累積放電時間進行記錄，達到1000小時則必須進行chamber的維護。點檢項目有下側電極溫度及各種冷卻水流量等。冷卻水的功用是將裝置的發熱帶走，使其保持在一定溫度的循環的純水。

圖8-9-2顯示了**每月檢點**的項目。點檢項目中，包括加熱器溫度、渦輪分子幫浦（TMP）用的氮氣充掃流量、製程氣體壓力、氮氣壓力、電容式壓力計的歸零調整、壓力控制器的歸零調整、洩漏確認、乾式幫浦的冷卻水流量、乾式幫浦的氮氣壓力、循環器的循環水交換、循環器的循環水轉換後壓力、循環器的冷卻散熱片的確認等。

TMP為一擁有金屬性的渦輪翼的轉輪，藉由高速旋轉將氣體分子彈出的原理，達到排氣效果的幫浦。電容式壓力計為藉由靜電容量的變化感測位移量的膜片式真空計。

圖8-9-3顯示了**六個月點檢**及**十二個月點檢**的內容。六個月點檢包括了皮拉尼真空計的真空度、質量流動控制器（MFC）的歸零調整等。另外，十二個月點檢包括了高頻（RF）電源的組成。皮拉尼真空計的原理為，利用在真空中通電，受熱的金屬線所放出的熱量因壓力而變化來進行偵測，主要在大氣壓～$10^{-1}$Pa的壓力範圍作動，多使用在真空排氣系統的控制。MFC為測量流體的質量流量並進行控制的機器。

如上述説明，每日的檢查、每個月檢查、六個月檢查等，讀者想必可以了解，並不僅僅是檢查次數的很多而已，還包括了如此繁雜的檢查項目。

▶乾式幫浦（drypump）　沒有利用油等液體的幫浦形式，因不會產生霧氣，可以實現乾淨的真空。

## 圖 8-9-1　日常點檢的範例（乾蝕刻裝置）

| 項目 | 內容 | 管理標準 |
|---|---|---|
| RF 累積放電時間 | 記錄 | 達到 1000 小時則進行 chamber 的維護 |
| 下側電極溫度 | 點檢 | 70 ～ 80℃ |
| 各種冷卻水量 | 點檢 | TMP2.3 ～ 2.8L/min、RF8.5 ～ 9.0/min<br>匹配器 5.0 ～ 7.0L/min |

**RF**：Radio Frequency MHz ～ GHz 的高頻率
**匹配器**：將 RD 電源及負載之間進行批配的裝置

## 圖 8-9-2　每月點檢的範例

| 項目 | | 管理標準 |
|---|---|---|
| 加熱器溫度 | | 96 ～ 104℃ |
| TMP 用的氮氣充掃流量 | | 18 ～ 22sccm |
| 製程氣體壓力 | | 0.07 ～ 0.13MPa |
| 氮氣壓力 | | 0.25 ～ 0.35MPa |
| 電容式壓力計的歸零調整 | | –10 ～ 10mV |
| 壓力控制器的歸零調整 | | –0.13 ～ 0.13Pa |
| 洩漏確認 | 到達壓力 | ≦ 1.0E － 2Pa |
| | 洩漏率 | ≦ 1.0E － 3Pa |
| 乾式幫浦 | 冷卻水流量 | 3.5 ～ 8.0L/min |
| | 氮氣壓力 | 0.09 ～ 0.12MPa |
| | 氮氣流量 | 19 ～ 22Pam3/s |
| 循環器 | 循環水交換 | 實施 |
| | 循環水轉換後壓力 | 50 ～ 70psi |

## 圖 8-9-3　六個月、十二個月定期點檢的範例

| 定期點檢 | 項目 | 管理標準 |
|---|---|---|
| 皮拉尼真空計（六個月） | 真空（≦ 1.0E － 2Pa） | 1.995 ～ 2.005V |
| 質量流動控制器（六個月） | MFC 的歸零調整 | –10 ～ 10mV |
| RF 電源（十二個月） | RF 校正 | 1900 ～ 2000W |

**皮拉尼真空計**：利用在真空中通電，受熱的金屬線所放出的熱量因壓力而變化來進行偵測，主要在 0.01 ～ 1.000Pa 的壓力範圍作動。
**MFC**：Mass Flow Controller 測量流體的質量流量並進行控制的機器。




▶循環器（circulator）　使液體循環的裝置，在此指純水相關的循環裝置。

Section 10

# 調整裝置水平

## ——調整產線的平衡，提升生產能力

半導體的前段製程，是由包括成膜、光蝕刻、蝕刻、不純物質添加、洗淨等製程不斷重複而構成的。各製程分別擁有數個製造裝置群，一般而言，這些裝置群由多個完全相同的裝置，或者是擁有同種機能但彼此相異的機台構成。

然而因各個裝置需要處理的半導體製程不同，而決定了各裝置的「**產出**（throughput）」，也就是單位時間可以處理的平均晶圓片數。因此，於購置生產線時，必須根據生產量（或是每個月所需要投入的矽晶圓片數），考量各裝置的產出（throughput）來決定裝置的台數。

### ▼考量產線的平衡

圖8-10-2顯示，從裝置能力的差異觀點來看，關於**產線能力平衡**的範例。在此圖中，將各裝置群依每個月的處理片數從小到大進行排列。在此例中，最上方處理片數最少的$G_3$群為瓶頸，對於產線的產量產生限制。$E_1$以下的裝置群均有超過$G_3$處理片數的部分，此亦稱為**裝置的裕度**，換個觀點來看，也稱為裝置上浪費掉的生產能力。

若為了提高處理能力，而在瓶頸的$G_3$裝置群中追加裝置，則$E_1$裝置群變成下一個瓶頸。

從以上說明可以了解到，為了提升產線的平衡程度，將各裝置群的能力盡量對齊，是很重要的。依此觀點看來，當產線規模越大，則較易在各個機台間進行調整而減少裝置能力的浪費，但此調度也有極限。再則，也有另行製作處理能力較小的裝置，並以裝置台數來進行產線平衡的調整，但有裝置台數變多的缺點。

為了維持生產線的高度生產性，必須對產線進行適當的能生產能力設定，同時在考量處理能力的前提下進行裝置的導入，並將各個裝置的生產能力提升等，綜合的產線平衡是很重要的。

▶產出（throughput）　**裝置、機器的單位時間處理能力，為顯示性能的指標之一。**

## 圖 8-10-1　主要製程及製造裝置群的範例

| 製程 | 裝置群 | 記號 | 個別裝置 |
|---|---|---|---|
| 成膜 | 加熱氧化<br>氣相沉積<br>濺鍍 | A<br>B<br>C | $A_{11}$、$A_{12}$、…<br>$B_{11}$、$B_{12}$、$B_{13}$…；$B_{21}$、$B_{22}$…；$B_{31}$、…<br>$C_{11}$、$C_{12}$…；$C_{21}$、$C_{22}$… |
| 光蝕刻 | 光阻塗佈<br>曝光<br>顯影 | D<br>E<br>F | $D_{11}$、$D_{12}$、…<br>$E_{11}$、$E_{12}$、$E_{13}$、…<br>$F_{11}$、$F_{12}$、… |
| 蝕刻 | 乾蝕刻<br>濕蝕刻 | G<br>H | $G_{11}$、$G_{12}$、…；$G_{21}$、$G_{22}$、…；$G_{31}$、…<br>$H_{11}$、$H_{12}$、… |
| 不純物質添加 | 離子注入<br>擴散 | I<br>J | $I_{11}$、$I_{12}$、…；$I_{21}$、$I_{22}$、…<br>$J_{11}$、$J_{12}$、… |
| CMP | | K | $K_{11}$、$K_{12}$、$K_{13}$、… |
| 洗淨 | | L | $L_{11}$、$L_{12}$、… |

（註）一般而言記號 $X_{ij}$ 中，X 為每個製程的裝置群的差異，i 為裝置製造商及機種的差異，j 為機台號碼。

## 圖 8-10-2　裝置的處理能力與產線能力的平衡

### 1.處理能力（晶圓片數／月）

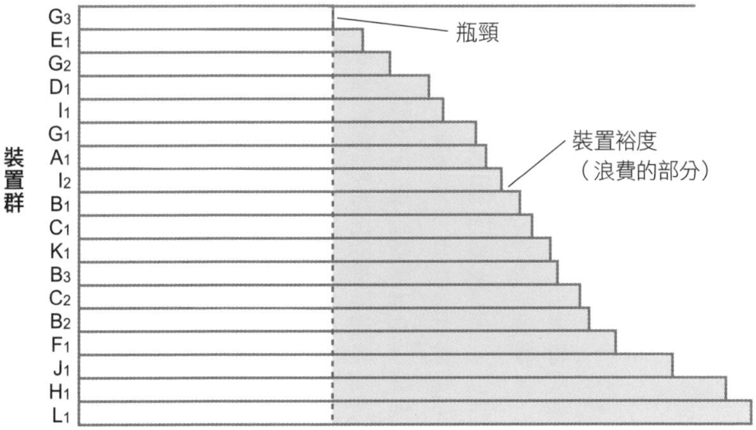






▶瓶頸（bottleneck）　瓶子的頸部，亦指造成障礙的東西。

Section 11

# 半導體工廠的零排放

## ——自我期許為環保的回收性循環產業

**零排放**（Zero Emission）是指為了實現回收性循環社會，由聯合國大學於1994年提出此一概念。

此概念將產業活動所排放的各種廢棄物及副產品有效活用，達到提升資源使用效率目的，進而使廢棄物的最終處理量降為零。

### ▼N社熊本工廠的零排放

目前幾乎所有日本的半導體工廠均已達成零排放，但最初實現零排放的，是N社的熊本工廠。如圖8-11-1所示，為了進行廢棄物的再利用，徹底執行分類回收，使廢氣酸類、廢棄油類、廢棄塑膠、廢棄石英玻璃再資源化。再資源化的主要用途，除了自己公司內部可進行回收、再生之外，也能成為其他產業的原料。

例如酸類，硫酸能夠成為無機物類的凝結劑的硫酸鋁的原料、磷酸能夠成為磷酸肥料的原料。另外，氟酸/氨混合液能夠成為鋁的冶金及乳白色玻璃的製造的原料——冰晶石（鋁酸鈉的氟化物）的原料。

此外，有機物質的光阻、異丙醇（IPA）可以用於助燃劑，而作為去除各種材料成膜蝕刻用光罩功能的光阻的光阻剝離液，則能夠再生利用。

至於其他物質方面，將廢水中和並進行微生物處理，殘餘的沉澱物（汙泥）可用於水泥原料，金屬屑可用於精煉用原料，廢棄塑膠可用於助燃劑，Waste（擦拭機械油汙用的紗棉）以及廢棄油類則可進行熱回收。

在燒窯業盛行的地區，石英玻璃可以混在土裡，成為燒窯業的原料。

### ▼節省能源方面的半導體產業貢獻

除了半導體產業本身是環保的循環性產業外，其他產業使用半導體所製造出來的電子設備，也對節省能源及提高效率產生貢獻。

由此可以得知，半導體產業能夠在涵蓋其他產業的前提下，對社會整體具有零排放的貢獻。

▶聯合國大學　由聯合國總會決議並且設置的國際協力機構而進行的研究、研修機關。總部於1975年設立於日本東京。

## 圖 8-11-1　製造廢棄物及廢棄物再生資源化的範例

| 排出物質 | | 再生資源化的用途 |
|---|---|---|
| 酸類 | 硫酸 | 硫酸鋁的源料 |
| | 磷酸 | 磷酸肥料用的原料 |
| | 氟酸 | 氟酸製品用的原料 |
| | 氟酸／氨混合液 | 冰晶石的原料 |
| | 氟酸／硝酸混合液 | 不鏽鋼的洗淨液 |
| 有機物質 | 光阻 | 助燃劑 |
| | 異丙醇 | 助燃劑 |
| | 光阻剝離液 | 再生利用 |
| 其他 | 汙泥 | 水泥用的原料 |
| | 金屬屑 | 金屬精煉用的原料 |
| | 塑膠 | 助燃劑 |
| | Waste（擦拭機械油汙用的紗棉） | 熱回收 |
| | 油類 | 熱回收 |
| | 石英玻璃 | 燒窯業用的原料 |

**硫酸鋁**：可利用於無機物類的凝結劑
**冰晶石**：可利用於鋁的冶金及乳白色玻璃的製造
**汙泥**：將廢水中和並進行微生物處理後殘餘的沉澱物
**Waste**：擦拭機械油汙用的棉紗





▶窯業　陶瓷器、玻璃、水泥、磚頭等製造業的統稱。使用窯進行高溫加工的工業。

Section 12

# 半導體廠商的產業策略
## ——Intel、Samsung、TSMC

半導體具有邏輯及記憶體等各種種類，產業型態還分有**IDM**、**foundry**、**fab-light**、**fabless**。在製造面上，視產品及產業型態的不同，各家廠商選擇了不同的方向（產業策略）。

### ▼What and how

美國的**Intel**所製造的MPU具有從架構到各方面的專屬的機能，算是沒有他公司可以取代的半導體。製造此半導體的最初的生產線，對於預計導入的製造裝置等，必須在嚴格的檢討後進行選擇，而在展開到第二條以後的產線時，會採取盡量不做變更的戰略，稱為「copy exactly」，也就是完完全全的複製。這或許對於具有基本附加價值在於「**what**」（製造什麼東西）的產品而言，是最有效的生產戰略。

韓國的**Samsung**於DRAM及快閃記憶體領域中，擁有世界第一的市占率。對記憶半導體而言，其產品的基本附加價值在製程技術，如何以更便宜的方式穩定地大量生產為關鍵，故隨著製程技術及製造裝置的演進，如何用更精細的尺寸、更高的精度、更便宜的成本、更快的速度製造半導體，最為重要。

因此，在既有產線的裝置進行部分更新時，或是在購置全新產線用的裝置時，必須基於最新裝置的調查，根據比較檢討的結果，盡量更新到較有利的裝置。此種思考方式對於具有基本附加價值在於「**how**」（如何製造）的產品而言，是最有效的生產戰略。

另一方面，台灣的**TSMC**是世界最大的**代工**（**foundry**）。代工指的是，不進行設計，僅針對使用者所設計的半導體接受製造的委託的產業型態。對於代工而言，當然盡快導入能夠製造最先端技術的半導體裝置是必要的，但在裝置的裝機及調整上，對於裝置製造商的依賴度是很高的。故代工的真正價值，是對於多樣化生產的彈性，高良率、短交期等，具有良好效率的「生產系統」。

▶TSMC　Taiwan Semiconductor Manufacturing Company（台積電）的縮寫。為世界最大的半導體製造foundry，以fabless企業為主要客戶。

## 圖 8-12-1　半導體產業的型態

| 產業型態 | 特　徵 | 代表性企業 |
|---|---|---|
| IDM* | 從設計到生產，垂直整合於公司內部進行 | （日本）Renesas Elpida 東芝<br>（美國）Intel<br>（韓國）Samsung<br>（歐洲）ST microelectronics |
| Foundry<br>晶圓代工 | 不進行設計，僅接受委託製造 | （台灣）TSMC、UMC<br>（中國）SMIC |
| Fab-light<br>輕量晶圓廠 | 持有部分製造裝置，但也將一部分委託外部廠商製造 | （日本）富士通 microelectronics<br>（美國）TI |
| Fabless<br>IC 設計公司（無晶圓廠） | 專門設計，將生產 100% 委託外部廠商製造 | （美國）Qualcom、AMD、NVIDIA、Broadcom<br>（台灣）Media Tek |

***Integrated Device Manufacturer**　垂直整合型的元件製造商

## 圖 8-12-2　代表產品及製造商、產業型態的特徵比較

| 產業型態 | 主要 IC | 代表性製造商 | 附加價值的來源 |
|---|---|---|---|
| IDM | MPU | （美國）Intel | 機能（what） |
| IDM | 記憶體 | （韓國）Samsung | 製程（how） |
| Foundry | 邏輯類 | （台灣）TSMC* | 生產系統 |



▶Foundry　部分大規模公司會進行核心IP的設計。

Section 13

# 裝置製造商洩漏情報的問題
## ——從蜜月期到快速失去互信

在半導體產業發展的初期階段，特別是在日本，針對製造裝置的開發及量產機種的改善、改良，一般習慣由半導體製造商對裝置製造商進行技術指導。也就是說，半導體廠商在使用裝置進行實驗及量產過程中，所累積的經驗及know-how，回饋到裝置裡，使其能夠貢獻在新裝置開發及既有裝置改良上。

這種合作關係在後續日本的半導體製造商及**裝置製造商**間的關係上，帶來特殊的讓步與特別的情感。且讓曾在半導體製造商及裝置製造商雙方都服務過的我，來敘述一己之見。

**①know-how透過裝置製造商而洩漏？**

在日本半導體產業仍蓬勃發展之時，很少聽到這樣的事情，但在韓國及台灣等半導體產業勢力突然增強時，漸漸會聽到這樣的聲音：「日本半導體製造商的技術累積在裝置上，透過裝置流失到外國了」。這並非完全是荒誕之談，但若真的有無法保護重要技術的實情存在，應該說是智慧財產權戰略的缺乏。

由此觀點看來，不免有點「人窮志短」的印象。

**②半導體製造商的部分業務移轉到裝置製造商手中**

隨著半導體產業型態的變化，以及僅負責接受委託進行製造的代工製造商的勢力增強，過去主要由半導體製造商進行的製程建構等工作，有大部分均漸漸開始依賴裝置製造商。在此過程中，裝置製造商也從過去僅提供單機的模式，轉變成擁有迷你的生產線，在考量製程的前提下進行裝置開發。

**③牽涉商業習慣的應收帳款問題**

日本的半導體製造商及裝置製造商之間的應收帳款等支付條件等，與海外條件不同的問題，時時浮上檯面。在日本，款項支付通常在驗收後半年到九個月間，時間很長，而在海外的半導體廠商，一般多為驗收當月支付九成，餘款於次月付清。這個差異讓日本的裝置製造商的債權回收期間延長，而形成經營上的壓力。若認真要改變這樣的商業習慣，則必須就國家的整個業界，進行認真的檢討。

▶半導體裝置製造商　曝光裝置有Nikon、Canon，熱處理爐及成膜裝置有東京electron，洗淨裝置有Screen Holdings Co.,Ltd.、超純水裝置有ORGANO Corporation、Kurita等。

## 圖 8-13-1　日本半導體製造商及裝置製造商間的關係

**日本半導體產業的初期階段**
（～1980 年代：蜜月期）

半導體製造商對於裝置製造商進行技術指導
半導體製造商體系的裝置製造商的存在

↓

**關係的變化**
（1990 年代中期～）

- 日本半導體製造商的凋零
- 韓國、台灣半導體製造商的勢力增強
- 半導體業界的變化（IDM、fabless、foundry）

↓

**問題浮上檯面**

- **半導體製造商的技術 know-how 透過裝置而流失？**

↓

半導體廠商的人窮志短？
　疏忽、不小心？
　元件、製程技術的流失
裝置製造商的推銷、販賣促銷的武器

- **代工商業模式的勢力增強及擴張**

↓

裝置製造商擁有迷你的生產線，分擔部分的製程開發工作

- **日本及海外的商業習慣差異。**

↓

裝置驗收後的應收帳款的回收時間，日本廠商較長、海外廠商較短。

- **日本裝置製造商，七成以上的營收均來自於海外半導體製造商。**

↓

日本半導體製造商對於日本的裝置製造商而言，不再是大客戶。





▶商業習慣　不適用於法律的商業慣例。

Section 14

# 備而不用的停電對策
## ——電力不足時的優先順序

若整個供應半導體工廠的電源突然斷電，會發生非常大的損害。故為了避免落雷或積雪等自然災害，或是為了進行大規模的工廠內部工程而必須切換電源等狀況下的電壓變動問題，工廠必須具有適當的對策。

在半導體工廠中，若無法維持無塵室的運轉，則無法保持製造上所需要的潔淨度。另外，所有的製造裝置均由電能驅動。包括製造裝置在內的生產系統，均藉由電腦網路的情報處理，來進行運用、控制、管理。故為了避免發生在工廠以及相關裝置上的電源困擾，必須實施各種對策。

### ▼以UPS對應30分鐘的停電

代表性的措施有**UPS不斷電系統**（Uninterruptilbe Power Supply）。如圖8-14-1所示，一般的UPS，由將交流電轉換為直流電的「整流器」、將直流電轉換為所需要頻率的交流電的「反相器」、以及蓄電池構成，在30分鐘以內的停電或是瞬間停電等意外狀況下，可暫時由蓄電池提供備用的電力，並且在平時，也藉由反相器，將所提供的電源品質提高，以避免電源相關問題對機器噪成的影響。

在UPS中，大至能夠對應大規模系統及設備群的產品，小至能夠對應各個設備、電腦、及網路機器等產品，具有各種規模。就能夠對負載裝置提供定電壓、定頻的電源的功能來看，亦將之稱為CVCF（Constand Voltage & Constand Frenquency）。

### ▼緊急狀況使用的自家發電裝置

然而，當停電時間超過UPS能夠備用的界線時間的狀況下，必須啟動設置在工廠內部，燃燒柴油等發電的「自家發電裝置」。當然，自家發電裝置無法負荷所有的用電。因此，優先順序設定為，先考慮排除裝置等有安全顧慮裝置的備用，其次為維持無塵室潔淨度的運轉。

此外，為了對應因日本核能發電事故等，造成計畫停電即節電需求等相關的問題，也為了維持半導體工廠的穩定，有些企業進而加強自家發電裝置。

▶UPS　電源供應正常情況下，UPS另外還具有穩定電源的效果。

## 圖 8-14-1　不斷電系統（UPS）的範例

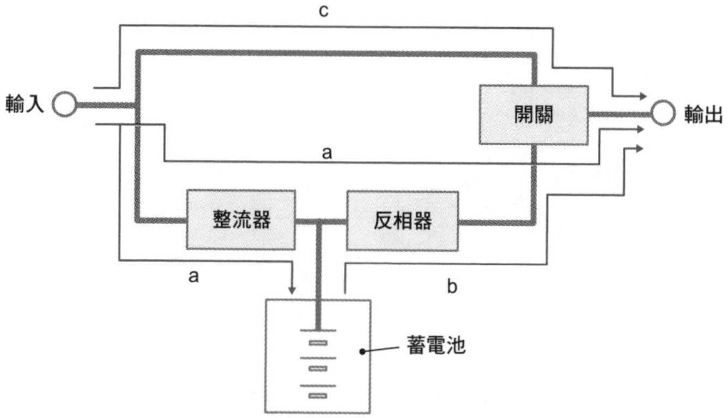


a：正常情況下電流的流動方向。通過一個整流器及反相器，提供高品位（高位能）的電，對蓄電池充電。

b：當輸入電源斷電時，從蓄電池經由反相器提供交流電。

c：當反相器發生不良時，直接供應交流電。



## 圖 8-14-2　利用自家發電裝置的優先順序

| | |
|---|---|
| 第一優先（有安全顧慮者） | ・毒物及劇物的供應控制<br>・廢氣、廢液的排除控制（吸著及燃燒）<br>・純水的供應與回收 |
| 第二優先（無塵室） | ・維持運轉 |
| 第三優先（控制系統） | ・電腦<br>・各種使用者介面 |
| 其他 | ・其他用電的裝置、設備、機器 |



▶自家發電　若在正常情況下，則會有成本過高的問題。

# 無塵室的健康調查

## ——無實際作用的工廠視察團

當我在N社的Y生產分公司工作的時候，曾經有一次，當時的日本學術會議會長以下數名成員，來到工廠進行視察。其視察目的，依照我的記憶，是想要掌握無塵室內的實際環境狀態，並進行與健康相關的調查。

我的公司進行的流程為，從工廠的介紹開始，到無塵室的說明，以及與地方單位的關係等，多為一般性的事務說明，並未提及到任何與健康相關的具體數據。其實，原本就沒有與健康相關的具體數據這種東西。故在說明後的質詢過程中，如下方範例所示，大多為沒有根據，只是流於一般對話。

**Q**：無塵室是非常潔淨的環境，那麼有沒有感冒較容易康復這種事實？

**A**：也許有這種可能性，但並不清楚具體的狀況。

**Q**：作業員有一半的生活時間均在無塵室中度過，是否有因此表示身體不適的狀況？

**A**：並沒有特別聽說有這樣的情況。

**Q**：在無塵室中，必須穿著特殊服裝，在與外部隔絕環境中工作，對於心理衛生是否有影響？

**A**：我們手中並沒有這樣的數據，也不曾聽說過外界有這方面的數據。故並不清楚具體情況。

### ▼化學物質及放射線的影響？

這種無濟於事的視察狀況，我想直到現在都沒有太大的變化。

當然，關於在無塵室內的勞動與疾病之間的關係，或是法律上的問題，應該是與在無塵室內使用化學物質（有機溶劑、有害氣體等）或是放射線有關。曾經有人懷疑無塵室內的工作，與癌症、呼吸系統、內臟、生殖系統、神經系統的健康障礙有關；而這些懷疑，主要是針對從事裝置維護的人員。

關於這部份，雖然目前並沒有明確且定量的因果關係，但在從事無塵室的構造及運轉的維持相關工作上，仍需要特別的注意。

▶日本學術會議　代表日本科學家的機關，於1949年根據日本學術會議法設置。

# 最終章

# 復興「日本半導體」的處方籤

# ❶席捲整個半導體業界的重大變化

在撰寫本書的2012年2月27日，日本唯一的DRAM製造商，或是應該稱為日本半導體代表的「**爾必達**（Elpida）」，才剛申請破產不久。這場破產為日本製造業史上最大規模（負債總額高達4480億日圓），這個新聞不只對半導體業界，甚至對整個日本業界乃至官界、學界，均帶來相當大的震撼，訊息在一般民眾之間更是如星火燎原般擴散開來。

這個衝擊，大體上來說對人們帶來兩種截然不同的想法，一種是熟悉半導體業界的人們會覺得「啊，果然，終於發生了」這般放棄的念頭，而對半導體業界不熟悉的人們，則會覺得「怎麼可能」，意外得說不出話來。

日本的半導體業界於1980年代完成了大躍進，在1980年代末期佔有全世界50%以上的市占率。然而這個高峰期，一旦進入1990年代之後，彷彿從斜坡上一路滾下來，逐漸下降，其中從未有過好轉，經過了20幾年無為的時期，一直到今天。

針對這個狀況，當事者企業乃至業界及相關產業界，甚至包括日本政府，並非是袖手旁觀不做任何動作，然而以「結果」論，只能斷言是「失敗」的。

筆者在這樣的背景下撰寫此書，雖然與本書主題沒有直接關聯，但身為長期奉獻心力於半導體業界及半導體製造裝置業界的一員，藉此思考日本的半導體產業落入窮途末路的過

▶IDM　Integrated Device Manufacturer的縮寫。

程、半導體產業的變化、以及今後的對應方式等，亦符合本書的立意。

針對日本半導體產業的問題，希望除了日本，其他國家與業界也能當作自己的問題一般，作為參考，那麼首先，讓我們來看看全世界半導體業界曾發生的大規模產業型態變化。

### ▶Fabless及Foundry的勢力增強

在1980年代中期之前，所有半導體廠商均為現今所稱之**IDM**型態（垂直整合型元件製造商），從「設計、製造、販賣」的垂直整合型業務，均在自己企業內部進行。例如Intel、NEC、富士通、日立、東芝等，均可說是相同的型態。

然而從1980年代後期起，誕生了下列兩種新型的商業模式：

①**Fabless**：本身沒有生產線，僅接受設計的委託。

②**Foundry**：本身不進行設計，僅接受製造生產的委託。

兩者之間互相發揮垂直分工的綜效而發展至今。

Fabless及Foundry在全世界半導體銷售量的比例，自1995年以後出現極速的成長，近期甚至分別成長了20%（Fabless）及10%（Foundry）以上。

使垂直分工的新型態商業模式變為可行的背景為「個人電腦的成長與普及」，接著由行動電話代表的行動裝置電子設備的爆發性成長，則更加推波助瀾。

就**Fabless**來說，因為不擁有工廠，故不需要鉅額的資金，只要有不同應用領域所需要的know-how軟硬體方面技術者，則可運用標準的**EDA工具**來進行高附加價值**SOC**的設計。這是只要擁有人才，則很容易進入的產業種類。

▶EDA（Electronic Design Automation）　**意指將半導體及電子設備的設計自動化的軟體、硬體，或是方法。**

代工，以接受委託製造為其主業，故需要鉅額的投資。另一方面，由於不擁有工廠的Fabless企業，以及到垂直整合型的IDM企業，均會收到委託製造的訂單，因此代工企業具有能夠靈活運用以不使產線閒置的優點。再者，大型代工企業亦自行建構了包括通用型IP及週邊電路的，屬於企業的IP資料庫，也會將此資訊供應代工企業。藉由這個做法，對於代工企業來說，不但能夠集中資源於核心部分的設計，亦能達到縮短設計所需時間的雙重效果。

如同上述，現今的代工企業已不僅僅是接受委託製造的商業模式，更進一步從開發階段起，即與Fabless企業進行合作來提供SOC解決方案（利用SOC來實現特定系統機能，並以最佳化為目標來進行的技術方案）的商業模式。

▶SOC（System-On-Chip） 在一個半導體晶片上搭載了一整個完整集合性機能的積體電路。或是指為了實現這樣的電路而進行的設計法。

▶IP （Intellectual Property，智慧財產），在此文中指的是設計資產。

## ❷ 尋找半導體製造商凋零的原因

探討日本半導體廠商「引起凋零的內部原因」，大致可以找到下列幾點。

### ①成本策略——累積式的成本計算是愚昧的策略

日本的半導體廠商，從經營階層到管理階層，下至責任者，均幾乎沒有任何成本意識。換句話說，並沒有身為企業體的成本策略。

企業的高層主管不應該以累積式的成本決定方式，而應該下指令「為了將成本控制在○○元以內，請各部門思考自己該做什麼事」，但實際上均不是這個樣子。

就這個缺乏成本策略的觀點來說，日本的大型半導體廠商（除東芝之外）形成稱為「舊電電家族（NEC、日立、富士通、沖）」綜合電機製造商的一個事業部門，重新起步，亦有原因。

在向電電公社（現在的NTT）進行交貨時，他們還能夠以「**累積式的成本計價方式**」，也就是在實際支出的花費之上追加「適當的利潤」，再來決定報價。舉例來說，也就像是目前有不少問題的東京電力公司的方式。

然而，當半導體產業，特別是在記憶體等缺乏差異化的產品盛行，製造商出現時，隨即變成完全的買方市場，而「以價格決勝負」。現實的狀況是，例如當全世界能供應DRAM的製造商有五間，第一名跟第二名仍然能保有利潤，剩下的製造商則均賠錢。也就是說對記憶體製造商來說，提升自己的市占到前幾名，還是甘願留在後幾名，已是死活問題，因此對於不具有嚴格成本策略的日本製造商來說，只有退出戰場一途。

### ②落後的技術策略──望塵莫及的日本技術者

第二個問題，是在於半導體設計時使用的**EDA工具**。從1980年代後半直到進入1990年代，半導體的設計開始全面廣泛使用CAD（電腦支援設計），依照如左頁圖1所示，階層式從上而下的流程為：

**功能設計↓邏輯設計↓電路設計↓佈局設計**

特別是在邏輯類的IC，其中的SOC類，已成為不可或缺的方法。配合此風潮，例如Cadence、Synopsys、Mentor等**EDA供應商**也越來越具存在感。

但在另一方面，日本的大型半導體製造商，因為擁有企業內部自行開發的EDA工具，故仍一味地使用自行開發的EDA工具來進行產品開發。甚至是認為「使用自行開發的EDA工具才是公司的強項」，不能將此工具讓公司之外的人使用，認為維持封閉的狀態較為有利。

然而，堅持的結果如何呢？術業有專攻，EDA供應商所提供的工具，廣泛被世界上的設計者所使用，除了不斷改善，同時亦逐漸標準化，以此工具所設計的產品，在各個設計領

▶Mentor　公司名稱的由來，為指導者、建議者、恩師、顧問等意思。希臘神話中奧德修斯出征特洛伊戰爭時，將泰勒瑪科斯交由優秀的指導者（Mentor）為其由來。

## 圖 1　半導體製程的概略流程

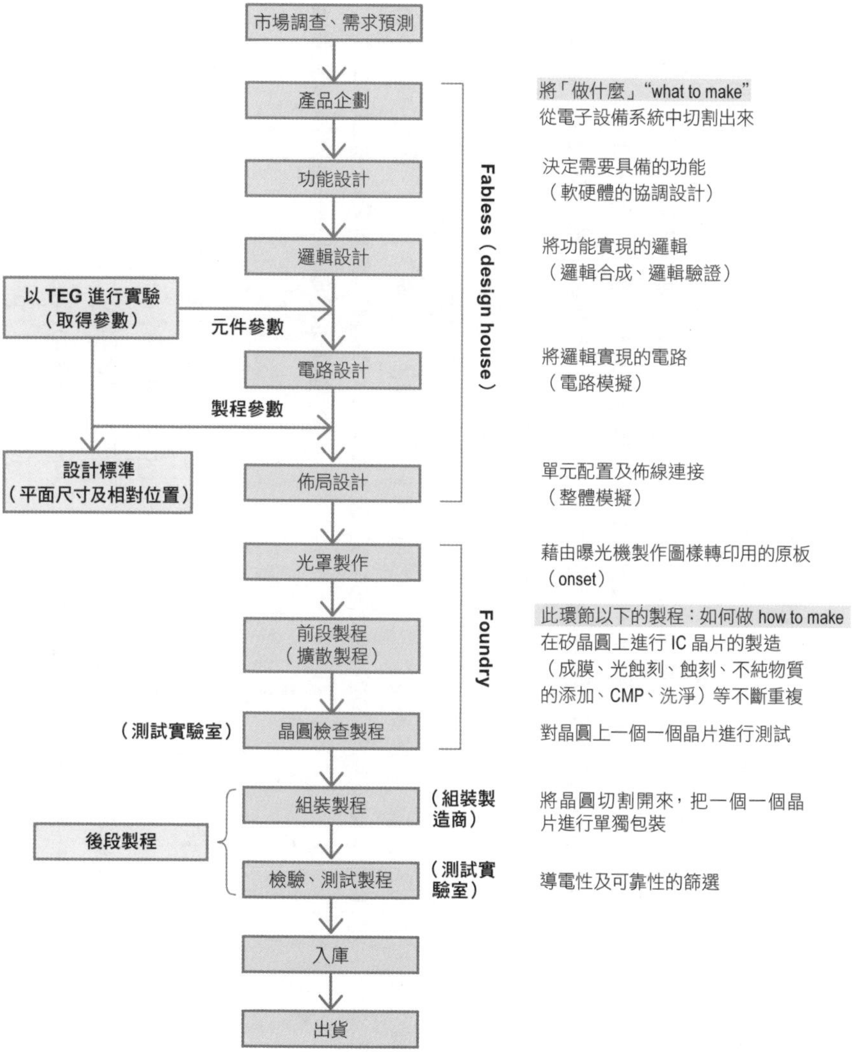






▶TEG（Test Element Group）　半導體的設計、製程、製造、可靠性的檢討及評估用的單元，或者是製作該單元的光罩。

域上均發佈了許多優秀的IP（設計資產）。

相對的，執著在自行開發的EDA工具的日本半導體製造商，不僅在EDA技術的快速進步中顯得落後，且以其自行開發工具所設計的IP不但逐漸失去通用性，還越來越無法使用公司外部開發的優秀IP，進一步失去了具有競爭力的開發環境。

此為日本半導體製造商在1990年代之後，在邏輯類產品上無法形成大幅躍進的其中一因。

### ③錯誤的產品策略——高層的缺乏理解

在各家日本半導體製造商於DRAM領域快速提高市占率的1980年代裡，日本的NEC、富士通、日立、東芝、沖等各家電腦製造商、以及電電公社（現今的NTT）、還有美國的IBM、HP、DEC等為其主要的使用者。針對業界這些大型公司所提供的DRAM，成本雖然很重要，但更優先著重於「性能及可靠性」。因此，當時製造的**DRAM**均為**重裝備的形式**，構造複雜，製程也冗長，是為日本製造商的強項。

然而，在之後的電腦及其他電子設備的快速成長潮流之中，使用者逐漸從大型企業轉換至小型的使用者，而對簡易、低價的**輕裝備型DRAM**的需求，產生了快速的成長。

日本半導體製造商無法因應這樣的快速市場變化，而美國的專業DRAM製造商Micron，卻能夠以日本半導體製造商少四成的製程來生產。當製程少四成，製造費用也同步降低四成，生產同樣數量產品的設備投資，也可以減少四成，就成本的觀點，可以說僅以三分之一（0.6×0.6＝0.36）的成本來進行生產（當然同時存在其他的影響，實際的效果並不會如此顯

▶Vendor　販賣者、交貨業者的意思，自動販賣機（vending machine）極為普遍。

著）。

如此一來，在1990年代中期之後，日本半導體製造商在DRAM領域的市占大幅減少的同時，在微型領域的市占爭奪戰的失敗，導致日本的凋零逐漸產生決定性的結果。

當時，日本半導體廠商的前幾名企業，一致打出的策略均為「接下來以SOC出擊（SOC請參照216頁的説明）」。

SOC產品在一般的電路之外，還搭載有CPU等功能電路、SRAM等記憶電路、以部分產品還包括DRAM及類比電路。也就是説在SOC登場的背後，隨著設計技術及製造技術的進展，能夠利用IP核心作為整體的功能電路區塊的大環境亦已逐漸形成。

然而仔細想想，讀者是否會覺得「接下來以SOC出擊」這種主張有點奇怪。畢竟SOC再怎麼説也只是針對設計法及電路構成的稱呼，而沒有DRAM或是微型產品之類的具體產品名稱。因此，當時在許多半導體相關的人們之間流行者一種説法，「SOC的重要性可以理解，但是究竟要用SOC來做什麼？」

説難聽一點，「接下來以SOC出擊」只是陷於困境的半導體經營階層，迫不得已的宣言，或者是不甚了解實際情況的經營階層接受親信的建議，而拋出的口號。因為SOC本身只是邏輯類、SRAM等記憶體，再加上DRAM及類比電路等混合搭載的產品，必定會增加設計及製造上的成本。

從商業上的觀點來看，當時的時空背景下所需求的，是利用SOC架構、能夠提升相對高的售價、並能販賣一定數量的產品。



▶IP核心　等同於IP。當提及「〇〇的IP核心」，指的是特別針對某樣目的而強化的IP。例如，影像處理用有「影像處理IP核心」等。

老實說，關於ＳＯＣ，日本的半導體製造商還有別的問題。也就是說，從ＳＯＣ商業模式逐漸成氣候的１９９０年代起，隨著前述的Foundry商業型態的興起，「Fabless＋Foundry」的互補式垂直分工的全新業界方案已被確立。

Fabless根據不同的電子設備應用領域的技能及know-how，完整發揮標準ＥＤＡ工具，發展出具有通用性的核心ＩＰ，並進一步利用核心ＩＰ進行設計。特別隨著行動裝置領域最具代表性的手機爆發性成長，具有通訊領域的know-how、開發速度快的優秀Fabless企業，逐漸展現其優勢。

如此，由Fabless設計出來的ＩＣ晶片，委託由擁有高度生產系統的Foundry製造商來生產，並以極高的效率供應到市場上。

另一方面，在日本半導體製造商的ＳＯＣ的例子中，並非集中火力在對外販售，而是更集中開發資源於提供自家企業及日本家電產品用的ＩＣ上面。舉例來說，搭載在自家生產手機上的核心晶片，想當然爾，會與公司內部的裝置相關部門進行緊密的合作，但其合作內容屬於裝置事業部的know-how，並不會對外提供。

因此，在此背景環境下開發的核心晶片，在誕生的同時即屬於特殊規格，而脫離了通用（業界標準）的軌道。再者，針對日本市場的家電等電子設備而開發的ＳＯＣ，因日本市場的規模有限，出貨量也因此受到了限制。

圖２所示為邏輯類ＬＳＩ（最近也包括了ＳＯＣ）的功能分類一覽，其中可見日本半導

▶核心IP　在IP之中，特別具有高附加價值的部分。

**圖 2　邏輯類 LSI 的功能分類**

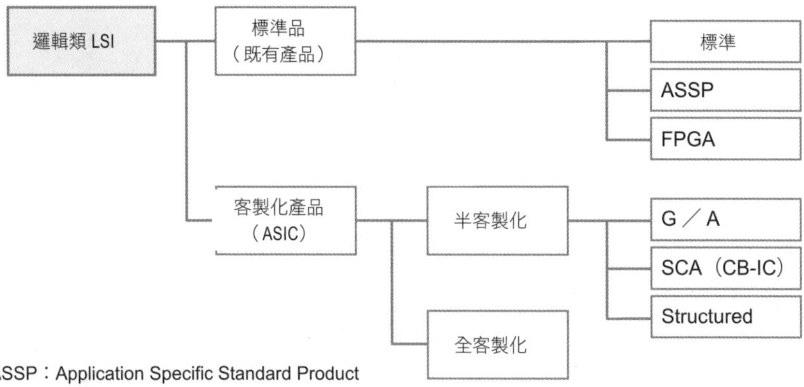


ASSP：Application Specific Standard Product
FPGA：Field Programmable Gate Array
ASIC：Application Specific Integrated Circuits
SCA：Standard Cell Array
CB-IC：Cell Base Integrated Circuits



體製造商在針對日本市場的客製化產品（ASIC）上仍占有一席之地。但是，在能夠大量出貨的標準品領域，特別是ASSP與FPGA領域中，則大幅落後於Fabless廠商，至於Foundry製造商在SOC領域上所擅長的高效率生產系統方面，日本的半導體廠商也沒有達到最佳化。

此外，中間某個時期，日本的半導體製造商的經營階層認為：「採用了以高精細度為代表的先進技術SOC，設計與製造之間的細微協調是必要的，故Fabless-Foundry產業分工體制仍會有極限，而IDM是能解決此問題的唯一方案」。

但是歷史卻以相反的方向前進。日本大型IDM最終無法取得用來生產先進技術品的生產線資金，甚至出現轉而



▶邏輯類LSI的分類　以衣服來比喻，標準品則為「架上成衣」，半客製化則為「訂製服」，全客製化則為「量製服」。

委託給Foundry企業。

### ④半導體部門的悲歌——被綜合性電機大廠視為「新興、一個事業部門、怪物」

在過去將近四十年間，半導體業界經歷了約每四年為一個景氣好壞變動循環的「**矽週期**」。然而就中長期的觀點來看，市場規模本身維持著極高的成長率，故對於半導體企業來說，「**投資的時機**」是為攸關生死的重要決策。也就是說是一個能夠「趁著不景氣的時候斷然進行設備投資，事先準備好生產能力，配合著景氣的回溫一舉提高生產數量」來領先市占的產業結構。

然而，日本的大型半導體製造商，不論是日立、NEC、東芝、富士通，均不過是「綜合性電機大廠的一個事業部門」，無法積極進行投資戰略。半導體事業部在整個公司內部，相對於原有的重電、通訊、電腦、核能等公司的主幹事業部來說，被視為「新興勢力」。

再者，由於半導體並不與終端消費者發生直接關聯，故多被視為僅僅是電子設備的其中一個部品。因此在公司內部，經常發生半導體事業部門與公司內部客戶（使用者）之間，針對新產品開發及通用品的供應方面的實務上或是心理上的對立及衝突。

站在其他部門的觀點來說，半導體在景氣好時雖然賣得非常好，但在不景氣時的衰落也極端顯著，也就是一個只會吃錢的「怪物」。在這樣的狀況下，絕對不會有經營階層有勇氣在不景氣時，斷然決定進行數百億日圓的大型投資。

在這一方面，其他世界各國的半導體專業製造商，則因為對於半導體產業特性的充分理解，而能夠及時做出大膽而適切的決策。

▶Crystalcycle　相對於半導體的「矽週期」，以Crystal cycle表示在液晶顯示器上的景氣好壞變動循環的週期。

## ⑤合併的失敗——不具優勢的弱者聯盟

面對日本半導體製造商兵敗如山倒的凋零慘狀，日本的半導體業界在日本經濟產業省的指導下，進行了數次的整併（參照圖3）。例如，1999年將NEC與日立製作所的記憶體部門合併為專業製造商「NEC Hitachi Memory」（後續改名為「**爾必達記憶體**（Elpida）」），進而在2003年也收編了三菱電機的DRAM事業。

在2003年，日立製作所及三菱電機的微電腦及系統LSI部門整併，設立了「瑞薩科技（RENESAS Technology）」。而在2010年，將瑞薩科技與NEC電子進行合併，誕生了「瑞薩電子（RENESAS Electronics）」。

所設立的這兩間半導體專業製造商，在形式上必須獨立，由市場上取得資金並獨立經營，但在實際的運作上，母公司仍為大股東，即使在分割出去之後，在各種決策仍會受到母公司的支配，因此新公司在決定權上多所受限。

此外，還存在著質與量上的重大問題。在量的問題上，整併後的兩間公司均不是在特定領域具有全世界壓倒性市占率的規模。講難聽一點，根本是「弱者聯盟」。

在半導體業界，只要擁有領先的市占率，無論有形及無形均具有優勢。例如，包括市場情報等各種資訊，或是新型開發的製造設備等，都能比其他企業更優先取得（測試）。另外，也能從市場上獲得更多的資金，藉此在財務上擁有健全的體質。

然而這兩間公司，特別是爾必達記憶體，完全無法享受這種優勢。

另一方面在質的問題上，這兩件整併案，均無法發揮相異產品之間的綜效。舉例來說，

▶經濟產業省　負責半導體的是經濟產業省的「商務政策情報局」，負責半導體製造裝置的是「製造產業局」。

## 圖 3　日本半導體業界整併的歷史

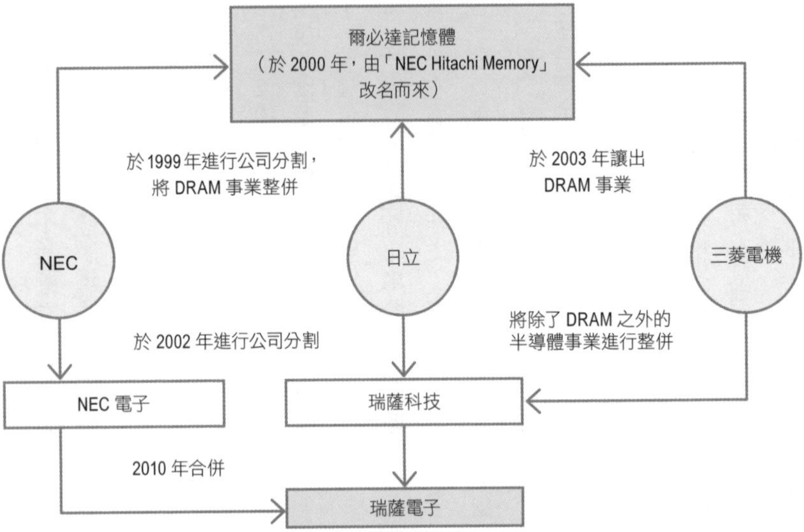


爾必達記憶體基本上是DRAM的單品製造商。但隨著手機及行動機器、數位相機等普及，相對於關掉電源就失去記憶體內容的「揮發性記憶體」DRAM來說，即使關掉電源也能持續維持記憶體內容的「非揮發性記憶體」快閃記憶體，逐漸提升重要度，但因為在快閃記憶體的領域，NEC與日立均已落後，爾必達記憶體當然也無從著手。故無法像韓國三星半導體，或是美國Micro一般，由於兩者同時擁有DRAM及快閃記憶體兩種主力產品，可視市場需求的變動維持平衡。

而瑞薩電子也並沒有成功地透過整併，藉由綜效提升產品構成等，達成質方面的事業轉換。

▶綜效　將事業或是經營資源妥善組合所生成的加乘效果。

### ▼番外篇——「know-how從業界流出」這件事是否為真？

然而，除了探討「凋零」的原因，一直被半導體業界視為A級戰犯的還有「裝置製造商才是真正的犯人」此種說法。這個說法的來由是，「半導體製造商的技術know-how被『導入到製造裝置內』，而透過該製造裝置販賣到日本國外，特別是韓國及台灣的製造商，使得技術know-how流出」，就理解半導體產業的面向來說，由於與本書的主題有關，故在此利用少許篇幅為讀者說明。

這個議論的論點在於「是否只要擁有完整的製造裝置，任何人都能夠製造半導體？」—（參考第八章第13節）。日本大型半導體製造商一方面擁有關係企業，是以兩人三腳的合作方式，進行製造裝置的開發。在此過程中，確實半導體技術是以各種形式導入製造裝置。

然而主張「know-how從業界流出」的人，主要幾個理由如下：「半導體製程中需要許多製程間（或是數個部門之間）針對技術細節的協調合作，而此協調合作為日本企業最為擅長的一個部分。日本的半導體產業也是這樣在世界上取得了重大的躍進，然而最終該細節累積在製造裝置內，而內藏在裝置裡。接著隨著裝置的出口，也就是作為包裝好的方案技術，使得半導體製造的know-how流出到國外」。乍看是相當有道理的一個結論，不是嗎？

然而，實情並非如此。半導體製造商在配合具體的產品及製程，將必要的元件參數實現時，基於各種實驗並尋求最佳的條件設定，並將參數設定導入到產品的處理上。多數的參數設定之間，形成複雜而微妙的組合，在實現需求的元件參數上是必要的。因此，如何使用裝置的選擇及設定，是由半導體製造商來進行，並非由裝置製造商來進行。

由上述的說明能夠了解到的是，即使擁有完整的製造裝置，也不能夠製造半導體。從半

▶Portfolio　原意為紙夾或是公事包，在此只企業所擁有的資產一覽及資產構成。

導體的開發到生產的整體流程中，必須針對各製程的位置具有詳細的理解及掌握，並且在各製程中，必須具有足夠的能力將產品需求的裝置功能引導出來。

因此，「日本的半導體技術透過裝置製造商從業界流出」的說法，雖然並非完全沒有根據，但應該思考為「確實有發生元件技術的流出，而造成裝置技術的know-how被國外競爭對手拿去使用」，而這個問題是因為日本企業對於有能力的技術者沒有給予適當待遇，使人員從日本流失（轉到韓國或中國公司工作），這其實是經營階層的責任問題。

▶參數組合　原本指的是記載了料理的材料或調理方法的文件。在半導體產業的參數組合，指的是由溫度、壓力、氣體流量等，在製造半導體時不可或缺的要素構成的資訊。

# ❸產業復興的處方籤

那麼，究竟要怎麼做，日本的半導體產業才有可能再度復興？讓我們試著尋求處方籤。

## ①降低成本——是否可取消光蝕刻製程？

看到這個標題，若有半導體相關工作者覺得非常愚蠢，那麼再度復興是不可能的。換句話說，我並非單純地詢問「是否要取消光蝕刻製程」，而是在質詢各位是否有從半導體製造的根本來進行完全改變的「覺悟」。

目前為止進行的降低成本方法，不外乎藉由提高良率來降低成本，這也是非常重要的一件事情沒錯，但是到了這個地步，必須思考戰略性的降低成本方針。

若目標的實現非常困難，理應放棄開發本身，但各位應該再一次改變思考方式，並不是「如果要開發要花費多少成本」這種傳統的成本累積方式，而是在高層「零成本」的指示下，所有的部門均要降低成本目標，並且以必成的決心來執行。

為了讓技術者能夠具有明確的成本意識來完成其工作，必須在日常工作裡，對於自己負責工作內容的成本結構，具有充分的理解及掌握。因此，會計部門等負責控管成本的部門，必須提供成本結構相關的資訊，並且對相關人員進行教育訓練。例如，「如果半導體製程減



▶處方籤　原本指的是醫生對於病患提供的，記載了用藥種類及量，以及服用法等文件。在此用來比喻「具體來說該作什麼」。

少一道光蝕刻製程，能減少多少成本呢？」等等。這是因為當人們固守既有的觀念，就沒有辦法進行策略性的降低成本方案。

## ②以「萬能記憶體」一決勝負——爆炸性打開新市場的可能性

在DRAM或快閃記憶體這類已經無法差異化，種類少、大量生產的產品，日本已經可以說是幾乎不可能追上韓國。

想當初，應該將日本爾必達及東芝的快閃記憶體部門合併等斬釘截鐵的產業重整動作，「**使其能夠同時擁有DRAM及快閃記憶體兩種武器**」來讓市場產生變化，進而使企業營運狀況達到不易隨景氣變動的平衡狀況，並生成在全世界市場上具有足夠競爭力的企業。然而，既然爾必達已經決定被美國的Micro併購，就必須思考其他的戰略。

在此，重新思考下一個世代的記憶體需求，可以看到一個重要的技術革新。稱為「**萬能記憶體**」，也就是兼具DRAM及快閃記憶體兩者優點的產品。萬能記憶體的特性為兼具下述兩個特性的記憶體。

①如同快閃記憶體，即使切斷電源也能夠維持其記憶內容的非揮發性。

②如同DRAM，具有高速寫入、讀取的隨機存取功能。

目前，針對各種候選技術，全世界各方英雄好漢已展開熱烈的研究開發競爭。在此領域中，日本並沒有落後，務必集結以半導體業界為中心，包括其他相關產業及國立研究所或大學等產官學的智慧，來儘早確立足以領先世界的技術，並使其商品化。

在不遠的將來，此萬能記憶體十分有機會成為普遍化的日用消費性產品（Commodity），

▶萬能記憶體　從其作用方式而取的名稱。因為其利用新開發材料，且具有新的作用方式及原理，亦可稱為「功能記憶體」。

獲得大規模的市場，或許是使日本半導體產業重新振興的關鍵之一。若此技術確立，則不但可作為單一的記憶體產品來使用，還可以應用在CPU及邏輯類產品中，更開拓了實現低功耗、開創新架構的可能性。

再者，在開發萬能記憶體的過程中獲得的核心製造技術及相關know-how，希望不直接呈現在製造裝置上，而必須由半導體製造商掌控主導權。例如，針對核心技術部份，由半導體製造商保留一部分硬體及軟體的選項，唯有與標準裝備的裝置連接起來，才能夠發揮必要的功能，這類的方法。

再次重覆，作為起死回生的一環，在**萬能記憶體上必須匯集產官學界的眾人智慧**。透過領先世界開發並商品化，使日本的業界能重新奪回記憶體的寶座，並不是夢。

### ③思考未來一個世代或兩個世代的晶圓製造生意（Foundry Business）

關於Foundry Business，並不建議日本追趕目前領先的台灣TSMC（Foundry業界第一）、美國的Global Foundries（第二位）相同的東西。因為那只會苦苦追趕在後而已。

不只日本的半導體業界，包括產官學界及整個日本國所需要做的，是思考未來一個世代或兩個世代的Foundry。

再加上日本最擅長的半導體製造know-how，以及最先進的高效率生產系統的導入，對於TSMC等Foundry Business進行徹底的調查及研究，必須追加對於使用者來說有吸引力的新要素。

同時，半導體製造商必須針對打算放入最先進的Foundry來生產的新產品開發，在設計技



▶日用品（Commodity） 生活必需品、日用品、通用品的意思。意指在同樣的產品分類中，無法清楚分辨依製造商不同而帶來的功能差異的產品。價格為其主要的差異。

術力上有所提升。此外，必須連同產官學的合作，來培養能夠依不同應用領域、設計出有特徵的產品，並且委託最新進的Foundry進行製造的Fabless企業。

### ④「具有綜合判斷能力的技術者」養成關鍵

優秀技術者的養成是為當務之急。例如在企業內部，視每個所負責的領域，當然必須具有該領域所需要的豐富知識及卓越技術的人才，但在同時，培養具備有能夠跨領域思考及實踐意識的人才，也是很重要的。

具體來說，也就是「能夠就設計及製造雙方面進行綜合判斷的技術者」，或是針對半導體設計上，視所搭載的電子設備的不同，「同時了解軟體及硬體雙方面，能夠以最佳化切分來實現的技術者」。

要能夠養成這樣的人才，在公司內部必須有**計畫性的業務轉調**，從公司外部則必須積極地**獵人頭**。為了達到這個目標，各部門的領導人必須確實掌握「我的部門在實踐什麼事情」、「為了實踐這些事情，我缺乏什麼樣的人才」，並且提報給人事部門。例如原電電集團所實施的「禁止互相雇用對方的退休員工」這種雇用規則，本身是很愚蠢的一個做法。再者，辭退技術人員不是按照年齡大小，也很重要。

「企業即人」這個道理，在半導體這類的先進技術領域企業，也是相同的。差異只在所需求的人才不同罷了。

除了老派的「具有溝通協調能力、能在團隊合作中執行被決議的事項的人」之外，在某些限定的領域，還必須擁有「具有特殊能力，能夠創造出新技術及新產品的有個性人才」，

▶TSMC　Taiwan Semiconductor Manufacturing Company Limited的縮寫。

並且願意重用人才的制度與氛圍，或者是在企業內部培養此文化，企業才能夠生存下去。

此外，做為未來幹部及經營階層，不僅需要從企業內外部發掘適合的人才，還需要讓員工在企業內的各個部門累積經驗，並透過留學或海外勤務等，培養出同時在「技術＋管理」的雙方面均具有長遠眼光、擁有長期展望及深入洞察力的人才。

**⑤為了開發新應用**

在稅制等制度面上，特別是與台灣及韓國相較之下，日本明顯不利，急需對策。此外，也需要國家規模的專案，提出半導體產業振興及發展上的策略，藉以進行產業支援對策。

**⑥掌握東南亞需求**

在邏輯類IC上，半導體製造商如何抓到海外的需求，特別是東南亞，以及產品化的策略，將越來越重要。另外，必須強化與對於未來有願景及規畫的各領域終端產品製造商之間的合作，一起將具有各領域所需求特徵的終端產品中，所需要的半導體，盡快開發出來，並成為世界標準。

＊　＊　＊

日本的半導體產業頻臨存亡的危機。如同半導體在日本的別名「產業的米」，從個人電腦到大型電腦、有線、無線通訊、智慧型手機、行動終端產品、家電等民生機器、各種產業





▶國家規模的專案　半導體的國家規模專案，並非僅是多數零散細微想法的集合，而是具有明確目的，大金額（兆日圓等級）的集大成式的專案。

用機器、汽車等均必須使用，是資訊化現代社會的根基。

因此，一旦失去半導體產業，對於廣泛的產業領域均會造成嚴重的負面影響。雖然也有人認為「半導體從外國便宜的買來就好了嘛」，但事情並不是這樣的。這是因為半導體「**既為零件、也是系統**」。

因此，若日本沒有了半導體產業，應用半導體的產業領域的根基也將被削弱，而漸漸衰退。日本半導體產衰退，將連帶為其他許多產業帶來負面的影響。為了再次復興日本的半導體產業，至少在這兩、三年間，必須盡快遏止衰弱的態勢，並且使其重新回到上升的軌道。

為了達到這個目標，必須好好思考本書所敘述的幾個重點，並且將其實施。

日本半導體產業是否能夠再次復興，不只是與半導體產業相關，更與產業全體的決心有關。若不要放棄，繼續挑戰，則未來的大門仍將會開啟。

▶產業的米　也稱為「產業的釘子」。兩者都有種老舊的感覺。或許該改稱為「產業的細胞」。

氮氣 29
不斷電系統 210
無塵衣 158
無塵服 192
無塵室 18, 156
無塵室製造商 168
稀有金屬 154
等級選別 130
絕緣體 32
超純水 24, 64, 100
超純水製造商 120
超解析度技術 112
超臨界流體 186
週邊 15
傾向管理 152
微負載效果 52
微粒子 62, 146
微粒子數 102
微環境 162
感官確認 178
業務代表 134
準備 106
溶氧量 102
瑞薩電子 225
節省人力 142
群管理 144
萬能記憶體 230
裝置裕度 202
裝置製造商 90, 208
裝載 74
裝載器 74
資材採購部 22
閘極電極 38
零排放 204
雷射補修機 70
電力 24
電子等級 104
電阻率 32, 102
電洞 54
電路圖案 50
電遷移 66
預烤 48
對準 144
對位 144
爾必達記憶體 214, 225
瑪蘭格尼乾燥法 64
管理界限 152
綠色鋼瓶 194
蓋印 84
蓋印記號 136
蝕刻 35, 48, 52
裸晶 68, 124
製造工期 166
銀膠 74
銅佈線 66
層流 160
暫時停止 106
標識 84
潔淨度 156
熱氧化法 44
熱處理 56
熱處理爐 56
熱擴散法 54
線鋸法 42
調整 90
輪班制 140
遷移 66
鋁佈線 66
導角 42, 98
導電性測試 122
導電體 32
樹脂裝載 74
樹脂製模包裝 74
機台指定 144
機台間差異 144
機械研磨 42
水平式爐管 184
燈管退火器 56
燒機實驗 122
磨耗故障 128
磨邊 78
磨邊加工 98
錠 42
隨線監控 178
靜電對策 196
優先順序的決定 148
檢驗、篩選製程 35
檢驗、篩選線 21
濕式洗淨 62
濕式蝕刻 52
環境工務部 22
垂直式爐管 184
黏片機 74
擴散製程 34
擴散線 18
擴散爐 184
濺鍍 38, 46
雙鑲嵌佈線 40
離子注入法 54
離子數 102
曝光 50
曝光技術 112
曝光後烘烤 50
藥液 96
識別 84
鏡面研磨 42, 60
關閉太郎 194
爐
爐管 118, 184
攤提 94
變形照明法 112
驗收 91
鑲嵌佈線 66
鑲嵌製程 66
鑽石鋸 72

向下氣流 198
多面貼附 114
成本 94
成膜 34
有軌機器人 142
有機溶劑 62
汙泥 58, 60
灰化 53
自由電子 54
自家發電裝置 210
行政事務樓 12
佈值後熱處理 56
低壓電氣處理者 180
佔有地面空間 184
克拉克數 88
吹滅現象 108
完全平坦化 38
局部潔淨化 162
形成氣體 56, 110
快閃記憶體 227
批次大小 190
批次處理 116
批量式洗淨裝置 62
步進機 50, 114
良率 98, 188
初期故障 128
定期檢查 200
所有檢驗 122
抱怨 136
直接販賣 134
矽 32, 88
矽化 38, 56
矽循環 176, 224
矽晶圓 42
矽製造商 86
空氣淋浴 158
表面實裝型 82
金片裝載 74
金屬矽 88
金屬氧化物半導體 32
非氣密式封裝 80
保密協定 172
保護膜 40
信越半導體（日本） 86
可靠性 128
可靠性品質管理部 22
前段製程 34
前段製程良率 188
品質保證部門 136
品質保證期限 96
封裝 80
後段製程 34
後段製程良率 188
急行批 166
急速熱處理 118
故障曲線 128
洗淨 35
洗淨製程 62
電洞 54
相位偏移法 112
研磨液 60
約聘員工 176
英特爾 206
負型光阻 48
個體差異 144
剝離製程 53
埋入式佈線 40
氣密式封裝 80
氣體 96
氣體廠 194
氣體鋼瓶 194
浮游物質 100
浴缸曲線 128
特急批 166
特殊材料氣體 108
特高壓配電 26
真空容器 92
純水 100
追跡性 84
配方 92
除外 98
乾式洗淨 62
乾式蝕刻 52
乾式蝕刻裝置 92
側牆 38
偶發故障 128
將密閉型卡匣 162
強韌的設計 150
掃描器 50
探針 68
探針板 68
接觸孔 40
旋轉乾燥法 64
旋轉移動乾燥法 64
旋轉塗佈機 48
殺手微粒子 146
混流產線 142
現場氣體裝置 15, 194
理論TAT 166
產出量 202
產品檢驗製程 122
產業用機器人操作者 180
產線平衡 202
粒子 72
累積式的成本計算方式 217
組裝、檢驗線 18
組裝製程 35
組裝線 20
統計上的工程管理 150
荷重作業 180
設計尺寸 146
設備技術部 22
設備稼動率 106
單片式洗淨裝置 62
單片處理 116
單矽烷 108
單鑲嵌佈線 40
插入式連接孔 40
插入實裝型 82
普通批次 166
晶粒 72
晶粒黏接 74
晶圓製造商 42
晶圓檢驗良率 188
晶圓檢驗製程 35, 68
晶圓檢驗線 18, 20
晶種 42

# 索引


11-9 ........ 43
AGV ........ 19, 142
BAY方式 ........ 19, 160
BEOL ........ 34, 40
BT實驗 ........ 122
Chamber ........ 45, 52, 92
CIM ........ 148
CMOS ........ 36
CMP ........ 35, 38, 60
COD ........ 29
Covalent（日文） ........ 86
Cp ........ 150
CPU ........ 126, 130
CS（商業樣品） ........ 126
CVD法 ........ 45
Cycletime ........ 190
CZ法 ........ 42
Dam-bar ........ 78
Design-in ........ 134
DRAM ........ 220
DS（設計樣品） ........ 126
EDA工具 ........ 216
EDA製造商 ........ 86, 218
ES（工程樣品） ........ 126
Fabless ........ 206, 215
Fab-light ........ 206
FEOL ........ 34, 36
FFU ........ 160
FIB ........ 136, 138
FIT ........ 128
Foundry ........ 206, 215
GPU ........ 130
HEPA濾網 ........ 146
How ........ 206
IDM ........ 206, 215
IP ........ 217, 220
IPA乾燥 ........ 64
IPA蒸氣乾燥 ........ 64
KGD ........ 124
Know-how ........ 90
MCP ........ 124
MCZ法 ........ 42
MEMC（美國） ........ 86
Micron公司 ........ 221
MPU ........ 125
MS（機構樣品） ........ 126
NDA ........ 172
N井 ........ 36
OPC ........ 114
Pellicle（薄皮） ........ 114
PVD法 ........ 46
QT樣品 ........ 126
RTP ........ 118
Samsung ........ 206
SEM ........ 136
Silica ........ 102
Siltron（韓國） ........ 86
Siltronic（德國） ........ 86
SIMS ........ 136, 138
SOC ........ 216
SPC ........ 150
SRAM ........ 125
SUMCO（日本） ........ 86
TAT ........ 166
TEM ........ 136, 138
TOC ........ 102
TSMC ........ 206
ULPTA濾網 ........ 146, 160
UNISAFE ........ 26
UPS ........ 26, 210
UPW ........ 100, 196
What ........ 206
X-R管理圖 ........ 150
一個月點檢 ........ 200
二氧化矽 ........ 88
二氧化矽膜 ........ 36
人為疏失 ........ 142
十二個月點檢 ........ 200
大房間方式 ........ 160
工程能力指數 ........ 150
工廠參觀 ........ 172
工廠棟 ........ 15
不良品 ........ 154
不純物質 ........ 54
不純物質添加 ........ 35
介面安定化 ........ 56
元素半導體 ........ 32
六個月點檢 ........ 200
冗餘度 ........ 70
冗餘程度 ........ 70
冗餘電路 ........ 20, 70
分配器 ........ 134
分廠長 ........ 22
切割 ........ 72
切割線 ........ 72
化合物半導體 ........ 32
天花板搬送系統 ........ 142
引線框架 ........ 74, 78
日常點檢 ........ 200
水痕 ........ 64
代理店 ........ 134
加速實驗 ........ 128
加熱再流動 ........ 56
包裝 ........ 132
半導體 ........ 32
半導體工廠 ........ 12
半導體公司 ........ 134
半導體等級 ........ 28
半導體製造商 ........ 30, 90
平坦化 ........ 58
打線 ........ 76
打線機 ........ 76
正型光阻 ........ 48
生產分身公司 ........ 22
生產技術部 ........ 22
生產晶圓 ........ 13, 86
生產戰略 ........ 206
生菌數 ........ 102
光阻 ........ 36, 48
光阻製造商 ........ 120
光罩 ........ 36, 50
光罩圖案 ........ 36
光罩製造商 ........ 120
光蝕刻 ........ 35, 37, 48
光蝕刻製程 ........ 36
共晶裝載 ........ 74
合金 ........ 56

Note

國家圖書館出版品預行編目(CIP)資料

半導體工廠：設備、材料、製程及提升產業復興的處方籤 / 菊地正典著；龔恬永譯. -- 初版. -- 新北市：世茂, 2016.12
面； 公分. --（科學視界；198）
ISBN 978-986-93491-8-5（平裝）

1. 半導體

448.65 105020533

科學視界198

# 半導體工廠：設備、材料、製程及提升產業復興的處方籤

作　　者 / 菊地正典
譯　　者 / 龔恬永
審 定 者 / 趙天生
主　　編 / 簡玉芬
責任編輯 / 陳文君
封面設計 / 鄧宜琨
出 版 者 / 世茂出版有限公司
地　　址 / (231)新北市新店區民生路19號5樓
電　　話 / (02)2218-3277
傳　　真 / (02)2218-3239（訂書專線）、(02)2218-7539
劃撥帳號 / 19911841
戶　　名 / 世茂出版有限公司
單次郵購總金額未滿500元（含），請加80元掛號費
世茂網站 / www.coolbooks.com.tw
排版製版 / 辰皓國際出版製作有限公司
印　　刷 / 傳興印刷股份有限公司
初版一刷 / 2016年12月
五刷 / 2022年5月

ISBN / 978-986-93491-8-5
定　　價 / 320元